U0257133

甘宁青"美丽宜居乡村"建设调查研究

Research on the Construction of
"Beautiful and Liveable Countryside" in Gansu,
Ningxia and Qinghai

黄彦华　黄桂华　著

社会科学文献出版社
SOCIAL SCIENCES ACADEMIC PRESS (CHINA)

前　言

　　乡村是社会主义现代化建设的重要领域，农业、农村和农民问题是 21世纪以来中国共产党人着力解决的重要问题。从 2005 年党的十六届五中全会提出从"生产发展、生活宽裕、乡风文明、村容整洁、管理民主"五个方面建设社会主义新农村，到 2013 年 2 月农业部启动"美丽乡村"创建活动，2015 年国家标准化管理委员会和质检总局出台的《美丽乡村建设指南》提出从村庄规划和建设、生态环境、经济发展、公共服务、乡风文明、基层组织、长效管理等方面，创建"生产美""生活美""生态美"和谐统一的"美丽宜居乡村"，再到 2017 年党的十九大报告中提出按照"产业兴旺、生态宜居、乡风文明、治理有效、生活富裕"的要求实施"乡村振兴战略"，建立健全城乡融合发展体制机制和政策体系，推进乡村绿色发展，打造人与自然和谐共生发展新格局，加快推进农业农村现代化。中国共产党人持续发力，以农村人居环境整治为抓手，坚持生态文明理念，从产业、收入、环境、社会、文化、生态等方面全面振兴乡村，建设美丽乡村，提升农民的获得感和幸福感。2017 年，在中央农村工作会议上，习近平总书记为我国乡村建设设定了目标："到 2035 年，乡村振兴取得决定性进展，农业农村现代化基本实现；到 2050 年，乡村全面振兴，农业强、农村美、农民富全面实现。"①

　　生态文明是对伴随工业文明发展而出现的大气污染、水体污染、森林滥伐和植被减少、土壤侵蚀和沙漠化、垃圾泛滥、生物灭绝、能源短缺、酸雨污染、臭氧层破坏、地球增温等生态环境问题的克服和超越，以人与自然和谐共生为核心，秉持生态价值观，彰显"尊重自然、顺应自然、保护自然"的文明理念，是人类文明发展的新形态。党的十八大报告中提出把生态文明

---

　　①　中共中央文献研究室编《习近平关于社会主义生态文明建设论述摘编》，中央文献出版社，2017，第 20 页。

建设放在突出地位，融入经济建设、政治建设、文化建设、社会建设各方面和全过程，努力建设美丽中国，实现中华民族永续发展。习近平总书记强调走向生态文明新时代，建设美丽中国，是实现中华民族伟大复兴的中国梦的重要内容，"这既是重大经济问题，也是重大社会和政治问题"①，"生态兴则文明兴，生态衰则文明衰"②。

我国乡村地域广、分布多，乡村生态环境良好是生态文明和"美丽中国"建设的重要指标。习近平总书记在 2013 年底中央农村工作会议的讲话中把"美丽乡村"建设作为实现"美丽中国"的关键环节。"如果说美丽乡村是美丽中国一个重要的不可或缺的组成部分，那么，美丽乡村建设已是美丽中国建设的当务之急。"③ "中国要强，农业必须强；中国要美，农村必须美；中国要富，农民必须富。"④ 中国要全面推进生态文明，关键要看乡村，特别是看乡村美丽宜居、和谐发展的程度。乡村要振兴，生态宜居是关键。"美丽宜居乡村"建设以生态文明理念为指导，以农民为中心，坚持绿色、低碳、协调和可持续发展，全面振兴乡村，加快推进乡村现代化。

甘肃、宁夏、青海三省区位于我国西北地域的中心，由于自然与历史等诸多原因，其自然环境、人文环境自成一体，经济发展水平相近并有着较为密切的联系。三省区既是革命老区，也是民族地区，还是特殊困难地区，是 14 个集中连片特殊困难地区之一的六盘山片区所在地，是国家实施生态移民的重点区域，是我国扶贫开发的主战场。西部大开发战略的实施、扶贫开发以及社会主义新农村建设使得人居环境显著改观，基础设施有所改善，产业发展特色突出，教育、文化、卫生、体育事业大幅提升，社会保障基本覆盖，农民收入增加，农民生活宽裕，为甘宁青"美丽宜居乡村"建设奠定了良好的基础。

本书研究甘宁青"美丽宜居乡村"建设，在明确"美丽宜居乡村"建设的内涵和指标的基础上，通过入户调研，从村民的视角了解甘宁青"美丽宜居乡村"建设的基本情况，总结"美丽宜居乡村"建设中取得的成就和存在

---

① 郭如才：《生态文明建设的重要意义和现实路径》，《新湘评论》2020 年第 20 期，第 23 ～ 24 页。

② 中共中央文献研究室编《习近平关于社会主义生态文明建设论述摘编》，中央文献出版社，2017，第 6 页。

③ 陆占奇：《美丽乡村是美丽中国的基础》，网易号，2019 年 3 月 14 日，https：//www. 163. com/dy/article/EA7UED1Q05326I9D. html。

④ 《建设美丽乡村 扮靓美丽中国》，《人民日报》2014 年 8 月 24 日，第 4 版。

的问题，提出进一步完善的建议，为西北地区"乡村振兴战略"的实施和"美丽宜居乡村"建设提供借鉴。

本书分为三部分。

第一部分为总论篇。该篇阐明甘宁青"美丽宜居乡村"建设的特殊性与重要性，回顾甘宁青"美丽宜居乡村"建设的概况，厘清甘宁青"美丽宜居乡村"建设的内涵、标准和目标。

第二部分为村庄调查篇。该篇依据"美丽宜居乡村"建设的内涵和标准，制定调查问卷，选择甘宁青地区典型性的村庄展开调研，总结各个村庄建设模式和取得的成就以及存在的问题，提出村庄进一步建设的建议。

第三部分为问题、建议与展望篇。该篇比较"美丽宜居乡村"建设中甘宁青地区村庄建设的特点，分析村庄的优势和局限，从比较中提出甘宁青"美丽宜居乡村"建设中存在的共同性、典型性问题，并有针对性地提出建设性建议，以期推进西部乡村振兴，建设生产美、生态美、生活美的"美丽宜居乡村"。

本书是一部关于"美丽宜居乡村"建设的研究成果，适合从事美丽乡村建设的工作者参考使用，适合高等院校、研究院所的研究人员借鉴使用，也适合作为高等院校在校研究生的专题讲座或地方部门培训的教材。

目录
CONTENT

第一篇 总论篇

第二篇 村庄调查篇

第三篇 问题、建议与展望篇

第一篇

总论篇

第一章 导论

第一节 研究背景

一 "美丽宜居乡村"建设的提出

进入 21 世纪以来,我国社会主义建设事业取得了长足的进步。但是,"三农"问题(农村、农业、农民问题)依然是我国全面建成小康社会和现代化建设中需要重点解决的问题。党的十六大以来,党和国家针对"三农"问题,在不同的发展阶段,先后提出了社会主义新农村建设、"美丽宜居乡村"建设和乡村振兴战略,从发展农村产业、增加农民收入、改善农村生态环境、提升农村社会文化、改进农村基层治理等多方面、全方位地解决制约农村发展的突出问题,加快推进农村的现代化进程。

2005 年召开的党的十六届五中全会要求从"生产发展、生活宽裕、乡风文明、村容整洁、管理民主"五个方面建设社会主义新农村。在全国展开的社会主义新农村建设中,农村的面貌初步改善。2012 年,党的十八大提出生态文明建设,要求建设"美丽中国"。"美丽中国"不能缺少"美丽乡村"。"中国要美,农村必须美"。建设"美丽中国",必须建设好"美丽乡村"。据此,2013 年农业部开展"美丽乡村"创建活动,要求整治村庄环境,建设各具特色的美丽宜居村庄。2015 年《美丽乡村建设指南》从村庄规划和建设、生态环境、经济发展、公共服务、乡风文明、基层组织、长效管理等方面要求建设"生产美""生活美""生态美"和谐统一的"美丽宜居乡村"。经过五年的"美丽宜居乡村"创建,农民的生活与农村的生态环境都有了显著的改善,涌现一批特色鲜明、宜居宜业的美丽村庄。在总结五年来美丽乡村建设成就的基础上,2017 年,党的十九大报告中要求优先发展农村和农业,提出按照"产业兴旺、生态宜居、乡风文明、治理有效、生活富裕"的要求实施"乡村振兴战略",建立健全城乡融合发展体制机制和政策体系,推进乡村绿色发展,打造人与自然和谐共生发展新格局,加快推进农业农村现代化。

社会主义新农村建设从城乡一体化的高度,着力于发展产业,增加农民收入,使农民生活宽裕;整治环境卫生,打造干净整洁的农村人居环境;加强基层组织建设,构建乡村民主管理;倡导文明乡风,努力统筹城乡发展,缩小城乡差距。"美丽宜居乡村"建设在社会主义新农村建设的基础上强调"生态"理念,突出"美丽"和"宜居",以"美丽"和"宜居"为目标,提升社会主义新农村建设。经过10余年的社会主义新农村建设和"美丽宜居乡村"建设,我国资源节约型、环境友好型农业发展道路初步形成,农村的面貌显著改善。"乡村振兴战略"在"美丽宜居乡村"建设成就的基础上,要求产业发展更加兴旺,农村人居环境更加生态宜居,乡风更加文明,基层治理更加有效,农民生活在宽裕的基础上走向富裕。"美丽宜居乡村"建设为乡村振兴打下了坚实的基础,乡村的全面振兴也必然是美丽、宜居的乡村振兴。

二 研究甘宁青"美丽宜居乡村"建设的背景

(一) 甘宁青乡村建设的特殊性

我国经过改革开放40多年的发展,生产力水平总体上显著提高,但是发展不平衡不充分的问题依然突出,区域差距和城乡差距显著。相对于东部,西部发展不足的问题突出;相对于城市,农村发展不足的问题突出,尤其是西部农村发展的任务仍然任重道远。《中国农村扶贫开发纲要(2001—2010年)》中确定的592个贫困县,多集中在中西部地区。《中国农村扶贫开发纲要(2011—2020年)》中确定的14个集中连片特殊困难地区主要在中西部。甘肃、宁夏、青海三省区毗连,位于我国西北地域的中心,出于自然与历史等诸多原因,其自然环境、人文环境自成一体,经济发展水平相近并有着较为密切的联系。三省区既是革命老区,也是民族地区,还是特殊困难地区,是14个集中连片特殊困难地区之一的六盘山片区所在地,是国家实施生态移民的重点区域,是我国扶贫开发的主战场。西部大开发战略的实施、扶贫开发以及社会主义新农村建设使得人居环境显著改观,基础设施有所改善,产业发展特色突出,教育、文化、卫生、体育事业大幅提升,社会保障基本覆盖，农民收入增加，农民生活宽裕，为甘宁青"美丽宜居乡村"建设奠定了良好的基础。

（二）"美丽宜居乡村"建设为甘宁青乡村发展带来了新的契机

甘宁青三省区是国家实施生态移民的重点区域，因此，甘宁青乡村可以分为两类，即原驻村和移民村。原驻村产业稳定，集体经济有基础，文化积累深厚，自我发展能力较强。移民村是在移民安置中按照国家标准享受优惠政策，统一规划、统一兴建的新型社区。移民村建设根据"基础设施先行，产业规划跟进，社区化服务配套"的要求，达到"七通"（通水、通电、通路、通公交车、通广播电视、通邮、通电话）、"七有"（有学校、有村级活动场所、有医疗服务站、有劳动就业服务中心、有超市、有文化广场、有环保设施），① 确保移民基本的生活和生产需求。在新的地域、新的起点上建立的移民村，相对于迁出地而言，自然条件、居住环境、生产生活条件发生了跨越式的改变；相对于迁入地周边的原驻村，移民村一切从头开始建设，缺乏积累，集体经济薄弱，移民底子薄，收入有限，后续发展能力不足，移民在思想认识上普遍不高，与原驻村相比尚有一定差距。无论是原驻村还是移民村，都面临提升产业发展水平、建设生态环境、完善基础设施、加强社会文化事业建设、促进农民就业和增收等问题，"美丽宜居乡村"建设政策为甘宁青乡村的发展带来了新机遇。甘宁青乡村按照"美丽宜居乡村"建设的要求，建设"生产美""生态美""生活美"以及和谐统一、功能完善、特色鲜明、各美其美的"美丽""宜居"村庄，在高质量发展中推进共同富裕，建设现代化乡村。

第二节　研究意义

通过调查研究甘宁青"美丽宜居乡村"建设情况，了解西部欠发达地区在"美丽宜居乡村"建设中取得的成就和存在的问题，为进一步改进"美丽宜居乡村"建设、推动乡村振兴提供参考，促进我国西部民族地区的稳定发展和农村现代化目标的实现。

---

① 参见国家发展改革委发布的《全国"十三五"易地扶贫搬迁规划》，2016 年 9 月 22 日。

一 从全面建成小康社会的目标来看，甘宁青"美丽宜居乡村"建设有助于加快全面建成小康社会

全面建成小康社会，重点在农村，难点在西部少数民族地区的农村，尤其是集中连片特困地区。由于历史、自然等多种因素制约，甘宁青一些农村地区，尤其是六盘山片区水资源短缺、基础设施不完善、生态环境脆弱、经济发展滞后、产业层次低、工业基础差、贫困人口多、人口文化技能素质低，是全面建成小康社会的短板。甘宁青"美丽宜居乡村"建设，紧紧扭住全面建成小康社会战略目标，加快本地区的脱贫致富步伐，推进了城乡一体化发展；甘宁青"美丽宜居乡村"建设，推进整治空心村、重构乡村空间、改善农村人居环境，加快了甘宁青等西部农村发展不充分地区全面建成小康社会的进度。

二 从生态文明建设的层面来看，甘宁青"美丽宜居乡村"建设有助于改善当地生态环境，促进生态文明建设

随着"美丽宜居乡村"建设活动的实施，甘宁青乡村改水、改厨、改厕，人畜分离，拆除乱搭乱建，改善了人居环境。保护农业资源环境，推广节能减排技术，节约农业资源，提高农业资源利用率，针对不同土地类型，因地制宜、分类指导、封造管结合，秉持美丽、宜居、宜业、宜游的理念，把生态建设与基本农田建设、后续产业发展、产业结构调整、小流域综合治理和扶贫开发结合起来，对山、水、田、林、路、草综合规划治理，培育生态产业和绿色产业，发展循环农业，生态环境有了显著改善，村民逐渐树立起生态文明的理念，促进了生态文明建设。

三 从缩小城乡差距的层面来看，甘宁青"美丽宜居乡村"建设有助于统筹城乡发展，加快城乡一体化进程

移民的安置有劳务移民和生态移民两种形式。以就业安置为主的劳务移民村，本身就是城镇建设的重要组成部分；而以土地安置为主的生态移民村，已经具备城镇发展所需要的各种基础设施条件，因此，生态移民村的建

设本身就加快了城镇化进程。2013 年以来，甘宁青"美丽宜居乡村"建设依托小城镇建设，加大在基础设施、公共服务、生态环境等方面的投入，促进了公共资源的均衡配置，缩小了城乡差距，统筹城乡发展效果显著，有效地促进了城乡一体化进程。

四　从缩小区域差距的层面看，甘宁青"美丽宜居乡村"建设有助于区域协调发展

生态移民村"美丽宜居乡村"的建设有助于区域协调发展。由于生态移民的外迁，迁出地减少了人口数量，减轻了人口对土地的压力，缓解了人地矛盾，提高了土地承载力；减少了人为破坏，减轻了人对生态环境的压力，提升了水源地的涵养能力，遏制了水土流失，保护了生态多样性，逐步实现了人口、资源、环境的良性循环。虽然生态移民村与迁入地原驻村相比，尚有一定差距，但是随着移民生计方式的改变，增收渠道的拓展，差距在逐步缩小。从总体上看，甘宁青"美丽宜居乡村"建设缩小了区域差距，促进了区域的协调发展。

第三节　研究内容与研究方法

一　研究内容

（一）研究的主要内容

1. 甘宁青"美丽宜居乡村"建设的理论阐述

从理论上阐明"美丽宜居乡村"的内涵，回答何谓"美丽"、何谓"宜居"；阐明甘宁青"美丽宜居乡村"建设的内涵和标准；概述甘宁青"美丽宜居乡村"建设的基本情况。

2. 甘宁青"美丽宜居乡村"建设情况调查

依据"美丽宜居乡村"建设的内涵和标准制定调查问卷。通过调查、访谈和观察，掌握甘宁青"美丽宜居乡村"建设情况；掌握村民对"美丽宜居乡村"的认知情况；掌握村民参与"美丽宜居乡村"建设的情况；掌握村民对"美丽宜居乡村"建设的满意度，从村民需求的角度考察"美丽宜居乡

村"建设取得的成就和存在的问题。

3. 甘宁青生态移民村与迁入地原驻村的对比研究

生态移民村是在新的起点上、在国家的支持下、在新的安置区兴建的新村,生产生活方式发生跨越式的改变,生活有较大改善,但与迁入地原驻村相比较,仍存在差距,总结这些差距及其产生的原因,以及因这些差距而凸显的生态移民村在"美丽宜居乡村"建设中的特殊性。

4. 甘宁青"美丽宜居乡村"建设中的问题和对策

甘宁青"美丽宜居乡村"建设具有共同性和典型性。通过调查,总结甘宁青"美丽宜居乡村"建设中存在的共同性、典型性问题,提出相应的对策。

(二)研究目标

(1)以甘宁青"美丽宜居乡村"建设为主题,选择位于甘宁青三省区集中连片特殊困难地区的六盘山片区的村庄作为调查样本,访问村委会,从基层政府的视角了解"美丽宜居乡村"建设情况;以入户访谈和问卷调查的方式,从移民的视角了解"美丽宜居乡村"建设情况,了解移民对"美丽宜居乡村"建设的认知度、参与度和满意度;结合调查者的观察,掌握甘宁青"美丽宜居乡村"建设情况。

(2)对比生态移民村与毗邻的迁入地原驻村的"美丽宜居乡村"建设情况,总结差距以及差距产生的原因;归纳总结甘宁青"美丽宜居乡村"建设取得的成就以及存在的问题,展开对策研究,在微观层面上为甘宁青三省区加快"美丽宜居乡村"建设提供指导,在区域层面上为西部发展不充分地区的"美丽宜居乡村"建设提供借鉴和参考,在宏观层面上有效衔接乡村振兴战略,为乡村振兴战略的实施提供参考。

(三)研究的基本思路

"美丽宜居乡村"理念是国家自党的十八大以来为实现全面建成小康社会和推进农村现代化而做出的重大决策。2016～2020年"十三五"规划时期,是全国范围内展开"美丽宜居乡村"建设的时期。甘宁青三省区的生态移民村,由于同属于六盘山片区的地域特征和共同的生态移民政策而具有一定的共同性,与迁入地的原驻村相比较又有一定的特殊性,因此,本书选取甘宁青六盘山片区的4个生态移民村及与其毗邻的4个原驻地村庄的"美丽宜居乡村"建设情况展开研究。

（1）本书运用文献研究法搜集国家有关"美丽宜居乡村"的政策，收集国内乡村建设的理论与实践案例，收集发达国家乡村建设具有借鉴意义的理论与实践案例。通过调查研究，结合我国"美丽宜居乡村"建设实践，明确我国"美丽宜居乡村"的内涵和指标体系，明确甘宁青"美丽宜居乡村"建设的内涵和建设标准。

（2）本书注重实证研究，通过开展田野调查，运用问卷调查法、个人访谈法、走访法、观察法等多种研究方法对甘宁青六盘山片区的生态移民村、迁入地原驻村共4组8个村庄进行调研，了解和掌握生态移民村的建设现状。

（3）对调查结果进行分析。分析生态移民村在"美丽宜居乡村"建设中取得的成就以及存在的问题，分析生态移民村与迁入地原驻村的发展差距。

（4）提出甘宁青"美丽宜居乡村"建设中存在的突出问题和加快建设的措施和建议。

二 研究方法

本书选取位于甘宁青六盘山片区的8个村为调查点，理论和田野调查相结合，综合运用文献研究法、问卷调查法、个人访谈法、走访法、观察法和对比法展开研究。

（一）文献研究法

查阅国内外有关"美丽宜居乡村"建设的相关文献资料，梳理甘宁青"美丽宜居乡村"建设的政策，明确"美丽宜居乡村"建设的内涵和标准。

（二）问卷调查法

依据"美丽宜居乡村"建设的内涵和标准设计调查问卷，调查问卷内容涵盖"美丽宜居乡村"建设情况，村民对"美丽宜居乡村"建设的认知度、参与度和满意度，"美丽宜居乡村"建设中存在的问题。选取位于甘宁青六盘山片区的8个村为调查点，通过入户发放问卷的方式，获取第一手数据，运用SPSS统计法和Excel统计法对问卷调查数据进行统计和分析，发现问题，找出移民村建设的薄弱环节，进行有针对性的改进。

（三）访谈法

在入户调查中，就问卷中的问题或者观察到的问题访谈农户，了解本村

"美丽宜居乡村"建设情况；走访村干部，召集小型座谈会，了解当地村委会对"美丽宜居乡村"建设的认识、理念、规划、举措等。就具体的问题征询政府官员、相关专家的意见、建议。

（四）对比法

对比生态移民村与迁入地原驻村的发展差距，对比调查的 4 组 8 个村所反映出的"美丽宜居乡村"建设中的问题。

第二章　甘宁青生态移民实践概况

第一节　我国的生态移民实践概况

一　我国生态移民概况

移民是人口在不同地区之间的迁移活动的总称。人类历史上，由于资源、经济、政治、宗教、战争、自然灾害、气候、生态、工程建设等因素而引发的人口迁移现象时有发生。作为重要的人口地理现象和社会现象，移民使迁出地、迁入地与人口相关的资源环境发生变化，引起资源利用、生产生活、公共服务、生态和环境需求的变化。移民扩展了人类生存空间和生产空间，促进了地区经济增长、人类的融合发展和文明的传播，改善了人与自然的关系。当然，移民不当也会导致冲突，引起社会的不稳定，恶化生存环境。人类历史上发生过无数次因生态环境变迁而引起的人口迁移，从某种意义上来说都可以看作生态移民。我国的生态移民是把位于重要生态功能区或者生态脆弱区、生态环境严重破坏地区、自然环境恶劣且已丧失基本生活条件地区的人口和经济活动向其他地区迁移，通过易地开发，解决生态环境恶劣和人口贫困问题，以实现人口、资源、环境与经济社会协调发展。①

二　我国生态移民实践的两个阶段

在我国，自改革开放以来，由政府主导的生态移民实践经历了两个阶段。第一阶段为1983～2000年由地方政府主导阶段。生态移民政策初步形成

---

① 参见贾耀锋《中国生态移民效益评估研究综述》，《资源科学》2016年第8期，第1550～1560页。

于 1983 年开始实施的为期 10 年的"三西"(包括甘肃的"定西、河西"和宁夏的"西海固"地区,总计 47 个县、市、区,总面积 38 万平方公里,农业人口 1200 万人)农业建设项目(1983～1992 年)。该项目开了我国区域性移民扶贫的先河,标志着生态移民作为我国新时期扶贫政策的创立和创新,并在"三西"地区首先付诸实施。在 1994～2000 年为期 7 年的"八七扶贫攻坚计划"实施期间,对极少数生存和发展条件特别困难的村庄和农户实行开发式移民。由于宁夏、内蒙古、云南和贵州等省区的自然条件较差,自然环境恶劣,连片贫困地区较多,该计划首先把这些地区列为易地扶贫开发试点地区。内蒙古于 1994 年在阿拉善盟实施了以李井滩灌区为主要迁入区域的易地扶贫开发式移民。1996 年,陕西、山西等省也将生态移民纳入扶贫攻坚计划。新疆于 20 世纪 90 年代中后期亦开始实施了针对贫困乡村的生态移民。截至 2000 年底,全国 17 个省区共 258 万人被纳入生态移民工程。

第二阶段为 2001～2020 年由中央政府主导阶段。这一阶段以 2001 年国家出台的《中国农村扶贫开发纲要(2001—2010 年)》和《关于易地扶贫搬迁试点工程的实施意见》为标志,对生态移民的对象进一步具体化为"目前极少数居住在生存条件恶劣、自然资源贫乏地区的特困人口"。其后,部分省区陆续出台了生态移民相关政策,推行生态移民。2001～2003年,首先在云南、贵州、内蒙古、宁夏 4 省区开展易地扶贫搬迁试点工程,搬迁贫困群众 74 万人;然后,在广西、四川、陕西、甘肃等省区开展小规模试点,搬迁 4 万多人。截至 2004 年,易地扶贫搬迁试点范围由 4 省区扩大到 9 省区,即云南、贵州、内蒙古、宁夏、广西、四川、陕西、青海和山西。以上各省区自"十二五"以来的生态移民规模进一步扩大,推进速度进一步加快。[①]"十三五"期间,按照《"十三五"时期易地扶贫搬迁工作方案》,用 5 年时间搬迁生态环境恶劣地区的贫困人口 1000 万人。

第二节 甘宁青生态移民实践概况

一 甘肃省生态移民实践概况

甘肃省由于受气候干旱、超载过牧、部分湿地干涸、土地沙漠化与荒漠

---

① 参见贾耀锋《中国生态移民效益评估研究综述》,《资源科学》2016 年第 8 期,第 1550～1560 页。

化问题突出等因素影响，贫困人口多、贫困程度深。早在 20 世纪 80 年代"三西"建设时期，甘肃省就开始对定西、河西走廊地区实施易地扶贫开发。经过 80 年代的"三西"建设和 90 年代的国家"八七扶贫攻坚计划"，甘肃省的绝对贫困人口数量大幅度下降。

21 世纪以来，甘肃省对生活在偏远山区、无法就地脱贫的人口继续实施易地扶贫搬迁。2001～2003 年开展易地扶贫搬迁试点，将 8 个县 9000 贫困人口异地安置。"十五"期间，易地搬迁贫困人口约 14 万人，其中，生态移民 5.7 万人。"十一五"期间，易地搬迁贫困人口约 30 万人，其中，生态移民 8 万人。① "十二五"期间，甘肃省搬迁 12.72 万户共 63.48 万贫困人口。"十三五"期间，易地扶贫搬迁对象主要是居住在深山、石山、高寒、荒漠化、地方病多发等生存环境差、不具备基本发展条件和生态环境脆弱、限制或禁止开发地区的农村建档立卡贫困人口和同居住地同步搬迁的非建档立卡户。全省易地扶贫搬迁规模 17.39 万户 73.14 万人，包括六盘山片区搬迁 48.56 万人，秦巴山片区搬迁 7.18 万人，藏区搬迁 4.29 万人，"插花型"贫困县搬迁 12.41 万人，其他需要实施易地扶贫搬迁的县区搬迁 0.70 万人。其中，建档立卡户 11.96 万户 50 万人，与建档立卡户同居住地同步搬迁的非建档立卡户 5.43 万户 23.14 万人，到 2020 年 50 万建档立卡搬迁群众全部实现稳定脱贫，生产生活条件明显改善。易地扶贫搬迁的同时，迁出区着重于生态恢复。安置区移民新村开发农地，修建养畜暖棚、日光温棚、塑料大棚，培育产业、注入科技智力扶贫；兴建村委会、住宅、学校、卫生所、道路等基础设施，通水、通电，改善基础条件，发展社会事业，解决搬迁群众在生产生活方面的困难和问题，促进安置区移民新村经济社会协调发展，稳步实现搬迁群众"两不愁、三保障"，确保与全国一道全面建成小康社会。②

二　宁夏回族自治区生态移民实践概况

宁夏回族自治区是实施生态移民最早的。自 1983 年至今，宁夏回族自治区政府先后有组织地实施了"三西"建设时期的吊庄移民、宁夏扶贫

---

① 参见甘肃省发展和改革委员会发布的《关于印发甘肃省"十一五"以工代赈建设和易地扶贫搬迁规划的通知》，2006 年 10 月 10 日。

② 参见甘肃省人民政府办公厅发布的《关于印发〈甘肃省"十三五"易地扶贫搬迁规划〉的通知》，2016 年 8 月 8 日。

扬黄灌溉工程移民和生态移民，探索性地走出了一条易地搬迁的移民之路。

宁夏的吊庄移民始于1983年。吊庄移民的说法借用了宁夏地区一种异地垦荒的流动性农业生产的传统称谓，就是一家人派出强劳动力到外地开荒种植，并就地挖窑或搭窝棚建造一个简陋的栖息之家，一户人家扯在两处，一个村庄吊在两地。① 十几年中，政府先后投入近4亿元，以县内吊庄移民、县外吊庄移民、县外插户移民的方式，将西海固地区的农牧民迁移到引黄灌区，开发耕地0.553万亩，搬迁安置移民15万余人，建设吊庄移民基地25处。②

宁夏扶贫扬黄灌溉工程的任务是开发土地、安置移民、增加粮食产量、解决山区贫困人口的温饱问题。工程总规划灌溉土地200万亩，投资33亿元，用6年时间建成，解决宁南山区100万移民的贫困问题，因此也被简称为"1236"工程。按照政府"边开发、边搬迁、边建设、边发展"的思路，以及"搬得出、稳得住、能致富"的要求，力争实现"一年搬迁、两年定居、三年解决温饱、五年稳定脱贫、十年致富"的目标，建成目前国内最大的移民开发区——红寺堡灌区。从1998年第一批1172户6190名移民来到红寺堡至2007年底，红寺堡扶贫扬黄灌溉工程基本完成。10年间，红寺堡灌区陆续开发水浇地40万亩，共搬迁安置贫困群众19.4万人。③

宁夏自1998年以来实施了生态移民项目，2001年正式命名为生态移民工程。2003年，六盘山水源涵养林区167764人、重点干旱风沙治理区104490人、地质灾害发生区30540人需要搬迁。"十二五"期间，政府围绕"水源、生态、开发、特色、转移"五个重点，对中南部地区34.6万人实施移民搬迁，规划移民安置区274个，其中生态移民安置区234个，劳务移民安置区40个。"十三五"期间，完成82060人易地扶贫搬迁，统筹推进移民住房、农田开发、基础设施建设、产业培育等工作，移民安置区基本公共服务达到贫困村脱贫标准。截至2015年，宁夏"累计移民116万人，相当于宁夏总人口的六分之一"。④

---

① 范建荣：《生态移民战略与区域协调发展——宁夏的理论与实践》，社会科学文献出版社，2019。
② 王晓毅：《生态移民与精准扶贫》，社会科学文献出版社，2017，第272页。
③ 王晓毅：《生态移民与精准扶贫》，社会科学文献出版社，2017，第274页。
④ 许凌、拓兆兵：《宁夏：精准扶贫责任到人》，《经济日报》2015年12月22日，第3版。

三　青海省生态移民实践概况

青海省 75% 以上的人口集中在面积不到 4% 的东部农业区和黄河流域，由于人口布局不均衡，东部农业区人多耕地少，乱砍乱挖导致脆弱的黄河流域和高原生态遭到严重破坏。贫困人口主要集中在藏族聚居区和东部干旱山区，是扶贫开发的重点区域。青海省从"十五"计划开始实施易地扶贫搬迁试点。"十一五"期间，国家发改委在支持青海省三江源生态移民工程的同时，不断加大对青海省东部贫困地区的易地扶贫支持力度。同期，国家发改委安排 19691 万元专项资金，在青海省东部极度贫困地区、地质灾害地区实施了 2708 户 41627 贫困人口的易地搬迁。移民村按照"八有"的要求，兴建了产业，新建和配备了住房、道路、学校、卫生室、水电、广播电视，极大地改善了贫困群众的生产生活条件，并通过后续产业的发展，拓宽了贫困群众增收渠道，取得了良好的社会效益和经济效益。"十二五"期间，青海省规划实施 1.3 万户 6 万人的易地搬迁安置任务，范围涉及 8 个州（地、市）26 个县 108 个乡（镇）209 个村，通过加强农牧区农田水利、草原建设等基础设施建设，提高教育、医疗等公共服务水平和发展特色农业与设施农业，扶持培育第二、第三产业，进一步加快扶贫开发进程。[①]"十三五"期间，青海省规划在 1249 个村实施易地扶贫搬迁项目，搬迁安置农牧民群众 5.2 万户 20 万人，其中，建档立卡贫困户 3.3 万户 11.89 万人。

小　结

调查点丰泽村、原隆村、洪水坪村移民都是从深山区搬迁而来，新坪村是从地质灾害区搬迁而来。移民村虽然分属于甘宁青三省区，但它们具有共同性。搬迁前它们都是靠天吃饭，靠天喝水，缺乏基本的生活设施；住的都是窑洞、土坯房，走的是土路，下雨天就是泥泞路。搬迁后移民新村的房屋、院落、道路、绿化等都按照国家政策标准统一建造，整齐有序。移民新村自来水、电户户通，电视、冰箱等家电齐全，道路户户通，晚上有路灯照

---

① 参见青海省人民政府办公厅发布的《关于印发〈青海省"十二五"扶贫开发规划〉的通知》，2011 年 7 月 27 日。

明，有统一的垃圾收集设施，路边有绿化，环境优美，民居整洁。村民家庭院落整齐、干净，大多数家庭院内种有绿植。移民迁入后，根据当地的资源优势，有的移民新村以务工为主、种养殖为辅，有的移民新村以设施农业和养殖业为主、务工为辅，在几年之内告别了贫困，生活逐渐宽裕。随着移民生产方式的转变，收入也显著提高。务工型移民村收入提高比较快，比如洪水坪村绝大多数的村民通过务工达到了小康生活水平；有些村民在城里买了楼房，小孩也在城里上学，逐步融入城市生活。种植型移民村种植粮食、大棚蔬菜和养殖，在自给自足的基础上，收入明显增加。从调查可知，生态移民搬迁中的移民大多数为小学文化程度，少量为初中文化程度，还有相当数量的文盲，文化水平不高的现象很普遍。移民村为移民提供了基本的文化体育设施，比如篮球运动场、中心广场、群众健身器材、文化书屋等，方便群众运动和阅读。村委会也采取多种形式提升移民群众乡风文明素养的宣传教育，开展技能培训，提升移民自身素质，从移民新村社会文化建设的调研中可知，移民新村群众对文化娱乐活动总体上比较满意，邻里之间信任度高，乡风文明，社会和谐。

总体而言，与搬迁前相比较，甘宁青生态移民村在生产方式、生活方式、基础设施建设、人居环境、生态环境上都有了显著的改善，移民对搬迁的满意度高。经过生态移民，基本实现了迁入区开发扶贫与迁出区生态环境修复保护的双重目标。

第三章 "美丽宜居乡村"建设的
内涵和文献回顾

通过梳理有关"美丽宜居乡村"建设的文献可知,目前,我国美丽乡村建设的研究成果涵盖了理论、实践和国外经验借鉴三个层面。例如魏玉栋、韩喜平和孙贺、向富华研究美丽乡村建设的背景、意义、内涵①;魏伟、王卫星研究美丽乡村建设的现状、问题和对策②;张孟秋和尚莉、何鸿鋆、梁永红研究国外农村建设的经验借鉴③;肖立新等、叶青和陈齐特研究美丽乡村建设的模式④;史洪杰、张晶晶和邵传鹏、宋京华等研究美丽乡村建设规划⑤;刘嘉瑶和叶磊研究美丽乡村建设评价指标体系⑥;马涛等研究美丽乡村建设的动力机制⑦。

---

① 魏玉栋:《新时代美丽乡村开启新征程》,《中国农村科技》2018 年第 2 期,第 58 ~ 61 页;韩喜平、孙贺:《美丽乡村建设的定位、误区及推进思路》,《经济纵横》2016 年第 1 期,第 87 ~ 90 页;向富华:《基于内容分析法的美丽乡村概念研究》,《中国农业资源与区划》2017 年第 10 期,第 25 ~ 30 页。

② 魏伟:《美丽乡村建设中存在的问题及对策探讨》,《现代园艺》2020 年第 9 期,第 89 ~ 90 页;王卫星:《美丽乡村建设:现状与对策》,《华中师范大学学报》(人文社会科学版) 2014 年第 1 期,第 1 ~ 6 页。

③ 张孟秋、尚莉:《台湾美丽农村建设经验对大陆实施乡村振兴战略的启示》,《中国乡村发现》2018 年第 6 期,第 142 ~ 149 页;何鸿鋆:《借鉴台湾乡村发展经验推进宁德市乡村振兴战略实施》,《台湾农业探索》2019 年第 1 期,第 17 ~ 20 页;梁永红:《美丽乡村"西洋"风景——学习借鉴欧盟共同农业政策先进经验》,《江苏农村经济》2015 年第 12 期,第 61 ~ 63 页。

④ 肖立新、牛伟、张晓星:《冀西北地区生态型美丽乡村发展模式的探讨》,《浙江农业科学》2018 年第 4 期,第 658 ~ 660、665 页;叶青、陈齐特:《美丽乡村建设模式及实施路径》,《牡丹江师范学院学报》(哲学社会科学版) 2014 年第 2 期,第 30 ~ 32 页。

⑤ 史洪杰:《城乡统筹发展背景下美丽乡村规划研究》,《中华建设》2019 年第 4 期,第 116 ~ 117 页;张晶晶、邵传鹏:《新时代美丽乡村规划建设研究》,《安徽农业科学》2020 年第 9 期,第 260 ~ 262 页;宋京华:《新型城镇化进程中的美丽乡村规划设计》,《小城镇建设》2013 年第 2 期,第 57 ~ 62 页。

⑥ 刘嘉瑶、叶磊:《国内外乡村地区宜居评价指标体系研究综述》,2015 中国城市规划年会,贵阳,2015,第 1109 ~ 1121 页。

⑦ 马涛、薛俊菲、施宁菊、曹仁勇:《乡村建设主体与动力机制研究——以南京桦墅美丽乡村为例》,《中国农机化学报》2019 年第 7 期,第 221 ~ 227 页。

随着美丽乡村建设的推进，相关的研究也呈现不断增长的趋势。从期刊搜索的结果看，2007 年是"美丽乡村"最早研究的年份，当时的文章只有 3 篇，2015 年研究的文章已经达到了 522 篇。研究生学位论文搜索的结果也表明了同样的趋势，2010 年只有 1 篇硕士学位论文，到 2015 年研究生学位论文已经达到 107 篇。关于西北地区以及甘宁青省区美丽乡村建设的研究比较多，比如，余标强的《生态文明视角下西北美丽乡村建设的地域模式与规划应对探析》、杨庚霞的《基于旅游为导向的甘肃省美丽乡村建设研究》、邓生菊和陈炜的《乡村振兴与甘肃美丽乡村建设》、于靖园的《青海省建设高原上的美丽乡村》。① 关于西北生态移民区美丽乡村建设的研究仅查到 1 篇，是高金翠的《美丽乡村建设——20 年后再探磴口县异地生态移民生产生活变迁情况》②，鲜有以甘宁青"美丽宜居乡村"建设为主题的研究成果。

第一节 我国乡村建设的目标之一——美丽乡村

美丽乡村概念的研究既具有实践意义，又具有理论意义。在关于美丽乡村建设的讨论中，美丽乡村的内涵是美丽乡村建设研究的首要问题。正如韩喜平和孙贺所言，什么样的乡村建设是美丽乡村建设首先需要解决的问题，只有这一问题得到有效解决，美丽乡村建设才会有的放矢、有序推进。③

一 乡村概述

从地域看，乡村就是城市之外的农民聚集活动的领域。④ 从功能上看，

---

① 余标强：《生态文明视角下西北美丽乡村建设的地域模式与规划应对探析》，《建材与装饰》2018 年第 5 期，第 75 ~ 76 页；杨庚霞：《基于旅游为导向的甘肃省美丽乡村建设研究》，《佳木斯职业学院学报》2019 年第 4 期，第 92、94 页；邓生菊、陈炜：《乡村振兴与甘肃美丽乡村建设》，《开发研究》2018 年第 5 期，第 98 ~ 103 页；于靖园：《青海省建设高原上的美丽乡村》，《小康》2018 年第 7 期，第 86 ~ 87 页。

② 高金翠：《美丽乡村建设——20 年后再探磴口县异地生态移民生产生活变迁情况》，《内蒙古统计》2019 年第 4 期，第 30 ~ 33 页。

③ 韩喜平、孙贺：《美丽乡村建设的定位、误区及推进思路》，《经济纵横》2016 年第 1 期，第 87 ~ 90 页。

④ 参见陈昭郎《农村规划之概念、意义与目标》，《台湾经济》1991 年第 164 期，第 52 ~ 68 页。

乡村承载着城市以外的经济生活、社会生活和产业活动，是人们户外活动、休闲娱乐的好去处，也是维持生态平衡的重要场所。① 从区位规划上看，乡村是从事农林产业的地区，由生产空间的田野和生活空间的村庄组成。② 简而言之，乡村是村民以农业为基本经济活动内容的一类聚落的总称，又称为非城市化地区，具有特定的经济、社会和自然景观特点。

我国的乡村也称村镇。村镇包括村庄、集镇和建制镇，通常所指的"村、乡、镇"统称为"村镇"。我国《镇规划标准》中，在城乡二元结构下，村镇属于村的范畴。其中，村庄是指农村村民生产和生活的聚集点；集镇是指乡、民族乡人民政府所在地和经县级人民政府确认由集市发展而成的作为农村一定区域经济、文化和生活服务中心的非建制镇；建制镇是指由经法律程序正式建立行政管理体制并报经国务院审批备案的镇，是隶属于县并与乡平级的小行政区。村镇社区是指在村镇范围内，由同一区域的具有归属感的人群所组成的相对独立的社会生活共同体。村镇社区是社会有机体最基本的内容，是宏观社会的缩影，是亿万村民安居乐业的家园。在城镇化过程中，村镇社区呈现出以下特征。

1. 村镇社区发展程度参差不齐

受经济发展水平的限制，村镇社区尤其是偏远的村落人口密度较低，居住比较分散，多数农民仍是院落式的居住方式，村镇社区发展还处在初级阶段。村镇社区发展很不平衡，为推进村镇社区整体发展，还需要政府政策的引导。

2. 村镇社区的人际关系密切、同质性较强

相对于城市社区，村镇社区的文化带有家族特征和乡土文化气息。村镇社区与外界的交往不多，村民的交往主要集中在社区内进行，人际关系因而比较紧密，村镇社区村民之间了解比较深。村镇社区受血缘、地理的影响很大，同一社区村民在生活方式、心理情感、宗教信仰方面的差异较小，人口的同质性特征明显。

3. 村镇社区民俗文化丰富

村镇社区民俗文化丰富，保留着各种优秀的中华民族传统历史文化。如何在经济发展过程中更好地保护并传承村镇社区历史民俗文化、延续物质和

---

① 参见李朝贤《欧洲的农村改革》，《台湾经济》1992 年第 169 期，第 33 ~ 42 页。
② 参见刘健哲《农渔村规划建设与城乡均衡发展》，《农业经济》1998 年第 64 期，第 1 ~ 2 页。

非物质文化遗产,是村镇社区发展过程中需要特别关注的问题。

4. 村镇社区物业服务不健全

目前,松散村落和集中村庄还大量存在,社区安保措施大多还是空白。即使是一些村镇社区出现了物业等服务机构,也很不健全。多数村镇社区受经济发展水平限制还没有建立完善的物业管理制度,社区村民物业服务不能得到很好的保障。

二 美丽乡村的内涵

什么是美丽乡村?专家学者们从实然层面和应然层面探讨了美丽乡村的内涵。农业部国家美丽乡村建设办公室主任魏玉栋作为美丽乡村建设国家标准的起草人员之一,他说:"美是形容词,是一种感觉,也是一种需求。不同的人对美丽会有不同的理解。所以,怎么样引导社会,尤其是美丽乡村的参与者,怎么样确认美丽乡村到底是个什么样的概念,对建设非常重要。"魏玉栋主任认为美丽乡村建设实际上就是新时期的社会主义新农村建设。①

韩喜平和孙贺提出应从美丽乡村的生成背景和政治逻辑两方面定位美丽乡村建设。第一,把美丽乡村建设纳入社会主义新农村建设的框架内进行定位。《农业部"美丽乡村"创建目标体系(试行)》中提出产业发展、生活舒适、民生和谐、文化传承、支撑保障等五大指标体系,共涵盖20个指标内容,不仅把社会主义新农村建设的"生产发展、生活宽裕、乡风文明、村容整洁、管理民主"五大原则涵盖在内,而且对此进行了细化和改进。这些都说明美丽乡村建设可以被称为社会主义新农村建设的升级版。"美丽乡村"是党的十六届五中全会提出社会主义新农村建设的20字方针,即"生产发展、生活宽裕、乡风文明、村容整洁、管理民主"的新表达。因此,美丽乡村建设与党的十六届五中全会提出的社会主义新农村建设是一脉相承的关系,社会主义新农村建设是美丽乡村建设战略的基础框架,美丽乡村建设是对社会主义新农村建设的进一步深化和提升。第二,把美丽乡村建设定位于生态文明建设战略布局之下。生态文明是人类文明发展的新阶段,党的十八

---

① 刘源源:《农业部"国家美丽乡村建设办公室"主任魏玉栋解读"中国美丽乡村"》,央广网,2015年8月21日,http://news.cnr.cn/native/city/20150821/t20150821_519616352.shtml。

大做出"大力推进生态文明建设,努力建设美丽中国"的决策,并将其纳入中国特色社会主义事业五位一体总体布局中。生态文明建设作为国家战略,具有整体性特征,不仅要在城市里开展生态文明建设,农村也要同步推进。2013年中央一号文件提出"加强农村生态建设、环境保护和综合整治,努力建设美丽乡村"。2017年中央一号文件又进一步强调"深入开展农村人居环境治理和美丽宜居乡村建设"。因此,建设美丽乡村,必须把生态文明理念和思维融入新农村建设实践中,把农村生态和环境改善纳入美丽乡村建设框架内。综合来看,美丽乡村建设是社会主义新农村建设和生态文明建设的综合体,二者统一于美丽乡村建设进程中。①

向富华在《基于内容分析法的美丽乡村概念研究》一文中分析了美丽乡村文献中经常出现的高频词类目:生态环境美、人居环境美、经济社会发展、社会和谐、社会文明、农民增收、生活富裕、设施完善、布局合理、规划科学、文化传承、城乡一体、特色鲜明、生活幸福、生产集约高效、理念创新、公共服务提升、素质提升、系统工程、管理民主、社会公平、科技进步。其中,超过50%频率的5个类目分别是"生态环境美""人居环境美""经济社会发展""社会和谐""社会文明";结合语义网络分析,得出和"美丽乡村"联系最紧密的语义也是5个高频词,即"生态""环境""发展""和谐""文明",这和词频分析比较一致。以上高频词可以被界定为美丽乡村的核心内涵。因而,他认为美丽乡村可以定义为生态环境和人居环境优美、经济繁荣且具有可持续性、社会和谐与文明的乡村。②

向云驹从"美"入手来揭示美丽乡村应有的内涵。他认为"美"(包含自然美和社会美)是能够引起人们心情愉悦、舒畅、振奋或使人感到和谐、圆满、轻松、快慰、满足,或让人产生爱(或类似爱)的情感、欣赏享受感、心旷神怡感,或有益于人类、有益于社会的客观事物的一种特殊属性。"美丽"是一切能够使人产生美好心情或身心舒畅的事物。美丽乡村体现着自然美、生态美、环境美、社会美、艺术美和生活美,是相生相谐的大美。③

---

① 参见韩喜平、孙贺《美丽乡村建设的定位、误区及推进思路》,《经济纵横》2016年第1期,第87~90页。

② 向富华:《基于内容分析法的美丽乡村概念研究》,《中国农业资源与区划》2017年第10期,第25~30页。

③ 向云驹:《"美丽中国"的美学内涵与意义——学习十八大精神的一点体会》,《光明日报》2013年2月25日,第1版。

肖铁桥和陈晓华针对当前农村存在"四不美"的问题而提出美丽乡村的重点在于"美丽",它的美应该包含"产业美""环境美""人文美""生活美"四个方面。①

综上所述,结合本书的调研,笔者认为,美丽乡村不仅要从人与自然的维度进行定位,也要从人与社会关系的维度进行定位。美丽乡村既是农村生态和环境的"美丽",也是村镇场域内人、社会、文化、经济等方面的"美丽",是生产美、生活美、生态美的统一。习近平在十八届中央政治局常委同中外记者见面时的讲话更为直观地表述为"有更好的教育、更稳定的工作、更满意的收入、更可靠的社会保障、更高水平的医疗卫生服务、更舒适的居住条件、更美的环境"②。

第二节 我国乡村建设的目标之二——宜居乡村

一 宜居乡村的内涵

易鑫的《德国的乡村规划及其法规建设》、周长城和邓海骏的《国外宜居城市理论综述》等介绍了国外宜居城镇建设情况。③ 国外关于宜居的概念最早可追溯至 19 世纪英国的田园城市运动。霍华德在《明日的田园城市》(*Garden Cities of Tomorrow*)一书中提出了"田园城市"的理想,被认为是近代宜居城市思想的萌芽。大卫·李·史密斯(David L. Smith)在《宜居与城市规划》中倡导宜居的重要性,指出宜居的概念包括三个层面的内容:一是治理公共卫生和污染问题;二是舒适的生活环境;三是历史建筑和优美的自然环境。此后又出现多种关于宜居城市的理念,如新都市主义思想、健康城市的概念、建设园林城市等。1976 年,联合国召开了首次有关人类居住区问题的大会,成立了"联合国人居中心"(UNCHS),协调和加强各国对人类聚居问题的研究。1996 年,联合国人居中心召开了第二届人类居住区大会,

---

① 肖铁桥、陈晓华:《基于"四美"内涵的美丽乡村规划与建设路径——以苏州市高新区通安镇树山村为例》,《安徽建筑大学学报》2018 年第 2 期,第 94～100 页。

② 习近平:《习近平谈治国理政》,外文出版社,2014,第 4 页。

③ 易鑫:《德国的乡村规划及其法规建设》,《国际城市规划》2010 年第 2 期,第 11～16 页;周长城、邓海骏:《国外宜居城市理论综述》,《合肥工业大学学报》(社会科学版)2011 年第 4 期,第 62～67 页。

探讨了"人人有适当住房"和"城市化世界中的可持续人类住区发展"两大主题，形成纲领性文件《宜居性议程：目标和原则、承诺和全球行动计划》，明确提出了"宜居"的概念：适宜居住的人类社区。

吴良镛等提出"人居环境科学"，为我国宜居城市的发展奠定了基础。[①]从梳理的文献可以看出在宏观层面对宜居城市进行研究的成果较多，在社区层面尤其是针对村镇社区的研究成果还比较少。我国村镇社区建设目前尚处于探索阶段，还面临诸如村镇社区基础设施滞后、经济发展水平较低、文化教育水平落后、医疗保障层次低等问题，随着城镇化的推进，村镇村民对生活质量的要求不断提高，村镇社区的宜居问题受到广泛关注。《中华人民共和国国民经济和社会发展第十二个五年规划纲要》明确提出："加强农村基础设施建设和公共服务。按照推进城乡经济社会发展一体化的要求，搞好社会主义新农村建设规划，加快改善农村生产生活条件。"在此基础上，2013年科技部发布了国家"十二五"科技支撑计划"村镇宜居社区与小康住宅重大科技工程"，村镇宜居社区的建设得到了国家层面的重视。2017年中央一号文件又进一步强调"深入开展农村人居环境治理和美丽宜居乡村建设"。陈玉珠等的《"新常态"下看宜居乡村的发展与建设》、刘卫兵和王忠霞的《〈园冶〉宜居理论在美丽乡村设计中的应用》、韩艳的《村镇宜居社区评价及应用研究》等探讨了宜居乡村建设问题。[②]张国昕的博士学位论文《生态文明理念下西北宁陕地区移民宜居环境建设研究》对陕北和宁南地区六盘山片区的移民宜居环境进行了研究。[③]村镇宜居社区建设能改善村镇村民生活质量，推进城乡可持续发展，促进社会和谐，是村镇未来发展的方向。

所谓宜居，简而言之就是适宜居住。从更加广义的层面来说，任致远认为宜居不仅要满足人们有其居的要求，而且要满足村民居得起、居得好和居得久的要求，可以归纳为"易居、逸居、康居、安居"四个方面。[④]社区是

---

① 吴良镛、周干峙、林志群：《我国建设事业的今天和明天（摘要）》，《中国科学院院刊》1994年第2期，第113～121页。

② 陈玉珠、王雪、杨家宝：《"新常态"下看宜居乡村的发展与建设》，2015中国城市规划年会，贵阳，2015；刘卫兵、王忠霞：《〈园冶〉宜居理论在美丽乡村设计中的应用》，《城乡建设》2014年第4期，第74～76页；韩艳：《村镇宜居社区评价及应用研究》，硕士学位论文，北京交通大学，2015。

③ 张国昕：《生态文明理念下西北宁陕地区移民宜居环境建设研究》，博士学位论文，西安建筑科技大学，2017。

④ 任致远：《关于宜居城市的拙见》，《城市发展研究》2005年第4期，第33～36页。

人们生活的居所,宜居社区应满足人们的基本生活需要,首要便是居住,其次是娱乐休闲,还应让人感受到家的温暖与和谐。如果社区居住舒适、环境优美、出行便利、服务周全、和谐安定,使人们的生活状态轻松愉悦,有益于村民身心健康和安居乐业,村民对社区归属感强,那么这样的社区便是一个宜人的、适宜居住和生活的社区。乡村景观独特的地域特色、良好的自然环境背景,以及充满乡土气息的田园生活方式,是乡村地区的发展与建设优于城市建设的独特之处。宜居的乡村是美丽的乡村、健康的乡村,能够保障村民的居住环境质量,也能够保障村民的生活品质。在进一步打破城乡二元结构,推进城乡统筹发展转型的同时,充分利用乡村良好的自然基底,处理好农业生产、生活与生态之间的关系与内容,建造宜居乡村,为村民提供福祉。

二　宜居乡村的理论基础

国外学者对宜居的研究始于"二战"后,国内学者在借鉴国外学者研究成果的基础上,从 20 世纪 90 年代开始对宜居问题展开研究。

(一) 人居环境理论

第二次世界大战之后,希腊学者道萨迪亚斯提出了"人居环境科学"的概念。人居环境科学以人类聚居为研究对象,探究人与环境之间的相互关系,强调把人类聚居作为一个整体,从政治、社会、文化、技术等各个方面全面地、系统地进行研究。在借鉴道萨迪亚斯人居环境理论的基础上,吴良镛先生提出人居环境系统由自然系统、人类系统、社会系统、居住系统、支撑系统五个子系统构成,每个子系统又由若干个更低层次的要素组成,五大子系统之间相互作用。由此,吴良镛先生又提出了人居环境建设的五大原则:增强生态意识、注重人居环境与经济发展辩证关系、追求科学与创造艺术相结合、发展科技推动经济社会发展、重视广大人民群众的利益和社会发展整体利益。从这个意义上说,构建一个良好的人居环境,不仅要满足人类对衣食住行的物质需求,还要满足人类对生态环境协调可持续发展的需求,满足人类对交往、文化、审美等人文环境的需求。人居环境理论强调人与环境的和谐,要求从系统的角度出发,综合评价人居环境,能够为生态移民村宜居社区的建设提供指导。

（二）可持续发展理论

可持续发展理论始于20世纪六七十年代西方学者对环境问题的回应。可持续发展注重社会、经济、文化、资源、环境、生活等各方面协调发展，是既能满足当代人的需要，又不损害满足后代人需要的能力的发展，是一种注重长远发展的经济增长模式。对于村镇社区而言，要遵循可持续发展理论，就是要处理好经济、文化、社会生活与资源、环境的关系，使村镇社区的发展既能满足村民需求又能使村镇发展可持续。生态移民村在搬迁选址、规划、资源环境利用、产业培育以及移民新村的社区建设等方面都要求遵循可持续的原则。可持续发展理论是生态移民村宜居社区建设的重要理论遵循。

（三）生态文明理论

生态文明是人类为保护美好生态而取得的成果，是人类文明发展的新阶段。党的十八大提出"大力推进生态文明建设，努力建设美丽中国"，是我国生态文明建设的指导思想。农村是我国生态文明建设的重要场域，是生态文明建设的重要组成部分。"美丽宜居乡村"的建设过程同步表现为生态文明的实现过程。生态文明是"美丽宜居乡村"建设的理论源头，引导"美丽宜居乡村"建设的内容和方向。

三 村镇宜居社区的特征

根据村镇宜居社区的内涵，村镇宜居社区至少需要具备居住环境舒适、配套设施健全、文化氛围浓厚和社区服务优良四个方面的特征。

（一）居住环境舒适

舒适的居住环境是村镇宜居社区的首要要求。居住环境可分为建筑环境和生态环境，一方面，社区要满足房屋布局合理、建筑外观整齐、建筑密度适中等要求；另一方面，社区要有新鲜的空气、清洁的水、较高的绿化率、干净整洁的社区卫生等。

（二）配套设施健全

健全的配套设施是村镇宜居社区的基本要求。宜居社区配套设施的建设能为村民提供生活便利，满足村民生活和社会活动的要求。社区应根据社区规模和人口构成建设与之配套的教育、医疗、交通、商业服务和休闲娱乐等设施。

（三）文化氛围浓厚

浓厚的文化氛围是村镇宜居社区的重要特色。村镇社区血缘关系密切，乡土文化气息浓厚且保留有优秀的中华民族传统历史文化。根据这些特色，村镇宜居社区要尽力提高村民自身素养和社区参与意识，使社区满足邻里关系和谐、文化丰富等要求。

（四）社区服务优良

优良的社区服务是村镇宜居社区的有力保障。社区服务属于社区软环境，宜居社区要强化服务功能，提供民主的管理和人性化的服务，解决村民最关心的问题，提高村民生活质量和满意度。

小　结

本书中所指的美丽乡村既是农村生态和环境的"美丽"，也是村镇场域内人、社会、文化、经济等方面的"美丽"，是生产美、生活美、生态美的统一。宜居就是适宜居住。宜居社区应满足人们的基本生活需要，居住舒适、环境优美、出行便利、服务周全、和谐安定，使人们的生活状态轻松愉悦，有益于村民身心健康和安居乐业，村民对社区归属感强。村镇宜居社区至少需要具备居住环境舒适、配套设施健全、文化氛围浓厚和社区服务优良四个方面的特征，满足村民在生理、安全、社交、尊重与自我实现等方面的需要。

第四章　甘宁青"美丽宜居乡村"建设

美丽乡村建设可追溯至2003年浙江省实施的"千村示范、万村整治"工程,正式开始于2013年农业部启动的"美丽乡村"创建活动,至今已经形成全国农村循序推进美丽乡村建设的大好形势。甘宁青三省区落实国家美丽乡村建设要求,因地制宜,制定政策,尤其是六盘山片区统筹、整合、落实生态移民政策、扶贫政策和美丽乡村建设政策,积极推进"美丽宜居乡村"建设。

第一节　甘宁青"美丽宜居乡村"建设概述

一　甘肃省"美丽宜居乡村"建设概况

甘肃省以"山川秀美新甘肃"为目标,统筹实施基础建设、环境治理、服务提升、产业培育、素质教育等五大工程,高标准创建规划布局美、环境生态美、产业发展美、乡风文明美、生活幸福美的"五美"乡村。自2012年以来,甘肃省将美丽乡村建设纳入"联村联户、为民富民"的双联行动中,统筹规划,按照规划先行、点面结合,围绕基础设施建设、环境整洁等重点任务,分层次、分步骤推进农村人居环境整治行动计划,计划到2020年60%以上的村庄实现环境整洁,建成1000个以上"美丽乡村"示范村。[①]

1. 加快水路房等基础设施建设

以"水路房全覆盖"为基本要求,加快提升农村基础设施和公共服务水平。继续实施农村饮水安全巩固提升工程,全面提升农村饮水安全工程供水能力和保障水平,实现农村安全饮水全覆盖。推进"四好农村路"建设,加

---

① 李新文、白永前:《美丽乡村是建设幸福美好新甘肃的基础工程》,《兰州交通大学学报》2014年第5期,第45～48页。

快新一轮农村电网改造升级和动力电向村组延伸。加强农村教育、金融、医疗、卫生等公共服务设施建设，满足农村就学、就医、购物、娱乐等日常生活需求。

2. 全面开展村容环境综合整治行动

全面开展以"五清四治"（清理垃圾堆、清理柴草堆、清理粪堆、清除残垣断壁、清除白色污染，治脏、治污、治乱、治建）、"五改四化"（改路、改房、改水、改厕、改圈，绿化、亮化、净化、美化）为主要内容的村容环境综合整治行动，加快改善农村人居环境，着力提升村容村貌。

紧盯"三边一部"等重点部位，彻底清理农村陈年垃圾，完成非正规垃圾堆放点排查整治，拆除清理废弃房舍、残垣断壁、老旧广告牌等违章危险及影响村容环境的建筑设施。推行垃圾就地分类减量和集中处理。推动农村生活污水处理利用，全面消除污水乱排乱流现象。畜禽养殖区和村民生活区科学分离，严格落实畜禽养殖禁养区、限养区、适养区划定。发展绿色循环农业，推动种养殖废弃物循环利用和病虫草害绿色防控，防治农业面源污染。整治村庄空间，统筹利用闲置土地、现有房屋及设施，改造建设村庄公共活动场所，着力整治乱拉乱挂的"空中蜘蛛网"现象。把发展利用农村新能源作为改善农村人居环境的重要措施，推广新能源、新技术、新产业，推行绿色生产生活方式。

3. 实施农村"厕所革命"三年计划

把"厕所革命"作为建设美丽乡村和全域无垃圾治理的重点内容。坚持清洁环保、经济适用的原则，因地制宜，合理选择改厕模式，推广无害化卫生厕所，有条件的乡村可实施水冲式厕所，其他地区可推广使用双瓮漏斗式、三格化粪池式、粪尿分集式等改建模式。

4. 整治农户庭院

开展"美丽庭院"创建活动，全面整治农户庭院，绿化、美化庭院内外，鼓励农户积极创建卫生庭院、绿色庭院、文化庭院、书香庭院、和谐庭院，鼓励有条件的农户按照规划设计，进行房屋风貌改造和庭院改造美化，发展新型节能住宅，推广建设"花园式"庭院，美化、净化生活环境。

5. 开展村庄造林绿化

按照以经济美观、地方树种为主的原则，乔、灌、花相结合，生态、社会、经济效益相结合，开展房前屋后、院内院外、街巷道路、文化广场及零星闲置地块的绿化、美化工作,林业部门对全县农村绿化进行统筹规划和布局,抓好组织实施,做好指导服务,推动"村庄园林化、道路林荫化、农田林网化、岗坡林果化、庭院花园化"发展,努力打造"点上绿化成园、线上绿化成荫、面上绿化成林、村周绿化成环"的绿色乡村景观效果。

二 宁夏回族自治区"美丽宜居乡村"建设概况

宁夏先后制定了《宁夏美丽乡村建设实施方案》《宁夏镇村体系规划(2013—2020)》《县域镇村体系规划(2013—2020)》,科学确定中心村布点,明确需要保留的自然村和撤并的村庄,编制农村环境综合整治、公路建设、林网建设、产业发展等专项规划,明确乡村基础设施、生态环境、产业发展的目标和要求,明确提出形成"2020年全区规划村庄4545个,其中中心村1984个,一般村2561个"的格局,整合整治一般村,重点建设中心村,到2017年52%的乡(镇)和50%的规划村庄达到美丽乡村建设标准,到2020年全区所有乡(镇)、90%的规划村庄达到美丽乡村建设标准,建成"田园美、村庄美、生活美、风尚美"的美丽乡村。① 宁夏把新型城镇化作为解决"三农"问题的根本途径,把城乡一体化作为美丽乡村建设的战略方向,实施规划引领、农房改造、收入倍增、基础配套、环境整治、生态建设、服务提升、文明创建"八大工程",构建布局合理、功能完善、质量提升的美丽乡村发展体系,为建设开放、富裕、和谐、美丽宁夏提供有力支撑。②

在实现生态移民村"七通八有"(通电、通自来水、通硬化路、通公交车、通广播电视、通邮、通电话,有学校、有村级活动场所、有医疗计生服务站、有劳动就业服务中心、有超市、有文化广场、有新能源、有环保设施)的基础上,宁夏政府整合生态移民资金、扶贫资金和美丽乡村建设资金,统一规划用于建设移民新村,进一步整治环境卫生、绿化、美化、亮化村庄,改善人居环境,完善配套基础设施和公共服务设施,提升村庄建设质量,建设美丽宜居的生态移民村。③

---

① 参见宁夏回族自治区人民政府《关于印发宁夏回族自治区新型城镇化"十三五"规划的通知》,《宁夏回族自治区人民政府公报》2017年第18期,第9~27页。
② 参见宁夏回族自治区人民政府《关于印发宁夏回族自治区新型城镇化"十三五"规划的通知》,《宁夏回族自治区人民政府公报》2017年第18期,第9~27页。
③ 参见宁夏回族自治区人民政府《宁夏"十三五"易地扶贫搬迁规划》,2016年8月23日。

三 青海省"美丽宜居乡村"建设概况

青海省是农牧业结合省份，农牧人口占到一半以上。青海共有 4169 个村庄，省内地形多样，一些村庄人口分散在高寒区，基础条件薄弱，农牧民收入普遍偏低。① 2014 年，青海省政府制定《关于加快改善农牧区人居环境全面推进高原美丽乡村建设的指导意见》，提出每年确定 300 个重点村，要求科学合理规划村庄，以住房建设、环境整治、基础设施和公共服务配套建设为主要内容，建设高原美丽乡村，到 2020 年，建成一批"田园美、村庄美、生活美"的高原美丽乡村。同年，青海省全面启动建设"田园美、村庄美、生活美"的高原美丽乡村。美丽乡村建设中，以村庄环境整治为突破口，先后通过"农村环境连片整治""家园美化行动"等一系列措施，推进垃圾污水处理、卫生改厕、道路硬化、水管网改造、绿化亮化等工作，配置了相应的生活垃圾收集和处理设施，基本做到了垃圾统一收集、统一转运、统一处理，有效整治了乱搭乱建、乱堆乱放等现象，人居环境明显改观，环境日益秀美，基础设施和公共服务配套加速完善，美丽乡村共建共享的成果正惠及百姓。② 乡村开展"五好文明家庭""星级文明户"等评选活动，制定村规民约，引导农牧民破除陈规陋习，培育乡村文明新风，一些乡村陋习悄然改变，科学文明的生活理念和健康向上的生活方式逐步养成，群众性文体活动在乡村重新兴盛起来，文艺会演、跳广场舞、健身锻炼成为村民的新时尚，乡风文明程度明显提高，整体精神面貌发生了显著变化。③ 农牧民就业创业空间不断扩大，生活水平明显提高；村民自治机制不断完善，生态文明理念深入人心，健康文明的生活方式逐步形成，社会保持和谐稳定。

第二节 甘宁青"美丽宜居乡村"建设标准

在浙江"千村示范、万村整治"实践中，涌现一批美丽乡村。2015 年，

---

① 白宗科：《领导有力 落实得力 青海美丽乡村建设成效显著》，搜狐网，2016 年 4 月 20 日，https://www.sohu.com/a/70418460_115239。
② 辛元戎：《高原大地，美丽乡村入画来》，《青海日报》2016 年 4 月 22 日，第 5 版。
③ 白宗科：《领导有力 落实得力 青海美丽乡村建设成效显著》，搜狐网，2016 年 4 月 20 日，https://www.sohu.com/a/70418460_115239。

国家标准化管理委员会和质检总局在经过多地调研、总结美丽乡村建设实践的基础上，发布了《美丽乡村建设指南》，从村庄规划、村庄建设、生态环境、经济发展、公共服务、乡风文明、基层组织、长效管理等方面为美丽乡村建设提供了国家规范。《美丽乡村建设指南》属于推荐性标准，不搞"一刀切"，也不要求"齐步走"，对乡村个性化发展预留了充足的空间。各地遵循"创新、协调、绿色、开放、共享"的新发展理念，根据乡村资源禀赋，因地制宜，创建"美丽宜居乡村"。

一　甘肃省"美丽宜居乡村"建设标准

为塑造"山川秀美新甘肃"，甘肃省按照生产、生活、生态和谐发展的要求，坚持"科学规划、目标引导、试点先行、注重实效"的原则，发展农业生产、改善人居环境、传承生态文化、培育文明新风，构建与资源环境相协调的农村生产生活方式，打造"生态宜居、生产高效、生活美好、人文和谐"的示范典型，形成各具特色的"美丽乡村"。对美丽乡村的建设，从产业发展、生活舒适、民生和谐、文化传承、支撑保障上提出了 20 条具体要求，并制定了相应的考核指标。

（一）产业发展

产业发展要求主导产业明晰，产业集中度高，每个乡村有一两个主导产业。扶持发展以玉米、马铃薯为主的旱作农业，以牛、羊为主的草食畜牧业，以优质林果、高原夏菜、中药材等为主的优势特色产业，推进"一村一品"产业培育，形成从生产、贮运、加工到流通的产业链条并逐步拓展延伸，带动农民群众增收，当地农民从主导产业中获得的收入占总收入的 80% 以上。生产方式按照"增产增效并重、良种良法配套、农机农艺结合、生产生态协调"的要求，稳步推进农业技术集成化、劳动过程机械化、生产经营信息化，实现农业基础设施配套完善。资源利用要求集约高效，农业废弃物循环利用，土地产出率、农业水资源利用率、农药与化肥利用率和农膜回收率高于本县域平均水平；秸秆综合利用率在 95% 以上，农业投入品包装废弃物回收率在 95% 以上，畜禽粪便处理利用率在 95% 以上，病死畜禽无害化处理率达到 100%。经营服务要求新型农业经营主体逐步成为生产经营活动的骨干力量；新型农业社会化服务体系比较健全，农民合作社、专业服务公司、专业技术协会、农民经纪人、涉农企业等经营性服务组织作用明显；农业生产经营活动所需的政策、农资、科技、金融、市场信息等服务到位。

（二）生活舒适

首先，在经济条件上，表现为经济宽裕，集体经济条件良好，"一村一品"或"一镇一业"发展良好，农民收入水平在本县域内高于平均水平。其次，在生活环境上，农村公共基础设施完善、布局合理、功能配套，乡村景观设计科学，村容村貌整洁有序，河塘沟渠得到综合治理；生产生活实现分区，道路全部硬化；人畜饮水设施完善、安全达标；生活垃圾、污水处理设施完善，处理利用率在95%以上。再次，在居住条件上，住宅美观舒适，大力推广应用农村节能建筑；清洁能源普及，农村沼气、太阳能、小风电、微水电等可再生能源在适宜地区得到普遍推广应用；省柴节煤炉灶炕等生活节能产品广泛使用；环境卫生设施配套，改厨、改厕全面完成。最后，在综合服务上，交通出行便利快捷，商业服务能满足日常生活需要，用水、用电、用气和通信等生活服务设施齐全，维护到位，村民满意度高。

（三）民生和谐

创新集体经济有效发展形式，增强集体经济组织实力和服务能力，保障农民土地承包经营权、宅基地使用权和集体经济收益分配权等财产性权利。遵纪守法蔚然成风，社会治安良好有序，防灾减灾措施到位，无刑事犯罪和群体性事件，无生产和火灾安全隐患，村民安全感强。教育设施齐全，义务教育普及，适龄儿童入学率100%，学前教育能满足需求。新型农村合作医疗普及，农村卫生医疗设施健全，基本卫生服务到位；养老保险全覆盖，老弱病残贫等得到妥善救济和安置，农民无后顾之忧。

（四）文化传承

民风朴实、文明和谐，崇尚科学、反对迷信，明理诚信、尊老爱幼，勤劳节俭、奉献社会。传统建筑、民族服饰、农民艺术、民间传说、农谚民谣、生产生活习俗、农业文化遗产等农耕文化得到有效保护和传承。文化体育活动经常性开展，有计划、有投入、有组织、有实施，群众参与度高、幸福感强。自然景观和人文景点等旅游资源得到保护性挖掘，民间传统手工艺得到发扬光大，特色饮食得到传承和发展，农家乐等乡村旅游和休闲娱乐得到健康发展。制定完善"乡规民约""村规民约"等制度，增强农村村民法治观念。发挥文化广场、文化活动室的活动演练、文化休闲、健身运动功能，积极组织开展各种有益的群众性文化活动，不断增强农民群众团结友善意识，提高文明和谐程度。

（五）支撑保障

在规划编制上，试点乡村要按照"美丽乡村"创建工作总体要求，在当地政府指导下，根据自身特点和实际需要，编制详细、明确、可行的建设规划，在产业发展、村庄整治、农民素质、文化建设等方面明确相应的目标和措施。在组织建设上，基层组织健全、班子团结、领导有力，基层党组织的战斗堡垒作用和党员先锋模范作用充分发挥；土地承包管理、集体资产管理、农民负担管理、公益事业建设和村务公开、民主选举等制度得到有效落实。在科技支撑上，农业生产、农村生活的新技术、新成果得到广泛应用，公益性农技推广服务到位，村有农民技术员和科技示范户，农民学科技、用科技的热情高。在职业培训上，新型农民培训全覆盖，培育一批种养大户、家庭农场、农民专业合作社、农业产业化龙头企业等新型农业生产经营主体，农民科学文化素养得到提升。

二 宁夏回族自治区"美丽宜居乡村"建设标准

宁夏采取因地制宜、分类建设、典型引路、逐步推进的方式，按照美丽小城镇建设标准、美丽村庄建设标准（川区）、美丽村庄建设标准（山区）、保留的一般村建设标准四类标准要求，重点优先扶持建设一批休闲旅游型、商贸流通型、产业开发型、资源开发型、交通枢纽型等各具特色的美丽小城镇，以中心村为重点推进美丽村庄建设。中心村以改造提升、整合新建为主，保留的一般村以旧村整治、特色保护为主，规划撤并的村庄不再投入、逐步迁并。改造建设原则上先从乡镇驻地、主干道路沿线村庄开始实施，逐步向农村腹地延伸推进。①

---

① 参见宁夏回族自治区党委办公厅、人民政府办公厅印发的《宁夏美丽乡村建设实施方案》，2014。

（一）美丽小城镇建设标准

美丽小城镇建设标准包括自然美、街区美、功能美、生态美、生活美五大要素。自然美要求在自然风光上对镇域地形地貌、湖泊湿地、沟渠、树林植被等进行改造保护，突出自然特色；在乡村风貌上，镇域村庄建设要有序，环境要整洁，村庄与周边环境相得益彰、村景交融，农田、牧场、林场、渔场等田园景观优美。街区美要求街区要体现地域、民族、传统或时代特色，空间尺度宜人；建筑住房要风格、色彩、体量协调，住房安全、舒适，功能齐全；各类绿地布局要合理，绿化覆盖率不低于35%，主街道要有行道树，沟渠湖沿岸要有绿带；镇区要有供游憩的综合性公园或建有一定规模的公共绿地、广场，绿地设有步道、照明、景观等设施；传统文化要得到良好的保护与传承。功能美要求教育、医疗卫生、文化娱乐、商业等公共服务设施能较好地满足村民需要。合理配建公办乡镇中心幼儿园、中心小学；设置体育场、科技站、文化站等设施；设置卫生院和计划生育服务站；设置具有一定规模的连锁超市、宾馆、银行、集贸市场、商贸中心等服务设施；道路交通、公共停车设施、汽车客运站、广场、地名标志、供水、排水、供电、电信、广播电视、邮政、燃气、供热、照明和亮化、环卫、运营管理和安全防灾等基础设施要完备。生态美要求水环境质量、空气质量达到国家环境质量标准；积极推广太阳能光热和光伏等可再生能源、清洁能源及新技术的应用，绿色低碳建筑节能建设或节能改造；科学合理、集约节约开发利用土地；节约用水，注重水资源的可再生利用。生活美要求村民人均可支配收入和财政收入在所属县、区各镇中排名靠前；劳动力素质明显提高，掌握1门以上实用技能，就业比较充分；切实提升城乡基层干部和群众的素质和能力，城乡基层民主自治制度得以落实；治安管理良好，村民行为文明，社会诚信度高，社会氛围和谐。

（二）美丽村庄建设标准（川区和山区）

美丽村庄建设标准（川区和山区）包括田园美、村庄美、生活美三大要素，川区和山区在村庄规划上应考虑到因地制宜。

田园美要求自然风光和田园景观美。村庄美要求村庄规划要突出地方和民族特色，新建村庄选址要便于农民生产生活。住宅设计要充分考虑农民的生活习惯和居住需求。庭院布置要充分考虑生产生活和卫生健康要求，做到生产与生活分隔、人畜分离；对院落围墙和栏杆进行统一改造，要实用、经济、美观、艺术。基础设施和人居环境要达到"四改、五化、六通"。"四改"即改水，对已建成农村集中供水工程进行水质卫生监测，提高供水质量；改厕，建造农村无害化卫生厕所；改厨，对厨房进行改造，推广沼气灶、燃气灶、煤气灶；改圈，对牲圈全部进行改造，对禽畜粪便及养殖场废弃物及时进行收集、处理与综合利用。"五化"即净化，村容整洁，无乱搭乱建、乱堆乱放、乱贴乱画，环境卫生良好，环卫设施齐全，垃圾有序存放并及时清理，距县城或相邻乡镇已建垃圾填埋场较远的村庄要配备垃圾中转站，100 户以上的村庄要配备公共厕所；硬化，巷道布局合理，功能等级明确，道路宽度适中，达到硬化标准；绿化，充分利用本地乡土树种对环村、道路两侧、沟渠两侧、宅前屋后、庭院、公共活动场地等进行绿化，环村林带要与乡村经济发展相结合，鼓励种植经果林，村庄绿化覆盖率应在30% 以上；美化，每个村庄至少规划建设一处公共绿地或小游园，可与公共活动中心、健身场地结合设置；亮化，主要道路合理设置路灯，进行亮化，亮灯率达80% 。"六通"即通水、通电、通路、通信、通气、通客车。自来水入户率达80% ，供水水量、水压应满足要求，集中供水水源地得到有效保护；供电、通信、广播电视、电影、网络等设施配套到位，通村入户。有条件的村庄要使用清洁能源，通天然气；要配备污水处理系统，能接入城镇污水收集处理系统就近接入，其他的采用经济有效、简便易行、工艺可靠的污水处理技术进行处理。村庄基础设施和环境卫生的维护管理，要做到有制度、有资金、有人员，要建立以公共财政补助为主导的经费分担保障机制，确保村庄保洁制度化、常态化。生活美要求农民收入增加，孩子入托、上学方便，入学率、巩固率达标；公交通达，村民出行及购物方便；文体场所设施完善，有经常性文体活动；医疗卫生能基本满足需求，医疗养老保险覆盖率在所属县、区各村中排名靠前；农业气象信息和气象灾害预警服务及时高效；基层群众自治组织体系健全，基层民主自治制度落实，切实提升农民群众的素质和能力；创造文明健康的生活环境，发挥环境育人、环境引领民风的作用，着重根治乱堆、乱放、乱扔现象，改善群众的不良习惯和生活陋习，做到文明礼貌、诚实守信、遵纪守法、社会和谐。

（三）保留的一般村建设标准

保留的一般村建设标准包括田园美、村庄美、生活美三大要素。田园美要求对村庄地形地貌、湖泊水系、树林植被等自然景观进行改造保护，突出自然特色；农业秸秆及废弃物及时清理利用，无乱堆、焚烧现象。农田、牧场、林场、山坡等田园景观优美。村庄美要注重庭院绿化和美化，院落干净整洁，无乱堆乱放、乱搭乱建现象。有条件的村庄集中建设生产区和养殖区，做好卫生防护和隔离；道路设施整治应遵循安全、便捷、通达、经济、适用、整洁的原则；村庄路网完善，主要村庄道路平坦畅通，次要村庄道路便于出行；村庄设施改造要达到"三通"（通水、通电、通信），供水设施配套完善，确保日常维护和畅通。改造各类管网、管线、设施布局合理有序；改造村庄环卫设施；改造牲圈，对禽畜粪便及养殖场废弃物及时进行收集、处理与综合利用。实施绿化、美化改造，村庄内主要道路、宅前屋后、庭院、闲置空地全面绿化。村庄四周建设环村林带，绿化覆盖率应在30%以上。对村庄环境进行整治，对村庄内部废弃农宅、闲置房屋与建设用地进行清理、改造，主要道路两侧无乱搭乱建、乱堆乱放现象，整洁美观，对村庄坑、沟、渠进行整治、疏浚，既合理利用，确保使用功能，又达到环境优美，无垃圾杂物等漂浮物。生活美要求在公共服务上，保留一定规模的公共活动场所，方便群众集会、健身、休闲、文化科普宣传；建立村庄环境卫生长效管理机制，制定村庄环境卫生管理制度，组建农村保洁管理队伍，确保村庄保洁制度化、常态化；做到乡风纯朴、文明礼貌、诚实守信、遵纪守法、社会和谐。①

三 青海省"美丽宜居乡村"建设标准

青海省制定了以"田园美、村庄美、生活美"三美为核心要素的高原美丽乡村建设考核指标。

"田园美"包括自然风光和田园景观两大要素，主要考核村庄河湖水系、森林植被、动物栖息等内容，要求河湖水系、森林植被等自然景观优美、有特色、保护良好；农田、牧场、林场等田园景观优美。

"村庄美"包括整体风貌、农房院落、基础设施及公共设施、环境卫生和传统文化五大要素，主要考核村庄所处位置与自然环境相协调、居住房屋

---

① 参见宁夏回族自治区党委办公厅、人民政府办公厅印发的《宁夏美丽乡村建设实施方案》，2014。

功能健全、农牧民危房改造、饮水安全、民族文化保护良好等内容。"村庄美"要求村庄规划科学合理,村庄整体风貌、村庄所处位置与自然环境协调,村容村貌整洁有序。农户院落危房全部改造完成。农牧区民居住房能够体现不同区域的乡村风貌,且结构安全,功能健全,实用美观。水、电、路、通信等基础设施完备,户均通电率达到100%;广播电视实现户户通;村内主要道路全部硬化且便捷通达。具有相应的文化教育、医疗卫生、商业服务等公共服务设施以及防洪等公共安全设施。环境卫生要求户户有卫生厕所;排水沟渠通畅;垃圾杂物得到有效处理;村庄巷道内无猪圈、牛棚。传统文化、历史遗存、民族文化及民俗要求得到良好保护与传承。古村落、古民居、古建筑、古树名木等得到有效保护。

"生活美"包含产业发展、村民收入、村民自治和乡风文明四大要素,主要考核特色产业和乡村旅游业发展、村民人均纯收入增长、村务公开、健康文明生活方式、村庄社会治安等内容。"生活美"要求产业发展。基础产业得到加强,生态农牧业、生态旅游业、休闲观光农业、乡村旅游业等新型业态有所发展,以产业为支撑体现宜居宜业。农牧业产业化水平显著提升,特色产业明晰,农牧民就业创业空间不断扩大,收入渠道不断拓展,村民人均纯收入增长率不低于全乡水平。村民自治机制健全,村务公开,群众满意。村规民约基本健全,乡风文明科学,具有高原特色的优秀文化得到传承和弘扬,生态文明理念深入人心,健康文明的生活方式逐步形成,村庄社会治安良好,全年没有刑事案件或重大治安案件,社会保持和谐稳定。

小　结

甘宁青三省区落实国家美丽乡村建设要求,因地制宜,制定了建设标准。甘肃省从产业发展、生活舒适、民生和谐、文化传承、支持保障五个方面建设"生态宜居、生产高效、生活美好、人文和谐"的"山川秀美新甘肃"。宁夏回族自治区分类制定美丽小城镇建设标准、美丽村庄建设标准(川区)、美丽村庄建设标准(山区)、保留的一般村建设标准,以小城镇和中心村为重点,推进建设"自然美、街区美、功能美、田园美、村庄美、生态美、生活美"的美丽村庄。青海省提出建设以"田园美、村庄美、生活美"三美为核心要素的高原美丽乡村建设考核指标。

第二篇
村庄调查篇

第五章　调查问卷的设计和样本的选择

第一节　调查问卷的设计

一　调查问卷设计思路

（一）根据研究主题确定调查内容

本次调研的主题是甘宁青"美丽宜居乡村"建设。在"美丽宜居乡村"建设中，政府是引导者，村民是"美丽宜居乡村"建设的主体，是建设者和参与者，也是支持者和受益者。从政府的角度来看，"美丽宜居乡村"建设是乡村工作的主要任务。那么，村民在"美丽宜居乡村"建设中的作用发挥得如何？为了从村民的视角了解"美丽宜居乡村"建设的情况，探讨甘宁青三省区在"美丽宜居乡村"建设中的突出问题和解决问题的有效措施，本次调研确定了以下内容。

1. 要了解"美丽宜居乡村"建设情况

本书依据党的十八大报告中关于"建设美丽中国"的要求，参照《美丽乡村建设指南》中村庄规划和建设、生态环境、经济发展、公共服务、乡风文明、基层组织、长效管理等方面的国家标准和甘宁青三省区美丽乡村建设标准中提出的自然美、田园美、村庄美、生活美的要求，从经济产业建设、人居环境建设、生态环境建设、社会文化建设、民主政治建设方面调查甘宁青"美丽宜居乡村"建设情况。

2. 要了解村民对"美丽宜居乡村"建设的认知度

村民对"美丽宜居乡村"建设的认知度调查内容包括"美丽宜居乡村"建设内涵的认知、"美丽宜居乡村"建设政策的认知、"美丽宜居乡村"建设内容的认知、"美丽宜居乡村"建设项目的认知、"美丽宜居乡村"建设规划的认知、"美丽宜居乡村"建设主体的认知。认知度的调查呈现"美丽宜居乡村"建设政策的宣传落实和村民对"美丽宜居乡村"建设的认识理解程度。

3. 要了解村民对"美丽宜居乡村"建设的参与度

该调查内容主要包括村民参与"美丽宜居乡村"建设的意愿、村民是否参与"美丽宜居乡村"建设规划、村民是否参与"美丽宜居乡村"建设项目，呈现村民参与"美丽宜居乡村"建设的程度。

4. 要了解村民对"美丽宜居乡村"建设的满意度

村民对"美丽宜居乡村"建设的满意度调查内容包括对"美丽宜居乡村"建设项目的满意度、对生活基础设施建设的满意度、对生态环境建设的满意度、对社会文化建设的满意度、对公共服务的满意度、对民主政治建设的满意度，呈现村民对"美丽宜居乡村"建设的满意程度。

5. 要了解村民对"美丽宜居乡村"建设中的不足和加快发展的建议

该调查内容主要由"美丽宜居乡村"建设中的不足、"美丽宜居乡村"建设中最大的困难、"美丽宜居乡村"建设中最关心的问题和对未来的期望、加快本村经济发展的措施四个问题构成。

（二）编制调查问题

根据调查内容和调查对象编制调查问题。将调查内容细化为具体的问题。在编制调查问题时，要考虑到本书的调查对象是甘宁青村民，考虑到村民受教育程度和地域特点，调查问题要做到清晰、简洁、明确、具体，让村民听得懂、看得明白。题量要适中，既要涵盖调查内容，突出调查主题，又不能太多，便于调查的开展。调查问卷问题的排列要有关联，合乎逻辑，编排合适。

（三）问卷测试

问卷编制完成后要做预调研。本书选择李俊镇中心村和原隆村做预调研后，对调查问卷进行了修正、补充和完善。在调研过程中，根据村庄的具体情况，问卷问题也会有所调整。

（四）调查过程

本次调查采用个人访谈法、问卷调查法和观察法。选定甘宁青三省区的六盘山片区的 4 个生态移民村和毗邻的 4 个原驻地村庄作为调查样本。课题组成员由课题负责人带队，前往村委会访谈，从基层政府的角度了解村庄"美丽宜居乡村"建设的实施情况；做入户问卷调查，从村民的角度了解村庄"美丽宜居乡村"建设的实施情况；课题组成员在调查中以研究者的角度观察、访谈村庄"美丽宜居乡村"建设的实施情况。

（五）数据处理

问卷使用 SPSS 统计和 Excel 统计方式，统计结果为均值。

二 调查问卷设计指标

调查问卷由三级指标构成。一级指标由六部分组成，每个一级指标分成若干个二级指标，二级指标进一步细化为具体的调查题目。一级指标包括基本情况、"美丽宜居乡村"建设情况、村民对"美丽宜居乡村"建设的认知度、村民对"美丽宜居乡村"建设的参与度、村民对"美丽宜居乡村"建设的满意度、"美丽宜居乡村"建设中的不足和加快发展的建议六个方面。一级指标的第一部分是基本情况，由性别、年龄、民族、受教育程度、迁出地 5 个二级指标组成，了解受访者的基本情况，分析与调查结果的相关性。第二部分是"美丽宜居乡村"建设情况，由经济产业建设、人居环境建设、生态环境建设、社会文化建设、民主政治建设 5 个二级指标组成。第三部分是村民对"美丽宜居乡村"建设的认知度的调查，由对"美丽宜居乡村"建设内涵的认知、对"美丽宜居乡村"建设政策的认知、对"美丽宜居乡村"建设内容的认知、对"美丽宜居乡村"建设项目的认知、对"美丽宜居乡村"建设规划的认知、对"美丽宜居乡村"建设主体的认知 6 个二级指标组成，呈现"美丽宜居乡村"建设政策的宣传落实和村民对"美丽宜居乡村"建设的认知理解程度。第四部分是村民对"美丽宜居乡村"建设的参与度的调查，由村民参与"美丽宜居乡村"建设的意愿、村民是否参与"美丽宜居乡村"建设规划、村民是否参与"美丽宜居乡村"建设项目 3 个二级指标组成，呈现村民参与"美丽宜居乡村"建设的程度。第五部分是村民对"美丽宜居乡村"建设的满意度的调查，由对"美丽宜居乡村"建设项目的满意度、对生活基础设施建设的满意度、对生态环境建设的满意度、对社会文化建设的满意度、对公共服务的满意度、对民主政治建设的满意度 6 个二级指标组成，呈现村民对"美丽宜居乡村"建设的满意程度。第六部分是"美丽宜居乡村"建设中的不足和加快发展的建议，由"美丽宜居乡村"建设中的不足、"美丽宜居乡村"建设中最大的困难、"美丽宜居乡村"建设中最关心的问题和对未来的期望、加快本村经济发展的措施 4 个二级指标构成。6 个一级指标中包含 29 个二级指标一共设计了 80 个调查问题，基本满足了本书研究的需要，具体排列如下。

（一）基本情况

1. 性别
2. 年龄
3. 民族
4. 受教育程度
5. 迁出地

（二）"美丽宜居乡村"建设情况

1. 经济产业建设
2. 人居环境建设
3. 生态环境建设
4. 社会文化建设
5. 民主政治建设

（三）村民对"美丽宜居乡村"建设的认知度

1. 对"美丽宜居乡村"建设内涵的认知
2. 对"美丽宜居乡村"建设政策的认知
3. 对"美丽宜居乡村"建设内容的认知
4. 对"美丽宜居乡村"建设项目的认知
5. 对"美丽宜居乡村"建设规划的认知
6. 对"美丽宜居乡村"建设主体的认知

（四）村民对"美丽宜居乡村"建设的参与度

1. 村民参与"美丽宜居乡村"建设的意愿
2. 村民是否参与"美丽宜居乡村"建设规划

3. 村民是否参与"美丽宜居乡村"建设项目

（五）村民对"美丽宜居乡村"建设的满意度

1. 对"美丽宜居乡村"建设项目的满意度
2. 对生活基础设施建设的满意度
3. 对生态环境建设的满意度
4. 对社会文化建设的满意度
5. 对公共服务的满意度
6. 对民主政治建设的满意度

（六）"美丽宜居乡村"建设中的不足和加快发展的建议

1. "美丽宜居乡村"建设中的不足
2. "美丽宜居乡村"建设中最大的困难
3. "美丽宜居乡村"建设中最关心的问题和对未来的期望
4. 加快本村经济发展的措施

第二节　调查样本的选择

一　样本的典型性

调查样本选择位于甘宁青三省区的六盘山片区的 4 个生态移民村和与其相毗邻的 4 个原驻地村庄。六盘山片区是 2011 年《中国农村扶贫开发纲要（2011—2020 年)》确定的 14 个集中连片特殊困难地区之一，包括宁夏西海固地区、陕西桥山西部地区、甘肃中东部地区和青海海东地区共 61 个县，人口 2031.8 万人，其中乡村人口 1837.7 万人。甘肃有 40 个县区列入，陕西、青海分别有 7 个县区列入，宁夏原州区（原固原县）、海原县、西吉县、隆德县、泾源县、彭阳县、同心县 7 个县区曾被联合国列入最不适宜人类生存的地区，也划入六盘山片区。六盘山片区气候干燥，降水稀少，人均占有水资源为全国平均水平的 16.7%，严重干旱缺水。六盘山片区是贫困人口集中区，水资源严重不足是导致贫困的主要原因，贫困面广、贫困程度深。植被稀疏，森林覆盖率低，水土流失严重，生态环境脆弱，道路交通不畅，经济基础薄弱，是国家确定的生态移民的重点区域。按照国家的生态移民政策，统一标准建房建村，移民迁入安置区后，享有政府提供的住房、水、电、路、网、教育、医疗、文化等公共设施和服务，从根本上改变了生存条件，实现了生产方式和生活方式的新跨越。生态移民将处于山大沟深、生态环境恶劣地区的群众向交通便利、有聚集效应的乡镇周边搬迁，改善了移民群众居住过于分散的状况，村庄、住房、道路规划整齐，实现了道路、交通、通信、水电等基础设施的高效利用。生态移民村的创建为"美丽宜居乡村"的建设奠定了一定的基础，"美丽宜居乡村"建设的新政策为生态移民村的发展带来了新的机遇。

经过生态移民重建和"美丽宜居乡村"建设，从2012年到2019年，片区内农村贫困人口由532万人减少到45万人，91.5%的贫困人口实现脱贫；贫困发生率由28.9%下降到2.6%。2019年，六盘山片区农村村民人均可支配收入9370元，比2013年增加4439元，增幅达90%，贫困群众生产生活条件显著改善，幸福感、获得感显著提升。① 但是，由于自然条件恶劣、集体经济薄弱、积累不足、自我发展能力弱、投入有限，一些生态移民村发展基础薄弱，后续发展能力不足，贫困人口比重大，抵御灾害能力脆弱，等等。六盘山片区的贫困问题主要体现在全面小康的实现程度低，与全国的发展差距较大；贫困程度深，返贫压力大；基础设施欠账大，公共服务滞后；天气恶劣，生态环境脆弱；等等。② 六盘山片区依然是全国最贫困、最需要扶持的地区之一。

二 样本村庄的选择

本书调查选取位于甘宁青三省区的六盘山片区的4个生态移民村、4个与其相毗邻的原驻地村庄，总计有4组共8个村庄作为样本。调查样本包括甘肃省靖远县中堡村和移民新村新坪村，宁夏固原市原州区的老庄村和移民新村丰泽村，宁夏永宁县李俊镇中心村和移民新村原隆村，青海省乐都区马家营村和移民新村洪水坪村。

---

① 张雨涵：《绿漾六盘山　通衢奔小康——交通先行支撑六盘山集中连片特困地区脱贫攻坚综述》，《中国交通报》2020年6月17日，第1版。

② 汪俞佳：《民建中央提出：加快六盘山集中连片特困地区脱贫致富》，《人民政协报》2013年4月1日，第3版。

（一）甘肃省样本的选择

甘肃省选择位于六盘山片区的靖远县北湾镇的生态移民村新坪村和原驻地村庄中堡村。中堡村是积累深厚的传统种植型村庄。新坪村是2012年地震灾后搬迁至中堡村旁边，借助中堡村的发展环境，发展设施农业和养殖业以及兼业。

（二）宁夏回族自治区样本的选择

宁夏的生态移民有县内安置和县际安置两种模式，也叫作就地安置和易地安置。① 宁夏选择两组4个村庄。一组位于山区，属于县内就地安置；另一组位于川区，属于县际易地安置，具有代表性。选取宁夏南部山区即属于六盘山片区的固原三营黄铎堡镇的原驻地村庄老庄村和与其毗邻的生态移民村丰泽村为一组。老庄村是一个纯回族村，经济收入以种植、养殖、劳务为主，是传统的种植养殖型村庄。本镇地质灾害危险点张家山、羊圈堡等村群众搬迁至老庄村旁边，建成丰泽村，回族占多数。丰泽村属于县内安置。丰泽村的村民搬迁前都是靠天吃饭，搬迁后依托老庄村的发展环境，也发展设施农业、养殖业和劳务产业。选取宁夏永宁县的李俊镇中心村和与其毗邻的闽宁镇的原隆村作为一组。李俊镇中心村属于川区传统农业种植型村庄，由于积累深厚，在"美丽宜居乡村"建设中已经发展为中心城镇。原隆村是由六盘山片区的固原和隆德易地扶贫搬迁而来的群众建成。原隆村发展劳务产业，是"美丽宜居乡村"建设的典型。

（三）青海省样本的选择

青海省选取位于六盘山片区海东市乐都区洪水镇的原驻地村庄马家营村和生态移民村洪水坪村。马家营村的种植业、养殖业均衡发展，是传统的种植养殖型村庄。洪水坪村从山里搬迁至马家营村旁边的一片旱台上，是青海最早的易地扶贫搬迁试点村之一，主要发展劳务产业。

三　样本的类型

按照"美丽宜居乡村"建设的模式和特点，4组8个村庄可以分成4类。

---

① 参见范建荣《生态移民战略与区域协调发展 宁夏的理论与实践》，社会科学文献出版社，2019。

（一）中心村城镇化建设模式

我国农村现代化的过程，也是统筹城乡，农村自然散居村落向中心村集中的城镇化过程。中心村城镇化建设把农民转变为城市村民，实现生活方式的城市化。比如宁夏永宁县的李俊镇中心村、甘肃武威市古浪县的绿洲生态移民小城镇都是西北地区中心村城镇化建设的典型。本书以宁夏永宁县李俊镇中心村为例进行研究。通过"美丽宜居乡村"规划，围绕镇政府选址，新建中心村村民小区，安置周边4个村的农民，集中搬迁，入住楼房。新建住宅小区水电气暖等生活设施配备齐全，公共交通、路灯、绿化、集贸市场、便民超市、邮政、金融等配套设施与服务一应俱全，建成中心村小城镇。农民住进了统一规划建造的楼房，告别了土坯房，卫生干净了，环境整洁了，生活方便了。小城镇发展现代设施高效农业、劳务产业、服务业、个体经营、公益性岗位，为移民提供更多的就业机会。中心村城镇化建设模式是"美丽宜居乡村"建设中按照城乡一体化建设起来的发展程度较高的美丽小城镇。

（二）传统种植养殖型村庄

宁夏固原市原州区老庄村、甘肃白银市靖远县中堡村、青海省乐都区马家营村都是典型的传统种植养殖型村庄。原驻地传统种植养殖型村庄，除了种植传统农作物小麦、玉米、蔬菜等，兼养殖猪、牛、羊等。原驻地的传统村庄由于建制比较久，往往集体经济基础较好，文化积淀深厚，可以将当地的资源优势转变为经济优势，比如老庄村发展种养殖一体化产业链；中堡村近年来也发展设施农业，种植大棚黄瓜，增加收入，还利用黄河岸边的区位优势和红色文化资源发展旅游业；马家营村种植特色农产品，还利用本村的民俗文化和区位优势发展旅游业。

（三）特色种植养殖型移民村

宁夏固原市原州区黄铎堡镇丰泽村、甘肃白银市靖远县新坪村是设施农业种植型移民村。移民村一般耕地有限，为增加移民收入，尽快脱贫，移民搬迁在选择安置地时就设计培育经济高效的现代农业，着力发展设施农业、养殖业和劳务产业。移民的主要收入来源是特色种植业、养殖业和务工。在种植业方面，依托移民区无污染的环境优势，发展集约型绿色设施农业，提高种植业收入。移民还可就地就近务工，增加收入。

（四）劳务型生态移民村

青海省乐都区洪水坪村和宁夏永宁县闽宁镇原隆村。这两个村庄耕地有限，依靠发展劳务产业，较快地实现了增收致富。洪水坪村凭借能人带动，引导富余出来的劳动力外出务工，增收致富。村民绝大多数通过务工实现了小康生活，有些村民在城里买了楼房，小孩也在城里上学，逐步融入城市生活。原隆村在引进企业、流转土地、壮大集体经济的同时，为农民提供更多的就业岗位，带动农民脱贫致富。

第六章 李俊镇中心村"美丽宜居乡村"建设调查

一 基本情况

李俊镇中心村位于宁夏永宁县李俊镇。李俊镇是永宁县"南大门",距离永宁县城 25 公里。2018 年,李俊镇有村民 8839 户 33673 人,其中回族 3733 人,耕地 9.6 万亩,辖 15 个村民委员会、142 个村民小组、1 个街道居委会。

本次调查样本李俊镇中心村以李俊村为中心,合并周边的古光村、侯寨村、金塔村,经过征地拆迁、建设安置楼房、配套基础设施和民生服务,小城镇已初步建成。调查人员随机入户发放问卷并做入户访谈,发放问卷共 100 份,收回有效问卷 100 份,问卷回收率 100%。本次调查从调查者观察、访谈的视角了解"美丽宜居乡村"建设情况;同时也从村民对"美丽宜居乡村"建设的认知度、参与度、满意度、建设中的不足和加快发展的建议等方面了解李俊镇中心村美丽小城镇建设的现状和存在的问题。此次被访者中男性占 40%,女性占 60%。被访者中汉族占 78%,回族占 22%。被访者年龄在 18~30 岁的占 22%,在 30~40 岁的占 24%,在 40~60 岁的占 32%,在 60 岁及以上的占 22%。被访者的受教育程度为初中的占 58%,高中或中专的占 14%,小学的占 16%,大专的占 6%,文盲的占 6%。

二 "美丽宜居乡村"建设情况

(一)经济建设

表 6-1 显示,被访者中目前从事的职业为务农的占 24%,当地打工的占 20%,兼业的占 19%,无业的占 18%,自营活动的占 9%,外地打工和销售人员的各占 4%,在读学生的占 2%。由数据可知本村村民以务农和

打工为主。

表 6 - 1　职业

A5. 您目前从事的职业是?	频次（次）	有效百分比（%）
无业	18	18
当地打工	20	20
兼业	19	19
外地打工	4	4
务农	24	24
销售人员	4	4
在读学生	2	2
自营活动	9	9

注：表中对问题的描述并不都是与附录中完全一致，但两者含义相同；为了呈现简洁，频次为 0 次的层级可视情况删去，下同。

表 6 - 2 显示，被访者家庭去年（2018 年）人均年收入在 2000 元及以下的占 23%，在 2001～4000 元的占 37%，在 4001～6000 元的占 20%，在 6001～8000 元的占 6%，在 8000 元以上的占 14%。

表 6 - 2　家庭人均年收入

A6. 您家庭去年（2018 年）人均年收入能达到多少?	频次（次）	有效百分比（%）
2000 元及以下	23	23
2001～4000 元	37	37
4001～6000 元	20	20
6001～8000 元	6	6
8000 元以上	14	14

表 6 - 3 显示，被访者家庭主要收入来源为外出打工所得（泥水工、环卫等职业）的占 39%，种植业产出的占 22%，兼业（种植和打工）的占 17%，政府补贴的占 12%，搞运输和个体商户（做买卖）的各占 4%，养殖业产出的占 2%。数据反映出本村的主导产业为种植业和劳务产业。

表 6-3　家庭主要收入来源

A7. 您家庭主要收入来源是？	频次（次）	有效百分比（%）
搞运输	4	4
个体商户（做买卖）	4	4
兼业（种植和打工）	17	17
外出打工所得（泥水工、环卫等职业）	39	39
养殖业产出	2	2
政府补贴	12	12
种植业产出	22	22

（二）人居环境建设

表 6-4 显示，被访者的住房均为楼房。

表 6-4　住房类型

A51. 您的住房是？	频次（次）	有效百分比（%）
砖瓦房	0	0
砖混房	0	0
混凝土平房	0	0
楼房	100	100

表 6-5 显示，被访者认为居民小区的庭院有绿化美化的占 100%。

表 6-5　庭院绿化美化

A52. 您家的庭院有绿化美化吗？	频次（次）	有效百分比（%）
有	100	100
没有	0	0

表 6-6 显示，被访者家里使用的生活燃料是气和电。

表 6-6　生活燃料

A55. 您家使用的生活燃料是？	频次（次）	有效百分比（%）
煤	0	0
气	0	0
电	0	0
柴火	0	0
气、电	100	100

表6-7显示，被访者家中都使用房屋内冲水马桶。

表6-7　厕所使用

A56. 您家使用的厕所是?	频次（次）	有效百分比（%）
蹲便器冲水厕所	0	0
房屋内冲水马桶	100	100
房屋外土厕所	0	0

李俊镇中心村经拆迁后集中建设村民小区，村民搬进单元楼房内，水电气暖等生活设施配备齐全，居住小区内绿化率在30%以上，环境良好，实现了生活设施城镇化。

（三）生态环境建设

表6-8显示，李俊镇中心村全体村民居住的都是楼房，水电气暖等生活设施配备齐全，所以村民家里的生活污水均通过下水道排到屋外，经污水处理站全部处理后排放。

表6-8　生活污水处理方式

A39. 您家里生活污水的处理方式是?	频次（次）	有效百分比（%）
通过下水道排到屋外	100	100
泼到院子里	0	0
浇到田地里	0	0
其他	0	0

表6-9显示，被访者家里的生活垃圾的处理方式和城市无异，各单元楼下统一设有垃圾收集箱，统一回收垃圾，转运至垃圾中转站打捆清运进行无害化处理，无害化处理率达到98%。

表6-9　生活垃圾处理方式

A40. 您家的生活垃圾怎样处理?	频次（次）	有效百分比（%）
投进垃圾收集箱	100	100
投进公共垃圾处理区	0	0

A40. 您家的生活垃圾怎样处理?	频次（次）	有效百分比（%）
扔到路边、沟道里或家门外空地里	0	0
扔到田地里	0	0
其他	0	0

表 6 - 10 显示，被访者中 60% 的家庭家里不用薄膜，24% 的人选择卖给收废品的，采用混同生活垃圾扔进垃圾箱方式的和交给薄膜收集站统一处理的各占 6%，仅有 4% 的人会直接丢弃在田地里。

表 6 - 10　农业生产用薄膜处理方式

A42. 您家农业生产用薄膜怎样处理?	频次（次）	有效百分比（%）
混同生活垃圾扔进垃圾箱	6	6
家里不用薄膜	60	60
交给薄膜收集站统一处理	6	6
卖给收废品的	24	24
直接丢弃在田地里	4	4

（四）社会文化建设

表 6 - 11 显示，被访者中最经常做的日常文化娱乐活动为看电视的占 60%，跳舞等健身运动（包括广场舞）的占 16%，玩手机的占 14%，看书或看报的占 8%，参加祷告、礼拜等宗教仪式活动的占 2%。

表 6 - 11　日常文化娱乐活动

A67. 您最经常做的日常文化娱乐活动是什么?	频次（次）	有效百分比（%）
看电视	60	60
看书或看报	8	8
玩手机	14	14
跳舞等健身运动（包括广场舞）	16	16
参加祷告、礼拜等宗教仪式活动	2	2

表 6 - 12 显示，被访者中认为本村经常开展公共文化活动而且内容丰富多样的占 32%，认为本村只在某些节日开展公共文化活动的占 46%，认为本村很少开展公共文化活动的占 18%，认为本村从未开展公共文化活动的占 4%。

表 6 – 12 公共文化活动

A68. 本村经常开展各种公共文化活动吗?	频次（次）	有效百分比（%）
本村很少开展公共文化活动	18	18
本村只在某些节日开展公共文化活动	46	46
本村从未开展公共文化活动	4	4
本村经常开展公共文化活动而且内容丰富多样	32	32

表 6 – 13 显示，被访者中在日常生活和工作中没有遇到过矛盾纠纷的占 57%，遇到过家庭婚姻矛盾的占 2%，遇到过邻里矛盾的占 7%，遇到过农村土地权属纠纷和征地差钱补偿安置纠纷的各占 12%，遇到过家族内矛盾的占 6%，遇到过工作纠纷的占 4%。

表 6 – 13 日常矛盾纠纷

A71. 在日常生活和工作中遇到过哪些矛盾纠纷?	频次（次）	有效百分比（%）
家庭婚姻矛盾	2	2
邻里矛盾	7	7
农村土地权属纠纷	12	12
征地差钱补偿安置纠纷	12	12
家族内矛盾	6	6
工作纠纷	4	4
没有遇到过	57	57

（五）民主政治建设

表 6 – 14 显示，被访者中认为村里的"美丽宜居乡村"建设规划有征求村民意见的占 54%，没有征求的占 28%，不知道的占 18%。

表 6 – 14 是否征求村民意见

A25. 村里的"美丽宜居乡村"建设规划征求村民的意见吗?	频次（次）	有效百分比（%）
不知道	18	18
没有	28	28
有	54	54

表 6 – 15 显示，被访者中认为社区（村）内的重大事项是经过村民代表

讨论后决定的占68%，有的事项是经过村民代表讨论后决定的占24%，社区（村）内的重大事项不是经过村民代表讨论后决定的占4%，不知道的占4%。

表6-15　村内重大事项的决策

A64. 您所在社区（村）内的重大事项是否经过村民代表讨论后决定？	频次（次）	有效百分比（%）
是	68	68
有的事项是	24	24
不是	4	4
不知道	4	4

表6-16显示，被访者中愿意为村里的发展出谋划策的占69%，不愿意的占10%，不关心的占21%。

表6-16　是否愿意为村里的发展出谋划策

A63. 您愿意为村里的发展出谋划策吗？	频次（次）	有效百分比（%）
愿意	69	69
不愿意	10	10
不关心	21	21

李俊镇中心村的主导产业为种植业（特色农业种植、一般种植业）和劳务产业，即村民以务农和打工为主。在"美丽宜居乡村"建设中，由于种植业和务工的发展，村民收入整体上有所提高。村民收入主要来自种植业、外出打工和拆迁后的政府补贴。人均年收入在低位（4000元及以下）的占60%，中位（4001~8000元）的占26%，高位（高于8000元）的占14%，说明本村经济建设的主要任务仍然是提高村民收入。李俊镇中心村在"美丽宜居乡村"建设中把生态环境建设放在突出的战略位置，着力于农村环境综合整治，改善农村环境卫生条件。中心村全体村民居住的都是楼房，水电气暖等生活设施配备齐全，生活污水、生活垃圾集中处理，农业生产用薄膜大部分收集处理，尚有小部分没有有效收集。此外，李俊镇中心村无大气污染；李俊镇中心村通过植树造林进行道路农田林网建设，裸露空地种植林草防沙防尘，对环村林、中心村绿化带、公园、主干道两侧林带的绿植进行补栽补种，绿化率在30%以上。中心村落实"河长制"，

管理沟渠，水环境治理良好。2019 年，李俊镇中心村被评为国家森林乡村。村民最经常做的日常文化娱乐活动是看电视、跳舞等健身运动（包括广场舞）和玩手机。本村公共文化活动比较丰富，尤其是在某些节日开展公共文化活动。在社会治安方面，李俊镇中心村实行网格化管理，由村干部担任网格管理员，每个网格管理员负责管理 5 栋楼，原来的村队长为"网格长"，每人负责管理 2～3 栋楼，网格管理员和网格长负责其管辖片区内的治安、维稳以及卫生维护，协助物业公司做好小区管理。大多数村民在日常生活和工作中没有遇到过矛盾纠纷，由于拆迁，在一段时间内比较突出的纠纷是农村土地权属纠纷和征地差钱补偿安置纠纷。村镇结合实际，以便于记忆、朗朗上口的"三字歌"形式为主制定了村规民约，内容涵盖中华美德、邻里和睦、环境保护、节约资源等。村镇还举办了"民风建设知识有奖问答""文化大集""好婆婆好媳妇巡回宣讲"等一系列促民风活动，群众参与度高，在群众中掀起了一阵学习"好乡风好民风"的浪潮。村内还成立红白理事会，摒除婚丧陋习，移风易俗，提倡节俭之风，打造勤俭节约文明办理红白事的新风尚。在李俊镇中心村民主政治建设方面，多数重大事项能够经过村民代表讨论后决定。在"美丽宜居乡村"建设中，李俊镇中心村逐步建成本村的特色，积累了进一步发展的优势。

一是中心村城镇化建设。李俊镇中心村由李俊村、古光村、金塔村、侯寨村拆迁建成。中心村新建了村民住宅楼，总建筑面积 12.7 万平方米，共57 栋楼 2010 套住房，可容纳 7000 余人入住。住宅区清洁设备如垃圾箱、垃圾车等配备到位，绿化率在 30% 以上，居住环境优美宜人。住宅区配备有便民服务中心、便民商店、电子阅览室、室内外活动场地、体育运动活动场地等，便于村民在家门口办事、学习、休闲娱乐。中巴车途经各中心村，方便村民乘车出行，交通便捷。硬化镇区街道"三纵三横"道路，新建了计生服务中心、广汇李俊加气站、李俊垃圾中转站、污水处理站、集中供热站、文化体育活动中心、镇区塔区商业网点；翻建了金塔小学综合教学楼、镇区供排水管网，安装了太阳能路灯等基础设施；以李俊金塔为核心，改造建设生态公园，配备了文化广场、湖泊、连廊、喷泉、大型林木及草坪绿化等辅助设施；规范了集贸市场；村镇农业基础设施配套完善，渠系发达，灌溉条件优越。李俊镇中心村美丽小城镇初步建成。

二是逐步积累了产业优势。李俊镇中心村整合农田，发展以设施温棚、鲜食葡萄、有机水稻、外供蔬菜为主的特色产业，形成"一村一品"的特色产业规模化发展，打造出特色农产品品牌。扶持种植、养殖大户，培育种植业、养殖业基地，农业产业化链条形成，创办各类专业合作社，把规模户和农户联成经济发展利益共同体，极大地推动了农业产业化的发展，实现了传统农业发展转型，农民增收致富。

三是李俊镇中心村具有文化优势。李俊镇中心村内有一座金塔公园，位于镇区中心位置，金塔历史悠久，是当地独有的文化标志。李俊镇中心村从改善景观、便民着手，修建、扩建金塔公园，修建人工湖、文化长廊等自然人文景观，内设小广场，更换公园内破损宣传栏、垃圾桶、石砖，对空地进行绿植补种，打捞人工湖内漂浮物，等等，为村民创造了良好的文化休闲场所。

三 村民对"美丽宜居乡村"建设的认知度

（一）对"美丽宜居乡村"建设内涵的认知

表6－17显示，被访者中认为"美丽宜居乡村"的"美"最应该体现在人居环境美的占52%，生态环境美的占26%，公共服务好的占10%，产业经济发展好的占8%，思想观念美的占4%。

表6－17 "美丽宜居乡村""美"的体现

A31. 您认为"美丽宜居乡村"的"美"最应该体现在哪些方面？	频次（次）	有效百分比（%）
产业经济发展好	8	8
公共服务好	10	10
人居环境美	52	52
生态环境美	26	26
思想观念美	4	4

（二）对"美丽宜居乡村"建设政策的认知

表6－18显示，被访者中认为"美丽宜居乡村"建设与自己、自己家有关系的占94%，没有关系的占6%。

表6-18 您认为"美丽宜居乡村"建设与您、您家有无关系

A15. 您认为"美丽宜居乡村"建设与您、您家有关系吗?	频次（次）	有效百分比（%）
没有	6	6
有	94	94

表6-19显示，被访者中知道"美丽宜居乡村"建设政策的占34%，听说过"美丽宜居乡村"建设政策的占40%，不知道的占22%，不关心的占4%。

表6-19 是否知道"美丽宜居乡村"建设政策

A10. 您知道"美丽宜居乡村"建设政策吗?	频次（次）	有效百分比（%）
不关心	4	4
不知道	22	22
听说过	40	40
知道	34	34

（三）对"美丽宜居乡村"建设内容的认知

表6-20显示，被访者中听说过"美丽宜居乡村"建设内容的占36%，高达34%的被访者表示不知道相关的内容，知道"美丽宜居乡村"建设内容的占28%，不关心的占2%。

表6-20 是否知道"美丽宜居乡村"建设内容

A12. 您知道"美丽宜居乡村"建设内容吗?	频次（次）	有效百分比（%）
不关心	2	2
不知道	34	34
听说过	36	36
知道	28	28

（四）对"美丽宜居乡村"建设项目的认知

表6-21显示，被访者中知道村里开展的"美丽宜居乡村"建设项目的

占28%，听说过的占52%，不知道的占16%，不关心的占4%。

表6-21 是否知道"美丽宜居乡村"建设项目

A13. 您知道"美丽宜居乡村"建设项目吗？	频次（次）	有效百分比（%）
知道	28	28
听说过	52	52
不知道	16	16
不关心	4	4

（五）对"美丽宜居乡村"建设规划的认知

表6-22显示，被访者中认为村里有"美丽宜居乡村"建设规划的占52%，认为没有的占8%，不知道的占40%。

表6-22 村里是否有"美丽宜居乡村"建设规划

A22. 您村里有"美丽宜居乡村"建设规划吗？	频次（次）	有效百分比（%）
不知道	40	40
没有	8	8
有	52	52

表6-23显示，被访者中不了解村里的"美丽宜居乡村"建设规划的占44%，了解村里的"美丽宜居乡村"建设规划的占56%。

表6-23 是否了解"美丽宜居乡村"建设规划

A23. 您了解村里的"美丽宜居乡村"建设规划吗？	频次（次）	有效百分比（%）
不了解	44	44
了解	56	56

表6-24显示，被访者中认为村里的"美丽宜居乡村"建设规划科学合理的占28%，比较合理的占48%，不太合理的占4%，很不合理的占6%，不知道的占14%。

表6-24　村里的"美丽宜居乡村"建设规划是否科学合理

A26. 您觉得村里的"美丽宜居乡村"建设规划科学合理吗？	频次（次）	有效百分比（%）
合理	28	28
比较合理	48	48
不太合理	4	4
不知道	14	14
很不合理	6	6

表6-25显示，被访者中认为建设项目能够按照"美丽宜居乡村"建设规划执行的占28%，大部分能够的占44%，小部分能够的占8%，不知道的占18%，不能的占2%。

表6-25　建设项目是否能够按照"美丽宜居乡村"建设规划执行

A27. 您觉得村里的建设项目能够按照"美丽宜居乡村"建设规划执行吗？	频次（次）	有效百分比（%）
不能	2	2
不知道	18	18
大部分能够	44	44
能够	28	28
小部分能够	8	8

（六）对"美丽宜居乡村"建设主体的认知

表6-26显示，被访者中认为"美丽宜居乡村"建设应该由政府主导、村民参与的占70%，由政府主导的占20%，由村民主导、政府参与的占6%，由村民主导的占4%。可以看出，村民比较强调政府的主导作用，认为"美丽宜居乡村"是政府带领村民建设的。

表6-26　"美丽宜居乡村"的建设主体

A36. 您认为"美丽宜居乡村"建设应该由谁来主导？	频次（次）	有效百分比（%）
村民	4	4
政府	20	20
政府主导、村民参与	70	70
村民主导、政府参与	6	6

对"美丽宜居乡村"建设认知度的考察分三个层面，一是对"美丽宜居乡村"建设内涵的认知，二是对"美丽宜居乡村"建设政策、内容、项目知道与否的认知，三是对"美丽宜居乡村"建设规划、主体认知的程度。以上数据显示，村民认为"美丽宜居乡村"的"美"最应该体现在人居环境美和生态环境美，认为"美丽宜居乡村"建设与自己、自己家有关系的占94%。对"美丽宜居乡村"建设政策、内容、项目听说过的占比均高于知道和不知道的占比。知道村里有"美丽宜居乡村"建设规划的占比高于没有和不知道的占比，了解"美丽宜居乡村"建设规划的占比高于不了解的占比，认为"美丽宜居乡村"建设规划比较合理的占比高于合理和不知道的占比，认为"美丽宜居乡村"建设项目大部分能够按照"美丽宜居乡村"建设规划执行，说明村民对"美丽宜居乡村"建设有相当的认知。认为"美丽宜居乡村"建设应该由政府主导、村民参与的占70%，由政府主导的占20%，而由村民主导、政府参与的占6%，由村民主导的占4%，可以看出，村民比较强调政府的主导作用，认为"美丽宜居乡村"是政府带领村民建设的，说明在"美丽宜居乡村"建设中村民依赖性强，主体性发挥不够。

此外，认知度与被访者的年龄和受教育程度有相关性。年龄越小的人越能清楚地了解"美丽宜居乡村"建设的政策及内容，随着年龄的增长，被访者认知度的程度呈下降趋势。调查结果显示，高中及以上文化程度的被访者都知道"美丽宜居乡村"建设的政策及内容，部分初中文化程度的被访者知道相关政策及内容，小学及文盲文化程度的被访者大部分不清楚该政策及内容。

四 村民对"美丽宜居乡村"建设的参与度

（一）村民参与"美丽宜居乡村"建设的意愿

表6-27显示，被访者中认为所有人都愿意参与"美丽宜居乡村"建设项目的占54%，大部分愿意的占42%，小部分愿意和不愿意的各占2%。

表 6 - 27　村民参与"美丽宜居乡村"建设项目的意愿

A14. 据您所知，村民愿意参与"美丽宜居乡村"建设项目吗？	频次（次）	有效百分比（%）
不愿意	2	2
大部分愿意	42	42
小部分愿意	2	2
所有人都愿意	54	54

表 6 - 28 显示，被访者中愿意参与到"美丽宜居乡村"建设项目中的占42%，比较愿意的占 50%，不关心的占 8%。

表 6 - 28　您是否愿意参与到"美丽宜居乡村"建设项目中

A28. 您愿意参与到"美丽宜居乡村"建设项目中吗？	频次（次）	有效百分比（%）
比较愿意	50	50
不关心	8	8
不愿意	0	0
愿意	42	42

（二）村民是否参与"美丽宜居乡村"建设规划

表 6 - 29 显示，被访者中参与了"美丽宜居乡村"建设规划的占 43%，没有参与的占 57%。

表 6 - 29　是否参与"美丽宜居乡村"建设规划

A24. 您参与"美丽宜居乡村"建设规划了吗？	频次（次）	有效百分比（%）
参与了	43	43
没有参与	57	57

（三）村民是否参与"美丽宜居乡村"建设项目

表 6 - 30 显示，对"美丽宜居乡村"建设项目的参与能力可以分四级，很有能力、比较有能力、有点能力、没有能力。被访者中很有能力的占

14%，比较有能力的占22%，有点能力的占47%，没有能力的占17%。

表6-30　是否有能力参与"美丽宜居乡村"建设项目

A29. 您有能力参与到"美丽宜居乡村"建设项目中吗？	频次（次）	有效百分比（%）
很有能力	14	14
比较有能力	22	22
有点能力	47	47
没有能力	17	17

表6-31显示，被访者中以出劳力的方式参与"美丽宜居乡村"建设项目的占61%，出谋划策和出资金的各占4%，既出劳力又出资金的占16%，什么也出不了的占15%。

表6-31　能以什么方式参与"美丽宜居乡村"建设项目

A30. 您能以什么方式参与到"美丽宜居乡村"建设项目中？	频次（次）	有效百分比（%）
出劳力	61	61
出谋划策	4	4
出资金	4	4
既出劳力又出资金	16	16
什么也出不了	15	15

表6-32显示，被访者中参与了"美丽宜居乡村"建设项目的占96%，没有参与的占4%。

表6-32　是否参与了"美丽宜居乡村"建设项目

A17. 您家参与"美丽宜居乡村"建设项目了吗？	频次（次）	有效百分比（%）
参与了	96	96
没有参与	4	4

表6-33显示，被访者中参与房屋改造的占68%，环境绿化美化的占8%，环境卫生整治的占4%，垃圾处理的占8%，庭院改造的占4%，修路的占8%。

表6-33 参与了"美丽宜居乡村"建设的哪些项目

A18. 您家参与了"美丽宜居乡村"建设的哪些项目？	频次（次）	有效百分比（%）
房屋改造	68	68
环境绿化美化	8	8
环境卫生整治	4	4
垃圾处理	8	8
庭院改造	4	4
修路	8	8

表6-34显示，被访者中认为"美丽宜居乡村"建设带来的实惠主要表现在居家环境改善的占66%；路面整修，出行方便的占30%；有垃圾箱用的占4%。

表6-34 "美丽宜居乡村"建设给您家带来的实惠

A21. "美丽宜居乡村"建设给您家带来的实惠？	频次（次）	有效百分比（%）
居家环境改善	66	66
路面整修，出行方便	30	30
有垃圾箱用	4	4
就业机会增多	0	0

表6-35显示，被访者中没有参加"美丽宜居乡村"建设的其他项目的原因中不了解政策的占38%、没有条件参加的占20%、项目政策没有覆盖到的占36%、政策宣传不够的占6%。

表6-35 没有参加"美丽宜居乡村"建设的其他项目的原因

A20. 您家没有参加"美丽宜居乡村"建设的其他项目的原因？	频次（次）	有效百分比（%）
不了解政策	38	38
没有条件参加	20	20
项目政策没有覆盖到	36	36
政策宣传不够	6	6

村民对"美丽宜居乡村"建设的参与度从村民参与"美丽宜居乡村"建设的意愿、村民是否参与"美丽宜居乡村"建设规划、村民是否参与"美丽宜居乡村"建设项目三个方面考察。以上数据显示，94%的被访者

认为"美丽宜居乡村"建设与自己、自己家有关系，愿意参与到"美丽宜居乡村"建设项目中的占42%，认为所有人都愿意参与"美丽宜居乡村"建设项目的占54%，高于大部分愿意、小部分愿意和不愿意的占比。参与了村里的"美丽宜居乡村"建设规划的占43%，低于没有参与的占比。参与了"美丽宜居乡村"建设项目的占96%，参与最多的项目是房屋改造。对"美丽宜居乡村"建设项目的参与能力可以分四级，即很有能力、比较有能力、有点能力、没有能力，其中很有能力参与"美丽宜居乡村"建设项目的占14%，比较有能力的占22%，有点能力的占47%，没有能力的占17%。参与"美丽宜居乡村"建设项目的被访者中能出劳力的占61%，出谋划策和出资金的各占4%，既出劳力又出资金的占16%，什么也出不了的占15%。一般而言，村民对"美丽宜居乡村"建设项目的参与能力与村民的收入状况是直接相关的。收入高的参与能力就强，收入低的参与能力就弱。"美丽宜居乡村"建设带来的主要实惠是居家环境改善。没有参与"美丽宜居乡村"建设的其他项目的原因主要是不了解政策和项目政策没有覆盖到。

五 村民对"美丽宜居乡村"建设的满意度

（一）对"美丽宜居乡村"建设项目的满意度

表6-36显示，被访者中对所参加的"美丽宜居乡村"建设项目满意的占69%，比较满意的占27%，一般和不满意的很少，各占2%。

表6-36 对所参加的"美丽宜居乡村"建设项目满意度

A19. 您对所参加的"美丽宜居乡村"建设项目满意吗?	频次（次）	有效百分比（%）
满意	69	69
比较满意	27	27
一般	2	2
不满意	2	2

表6-37显示，被访者中对本村"美丽宜居乡村"建设最满意的方面依次为：村庄环境的绿化美化亮化（占40%），文化生活丰富（占20%），基础设施建设（占16%），村民素质提高（占8%），公共设施增加（占6%），

产业发展（占4%），公共服务改善（占4%），宣传（占2%）。

表6-37 对本村"美丽宜居乡村"建设最满意的方面

A32. 您对本村"美丽宜居乡村"建设最满意的方面是？	频次（次）	有效百分比（%）
产业发展	4	4
村民素质提高	8	8
村庄环境的绿化美化亮化	40	40
公共服务改善	4	4
公共设施增加	6	6
基础设施建设	16	16
文化生活丰富	20	20
宣传	2	2

由以上数据可知，村民对所参加的"美丽宜居乡村"建设项目满意度高，最满意的方面依次是村庄环境的绿化美化亮化、文化生活丰富、基础设施建设等。

（二）对生活基础设施建设的满意度

表6-38显示，李俊镇中心村搬进了楼房，水电气暖等生活设施配备齐全，厕所方便好用，被访者中满意的占66%，比较满意的占20%，一般的占8%，不满意的占6%。

表6-38 住房满意度

A53. 您对现在的居住条件满意吗？	频次（次）	有效百分比（%）
满意	66	66
比较满意	20	20
一般	8	8
不满意	6	6

表6-39显示，被访者中对供电满意的占83%，比较满意的占14%，不满意的占3%，认为电费太贵。

表 6 – 39　供电满意度

A50. 您对供电满意吗？	频次（次）	有效百分比（%）
满意	83	83
比较满意	14	14
不满意	3	3

表 6 – 40 显示，被访者中对供水满意的占 85%，比较满意的占 11%，不满意的占 4%，不满意的原因是水费贵。

表 6 – 40　供水满意度

A80. 您对供水满意吗？	频次（次）	有效百分比（%）
满意	85	85
比较满意	11	11
不满意	4	4

表 6 – 41 显示，被访者中对出行条件满意的占 68%，比较满意的占 24%，不满意的占 8%。

表 6 – 41　出行条件是否满意

A47. 您对出行条件满意吗？	频次（次）	有效百分比（%）
满意	68	68
比较满意	24	24
不满意	8	8

表 6 – 42 显示，被访者中对公路的质量及养护满意的占 54%，比较满意的占 26%，不满意的占 20%。不满意的原因是李俊镇中心村部分路段出现坍塌、大坑的问题，没有及时修补。

表 6 – 42　公路的质量及养护是否满意

A48. 您对公路的质量及养护满意吗？	频次（次）	有效百分比（%）
满意	54	54
比较满意	26	26
不满意	20	20

表 6 - 43 显示，被访者中对公共交通满意的占 56%，比较满意的占 34%，一般的占 8%，不满意的占 2%。

表 6 - 43　公共交通满意度

A49. 您对公共交通满意吗？	频次（次）	有效百分比（%）
满意	56	56
比较满意	34	34
一般	8	8
不满意	2	2

表 6 - 44 显示，被访者中对通信满意的占 63%，比较满意的占 35%，一般的占 2%。

表 6 - 44　通信满意度

A54. 您对通信满意吗？（收寄邮件、快递等）	频次（次）	有效百分比（%）
满意	63	63
比较满意	35	35
一般	2	2

对生活基础设施建设的满意度从住房、供电、供水、出行条件、公路的质量及养护、公共交通、通信等七个方面分满意、比较满意、一般、不满意四个层级考察。李俊镇中心村搬进了楼房，水电气暖等生活设施配备齐全，厕所方便好用。村民对住房、供电、供水、出行条件、公路的质量及养护、公共交通、通信满意的占比均高于比较满意的占比，一般和不满意的占比低。对供水、供电不满意的原因是部分人觉得费用高；对公路不满意的占 20%，不满意的原因是李俊镇中心村部分路段出现坍塌、大坑的问题，没有及时修补。

（三）对生态环境建设的满意度

表 6 - 45 显示，被访者中对村里的空气质量满意的占 79%，比较满意的占 8%，一般的占 11%，不满意的占 2%。

表6-45　对村里的空气质量是否满意

A38. 您对村里的空气质量满意吗？	频次（次）	有效百分比（%）
满意	79	79
比较满意	8	8
一般	11	11
不满意	2	2

表6-46显示，被访者中对村里生活垃圾处理满意的占73%，比较满意的占18%，一般的占7%，不满意的占2%，其中不满意的原因可能是垃圾处理不及时，垃圾收集箱已满，但没有及时清扫，造成没地方继续扔垃圾。

表6-46　村里生活垃圾处理的满意度

A41a. 您对村里生活垃圾的处理满意吗？	频次（次）	有效百分比（%）
满意	73	73
比较满意	18	18
一般	7	7
不满意	2	2

表6-47显示，被访者中对本村的绿化美化亮化效果满意的占28%，比较满意的占53%，一般的占17%，不满意的占2%。访谈中了解到被访者不满意的原因是部分地段的路灯年久失修，路灯不亮，造成晚上骑自行车行驶时看不清路。

表6-47　对本村的绿化美化亮化效果是否满意

A45. 您对本村的绿化美化亮化效果满意吗？	频次（次）	有效百分比（%）
满意	28	28
比较满意	53	53
一般	17	17
不满意	2	2

表6-48显示，被访者中对本村及周边的生态环境满意的占49%，比较满意的占46%，一般的占3%，不满意的占2%。访谈中了解到被访者不满意的原因是部分农区存在大面积焚烧秸秆的现象，还存在农用薄膜随地乱扔甚至直接埋在土里的现象。

表6-48　对本村及周边的生态环境是否满意

A46. 您对本村及周边的生态环境满意吗？	频次（次）	有效百分比（％）
满意	49	49
比较满意	46	46
一般	3	3
不满意	2	2

对生态环境建设的满意度从空气质量、生活垃圾的处理、村庄绿化美化亮化效果、本村及周边的生态环境四个方面分满意、比较满意、一般、不满意四个层级考察。以上数据显示，满意的占比大多高于比较满意和一般，不满意的占比低。少量被访者对生活垃圾处理不满意的原因可能是垃圾处理不及时，垃圾收集箱已满，但没有及时清扫，造成没地方继续扔垃圾。少量被访者对村庄绿化美化亮化效果不满意的原因是部分地段的路灯年久失修，路灯不亮，造成晚上骑自行车行驶时看不清路。少量被访者对本村及周边的生态环境不满意的原因是部分农区存在大面积焚烧秸秆的现象，还存在农用薄膜随地乱扔甚至直接埋在土里的现象。

（四）对社会文化建设的满意度

表6-49显示，被访者中对村庄的文化生活满意的占18％，比较满意的占71％，一般的占9％，不满意的占2％。

表6-49　文化生活满意度

A69. 您对村庄的文化生活满意吗？	频次（次）	有效百分比（％）
满意	18	18
比较满意	71	71
一般	9	9
不满意	2	2

表6-50显示，被访者中对文化体育基础设施满意的占26％，比较满意的占66％，一般的占8％。

表 6 – 50   对文化体育基础设施满意度

A70. 您对现有的文化体育基础设施满意吗?	频次（次）	有效百分比（%）
满意	26	26
比较满意	66	66
一般	8	8

表 6 – 51 显示，被访者中对村里的社会治安满意的占 14%，比较满意的占 70%，一般的占 16%。

表 6 – 51   对村里的社会治安的满意度

A73. 您对村里的社会治安满意吗?	频次（次）	有效百分比（%）
满意	14	14
比较满意	70	70
一般	16	16

表 6 – 52 显示，被访者中对邻里很信任的占 19%，比较信任的占 74%，一般的占 6%，不信任的占 1%。

表 6 – 52   对邻里的信任度

A72. 您对邻里的信任程度如何?	频次（次）	有效百分比（%）
很信任	19	19
比较信任	74	74
一般	6	6
不信任	1	1

对社会文化建设的满意度从文化生活、文化体育基础设施、社会治安、对邻里的信任度四个方面分满意（很信任）、比较满意（比较信任）、一般、不满意（不信任）四个层级考察。以上数据显示，比较满意（比较信任）的占比高于满意（很信任）和一般的占比，不满意（不信任）的占比低。这说明社会文化建设效果良好，但要做到让村民都满意，尚有提升空间。

（五）对公共服务的满意度

表 6 – 53 显示，被访者中对学校教育满意的占 22%，比较满意的占

68%，不满意的占10%。经访谈了解到，被访者不满意的原因是教师资源相对匮乏，不能很好地照顾到每一位学生。

表6-53　对学校教育的满意度

A74.您对村里的学校教育满意吗?	频次（次）	有效百分比（%）
满意	22	22
比较满意	68	68
不满意	10	10

表6-54显示，被访者中对村里提供的各种技能培训活动满意的占16%，比较满意的占67%，一般的占15%，不满意的占2%。李俊镇政府为村民提供的技能培训有家政、月嫂、焊工、电工、厨师等，帮助无业人员就业。

表6-54　对技能培训活动的满意度

A78.您对村里提供的各种技能培训活动满意吗?	频次（次）	有效百分比（%）
满意	16	16
比较满意	67	67
一般	15	15
不满意	2	2

表6-55显示，被访者中对村里医疗卫生条件满意的占18%，比较满意的占70%，一般的占12%。

表6-55　对村里医疗卫生条件的满意度

A75.您对村里的医疗卫生条件满意吗?	频次（次）	有效百分比（%）
满意	18	18
比较满意	70	70
一般	12	12

表6-56显示，被访者中对新型农村合作医疗保险政策满意的占24%，比较满意的占74%，一般的占2%。

表6-56　对新型农村合作医疗保险政策的满意度

A76. 您对新型农村合作医疗保险政策满意吗？	频次（次）	有效百分比（%）
满意	24	24
比较满意	74	74
一般	2	2

表6-57显示，被访者中对养老保险政策满意的占19%，比较满意的占77%，一般的占4%。

表6-57　对养老保险政策的满意度

A77. 您对养老保险政策满意吗？	频次（次）	有效百分比（%）
满意	19	19
比较满意	77	77
一般	4	4

表6-58显示，被访者中对目前社会保障政策满意的占63%，比较满意的占14%，一般的占12%，不满意的占11%。

表6-58　对社会保障政策的满意度

A79. 您对目前社会保障政策满意吗？	频次（次）	有效百分比（%）
满意	63	63
比较满意	14	14
一般	12	12
不满意	11	11

对公共服务的满意度从学校教育、技能培训、医疗卫生条件、医疗保险、养老保险、社会保障等六个方面分满意、比较满意、一般、不满意四个层级考察。以上数据显示，对学校教育、技能培训、医疗卫生条件、医疗保险、养老保险比较满意的占比高于满意和一般的占比；对社会保障满意的占比高于比较满意、一般和不满意的占比。这说明村民对公共服务总体满意。

（六）对民主政治建设的满意度

表6-59显示，被访者中对村里的民主政治建设满意的占18%，比较满意的占50%，一般的占24%，不满意的占8%。

表 6 - 59　对民主政治建设的满意度

A65. 您对村里的民主政治建设满意吗？	频次（次）	有效百分比（%）
满意	18	18
比较满意	50	50
一般	24	24
不满意	8	8

表 6 - 60 显示，被访者中对村委会干部的工作和服务满意的占 24%，比较满意的占 54%，一般的占 20%，不满意的占 2%。

表 6 - 60　对村委会干部的工作和服务是否满意

A66. 您对村委会干部的工作和服务满意吗？	频次（次）	有效百分比（%）
满意	24	24
比较满意	54	54
一般	20	20
不满意	2	2

李俊镇中心村内重大事项能够经过村民代表讨论后决策，村民对民主政治建设比较满意的占比高于满意和一般的占比，不满意的占比低。对村委会干部的工作和服务比较满意的占比高于满意和一般的占比，不满意的占比低。

六　"美丽宜居乡村"建设中的不足和加快发展的建议

（一）"美丽宜居乡村"建设中的不足

表 6 - 61 显示，被访者中认为"美丽宜居乡村"建设有不足的占 96%，没有不足的占 4%。

表 6 - 61　"美丽宜居乡村"建设是否有不足的方面

A33. 您对"美丽宜居乡村"建设有不足的方面吗？	频次（次）	有效百分比（%）
没有	4	4
有	96	96

表 6 - 62 显示，被访者中认为"美丽宜居乡村"建设中不足的方面依次是：物业服务（占 26%）、产业发展（占 21%）、道路建设（占 8%）、环境卫

生（占8%）、村容村貌（占6%）、公共服务（占6%）、文化建设（占6%）、村里很少征求村民的意见（占5%）、生活垃圾处理（占4%）、工业污染（占4%）、畜禽养殖污染（占2%）、供水（占2%）、生活污水处理（占2%）。

表6－62　　"美丽宜居乡村"建设中不足的方面

A34. 您认为"美丽宜居乡村"建设中不足的方面有哪些?	频次（次）	有效百分比（%）
产业发展	21	21
畜禽养殖污染	2	2
村里很少征求村民的意见	5	5
村容村貌	6	6
道路建设	8	8
公共服务	6	6
供水	2	2
环境卫生	8	8
生活垃圾处理	4	4
生活污水处理	2	2
文化建设	6	6
工业污染	4	4
物业服务	26	26

（二）"美丽宜居乡村"建设中最大的困难

表6－63显示，被访者中认为"美丽宜居乡村"建设最大的困难是资金不足，占49%，之后依次是村民观念滞后（占29%）、规划不合理（占12%）、技术不足（占8%）、人员不足（占2%）。

表6－63　　"美丽宜居乡村"建设最大的困难是什么

A35. 您认为"美丽宜居乡村"建设最大的困难在哪里?	频次（次）	有效百分比（%）
村民观念滞后	29	29
规划不合理	12	12
技术不足	8	8
人员不足	2	2
资金不足	49	49

（三）"美丽宜居乡村"建设中最关心的问题和对未来的期望

表6-64显示，在"美丽宜居乡村"建设中，被访者中最关心的问题和对未来的期望依次是：增加收入，提高生活水平（占54%）；基础设施更加完善（占14%）；孩子上学（占8%）；就业（占6%）；提高村民素质，村风文明以及看病的医疗保险，村里文化生活更加丰富（各占4%）；获得资金支持、生态环境更加优美、村务民主公开（各占2%）。可见，村民最大的期望还是增加收入，提高生活水平。

表6-64 最关心的问题和对未来的期望

A37. 在"美丽宜居乡村"建设中， 您最关心的问题和对未来的期望是什么？	频次（次）	有效百分比（%）
提高村民素质，村风文明	4	4
孩子上学	8	8
获得资金支持	2	2
基础设施更加完善	14	14
就业	6	6
看病的医疗保险	4	4
生态环境更加优美	2	2
增加收入，提高生活水平	54	54
村务民主公开	2	2
村里文化生活更加丰富	4	4

（四）加快本村经济发展的措施

表6-65显示，在关于加快本村经济发展措施的调查中，被访者中认为鼓励村民创业，并提供创业资金支持的占26%；发展绿色有机食品的生产和招商引资，鼓励企业投资本村，带动经济发展的各占24%；促进本村特色产品规模生产，打造特色品牌的占16%；发展"农家乐"等休闲旅游业的占10%。

表 6-65　加快本村经济发展的措施

A59. 您认为加快本村经济发展的措施是什么？	频次（次）	有效百分比（%）
发展绿色有机食品的生产	24	24
发展"农家乐"等休闲旅游业	10	10
促进本村特色产品规模生产，打造特色品牌	16	16
鼓励村民创业，并提供创业资金支持	26	26
招商引资，鼓励企业投资本村，带动经济发展	24	24

小　结

2013 年以来，在"美丽宜居乡村"建设中，李俊镇着力于特色小城镇和中心村建设，推进城乡一体化。通过拆迁，乡镇周边的村落向镇中心区集中，其他村落向附近的中心村集中。李俊镇中心村统一规划建设村民社区，水电气暖统一供应，配备有便民服务中心、电子阅览室、体育运动活动场地等，便于中心村村民在家门口办事、学习、休闲娱乐。中心村通信方便，交通便捷，出行方便。绿化率在 30% 以上，各类清洁设备如垃圾箱、垃圾车、附近污水处理厂和垃圾中转站等配备到位，居住环境优美宜人。2019 年，李俊镇中心村被评为国家森林乡村。由于中心村特色种植业和务工的发展，村民收入整体上有所提高。村民日常文化娱乐活动和公共文化活动比较丰富，社会信任度高。在产业建设、文化建设和小城镇建设上的特色逐步凸显。村民认为"美丽宜居乡村"的"美"最应该体现在人居环境美和生态环境美，这与"美丽宜居乡村"建设的主旨是一致的，反映出村民对"美丽宜居乡村"建设的认知清晰明确。村民参与"美丽宜居乡村"建设的积极性高，对"美丽宜居乡村"建设满意和比较满意的占多数，不满意的占少数。这反映出李俊镇中心村小城镇"美丽宜居乡村"初步建成，但是在细节上和具体的服务上还有待提升。"美丽宜居乡村"建设有不足的方面，主要表现在产业发展不足和物业服务不够。"美丽宜居乡村"建设最大的困难是资金不足、村民观念滞后。关于加快本村经济发展的措施，被访者选择占比较高的依次为鼓励村民创业，并提供创业资金支持；发展绿色有机食品的生产；招商引资，鼓励企业投资本村，带动经济发展。在"美丽宜居乡村"建设中，村民最关心的问题和对未来的期望是增加收入，提高生活水平。此外，在同村民的访谈中了解到中心村建设中存在的一些问题如下。

一是村民还未适应城镇化生活，生活陋习一时难以改变。虽然居住环境有了很大改观，但村民环境保护意识差，不能自觉保护社区环境卫生。倾倒垃圾不入箱、随手乱扔垃圾、楼前绿化带内随意堆放杂物、摩托车与自行车乱停乱放，甚至一些村民在小区路边随意大小便，这些现象屡禁不止，直接增加了物业公司的管理及清理难度，小区环境卫生难以维持干净整洁。

二是社区各项配套设施有待进一步完善。社区内没有固定的停放农机具的场地，大型农机设备、小型农具等无处停放；小商贩没有固定场地经营，经常在中心村周围随意摆摊设点，影响中心村整体形象及环境卫生；中心村没有固定的殡葬区，不方便农户办理丧事；中心村没有公共卫生间，导致部分村民在绿化带上大小便，场面不雅且影响卫生；农户反映垃圾桶数量不够，倾倒垃圾非常不方便；个别垃圾中转站不能正常运行，增加了中心村垃圾清理压力；中心村内路面不平整，雨天积水现象严重。

三是物业服务不规范。物业管理不到位，不能及时有效解决入住中遇到的问题。此外，物业管理人员大多属于社会闲散人员，没有经过专业培训，容易引发业主与物业公司之间的矛盾。

四是村民土地大面积流转，失地村民的数量增加，就业问题亟待解决。由于大部分村民文化程度低，失地意味着失业，仅凭补助不足以维持家用，因此，这部分村民的就业问题迫在眉睫。

针对这些问题，本书提出以下建议。

一是要加大教育和宣传力度，注重村民文明观念的提升，提高村民卫生意识，引导村民不乱堆、不乱放、不乱扔垃圾，不随意搭建临时建筑物，自觉将摩托车、自行车停入小区车棚，逐步养成村民良好的生活卫生习惯，自觉维护居住环境，保持干净整洁，让现代文明观念和行为方式在小镇落地生根、开花结果。

二是要根据村民需求，进一步完善配套设施。要为小型农具、大型农机以及农业用车留置停放场地；规划场地方便小商贩经营，也要建设便民超市，满足村民购买需求；设立固定的殡葬区，方便农户办理丧事，让丧事活动不挡道、不扰民；搭建社区公共卫生间；加强垃圾中转站的管理，及时清运垃圾。

三是要专业化管理物业。物业公司要对所聘用的保洁员、安保等管理人员进行岗前培训，保证物业管理队伍的专业化，提高服务质量。

四是要引导村民多元化就业，促进村民增收。针对不同特征的村民群体，可以根据其特点引导他们多元化就业。年龄在 25～35 岁的村民，学习能力较强，体力好，可以通过劳务输出增加收入；对于不愿意离家就业并且想继续务农的村民，李俊镇中心村附近建有微型设施园，既解决了村民失去土地后吃菜难的问题又可以促进村民就近就业；对于想要从事技术工作的村民，可以根据中心村的劳动缺口，定向指导培训村民学习技能，学习合格者持证上岗就业；引入环境友好型企业，按照其用工要求对失地村民进行培训，让失地村民就近就业；此外，还可因地制宜，开展旅游、观光农业，如采摘瓜果蔬菜、垂钓、建设农业生态园区、养殖花卉等，也是解决村民就业增收的好路子。

五是要调整产业结构。在特色种植业基础上，向规模化、集约化发展，发挥产业间的循环带动作用，打造农业优势品牌，打造特色鲜明的农产品展览园、休闲农家乐、生态农业观光游；引入环境友好型企业，建立工业园区，提升产业集群效应，以工业化带动小城镇，拉动本地经济增长，提供更多就业岗位；加大对服务业的扶持力度，继续完善公共基础设施建设，为第三产业的蓬勃发展创造条件。

第七章 原隆村"美丽宜居乡村"建设调查

一 基本情况

原隆村位于宁夏永宁县闽宁镇区以北,距离镇区5公里,是永宁县最大的移民安置村。2010年规划建设,2012年5月实施搬迁,共安置固原市原州区、隆德县13个乡镇8批移民1998户10578人(其中回族群众705户3337人,人数占比为31.5%)。原隆村移民重建和"美丽宜居乡村"建设成绩斐然,获批国家级少数民族特色村寨、国家级乡村旅游创客示范基地、国家级旅游重点村、自治区卫生村、自治区十大特色产业示范村、自治区"美丽宜居乡村"建设工程示范村、自治区民族团结进步示范村等多项荣誉称号,村党支部连续两年获得县级"先进基层党组织"荣誉称号。

本次调查采用问卷调查和随访的方式,对原隆村村民随机入户抽样调查,入户填写问卷100份,回收问卷100份,回收率达100%,其中有效问卷100份,有效率达100%。在抽取的100份样本容量中,男性占71%,女性占29%。此次调查中被调查的对象全部为汉族。样本中年龄在18~30岁的占28%,在30~40岁的占24%,在40~60岁的占28%,在60岁及以上的占20%。样本中文盲占26%,小学学历占28%,初中学历占20%,高中或中专学历占16%,大专学历占8%,本科及以上学历占2%,被调查对象受教育程度参差不齐,年龄在18~40岁的被访者受教育程度集中于初中至本科阶段,年龄在40岁及以上的被访者受教育程度集中于文盲和小学阶段。

二 原隆村"美丽宜居乡村"建设情况

(一)经济建设

表7-1显示,被访者中从事的职业是无业的占28%,务农的占2%,兼业

的占19%，在读学生的占5%，医生的占2%，自营活动的占4%，当地打工的占26%，外地打工的占10%，其他的占4%。数据显示，当地打工和无业者的占比较高。

表7-1 职业

单位：次，%

A5. 您目前从事的职业是？	频次	百分比	有效百分比	累计百分比
无业	28	28	28	28
务农	2	2	2	30
兼业	19	19	19	49
当地打工	26	26	26	75
外地打工	10	10	10	85
自营活动	4	4	4	89
医生	2	2	2	91
在读学生	5	5	5	96
其他	4	4	4	100
总　计	100	100	100	

表7-2显示，2018年，被访者中家庭人均年收入在2000元及以下的占36%，在2001~4000元的占32%，在4001~6000元的占15%，在6001~8000元的占9%，在8000元以上的占8%。在4000元及以下的低收入者占多数。

表7-2 家庭人均年收入

单位：次，%

A6. 您家庭去年（2018年）人均年收入能达到多少？	频次	百分比	有效百分比	累计百分比
2000元及以下	36	36	36	36
2001~4000元	32	32	32	68
4001~6000元	15	15	15	83
6001~8000元	9	9	9	92
8000元以上	8	8	8	100
总　计	100	100	100	

表7-3显示，被访者中以外出打工所得（泥水工、环卫等职业）为主要收入来源的占78%，以种植业产出、个体商户（做买卖）和搞运输为主要

收入来源的各占2%，以手工、兼业（种植和打工）、政府补贴和其他为主要收入来源的各占4%。

表7-3 家庭主要收入来源

单位：次，%

A7. 您家庭主要收入来源是？	频次	百分比	有效百分比	累计百分比
种植业产出	2	2	2	2
搞运输	2	2	2	4
外出打工所得（泥水工、环卫等职业）	78	78	78	82
兼业（种植和打工）	4	4	4	86
手工	4	4	4	90
政府补贴	4	4	4	94
个体商户（做买卖）	2	2	2	96
其他	4	4	4	100
总 计	100	100	100	

以上数据反映出本村村民以务工为主，家庭主要收入来源是外出打工所得（泥水工、环卫等职业）。若以4000元及以下为低收入，4001~8000元为中等收入，8000元以上为高收入，则低收入者占68%，中等收入者占24%，高收入者占8%。从访谈中了解到，收入高的往往是有技能的务工者、会经营的商户。

（二）人居环境建设

表7-4显示，被访者中家里住房是砖瓦房的占61%，混凝土平房的占30%，砖混房的占9%。

表7-4 住房类型

单位：次，%

A51. 您的住房是？	频次	百分比	有效百分比	累计百分比
砖瓦房	61	61	61	61
砖混房	9	9	9	70
混凝土平房	30	30	30	100
总 计	100	100	100	

表7-5显示，被访者中家庭庭院有绿化美化的占43%，没有绿化美化的占57%。

表7-5　庭院绿化美化

单位：次，%

A52. 您家的庭院有绿化美化吗?	频次	百分比	有效百分比	累计百分比
有	43	43	43	43
没有	57	57	57	100
总　计	100	100	100	

表7-6显示，被访者中家里使用的生活燃料为柴火的占11%，使用电的占63%，使用煤的占8%，使用气的占8%，使用煤、气、柴火的占2%，使用煤、电、柴火的占4%，使用电、柴火的占4%。

表7-6　生活燃料

单位：次，%

A55. 您家里使用的生活燃料是?	频次	百分比	有效百分比	累计百分比
煤	8	8	8	8
煤、气、柴火	2	2	2	10
煤、电、柴火	4	4	4	14
气	8	8	8	22
电	63	63	63	85
电、柴火	4	4	4	89
柴火	11	11	11	100
总　计	100	100	100	

表7-7显示，被访者中家里使用的厕所是房屋外土厕所的占44%，房屋内冲水马桶的占30%，房屋外冲水厕所的占26%。

表7-7　厕所使用

单位：次，%

A56. 您家使用的厕所是?	频次	百分比	有效百分比	累计百分比
房屋外冲水厕所	26	26	26	26
房屋内冲水马桶	30	30	30	56
房屋外土厕所	44	44	44	100
总　计	100	100	100	

以上数据说明，本村砖瓦房居多，在"美丽宜居乡村"建设中，村民对住房进行过改建、扩建，尤其是改厕、改灶、改厨，使得居住功能更加完善，生活燃料以电为主。但改厕项目不够彻底，仍有部分家庭使用的是房屋外土厕所。

（三）生态环境建设

表7-8显示，被访者中家里生活污水通过下水道排到屋外的占75%，其余的是泼到院子里、浇到田地里和其他等，占25%。

表7-8　生活污水处理方式

单位：次,%

A39. 您家里生活污水怎样处理?	频次	百分比	有效百分比	累计百分比
泼到院子里	4	4	4	4
通过下水道排到屋外	75	75	75	79
浇到田地里	19	19	19	98
其他	2	2	2	100
总　计	100	100	100	

表7-9显示，被访者中家里的生活垃圾投进垃圾收集箱的占86%，投进公共垃圾处理区的占14%。

表7-9　生活垃圾处理方式

单位：次,%

A40. 您家里的生活垃圾怎样处理?	频次	百分比	有效百分比	累计百分比
投进垃圾收集箱	86	86	86	86
投进公共垃圾处理区	14	14	14	100
总　计	100	100	100	

表7-10显示，被访者中家里不用薄膜的占84%，混同生活垃圾扔进垃圾箱的占9%，交给薄膜收集站统一处理、从田地取出后随意弃置的各占2%，卖给收废品的占3%。

表7-10 农业生产用薄膜处理方式

单位：次，%

A42. 您家农业生产用 薄膜怎样处理？	频次	百分比	有效百分比	累计百分比
混同生活垃圾扔进垃圾箱	9	9	9	9
从田地取出后随意弃置	2	2	2	11
交给薄膜收集站统一处理	2	2	2	13
卖给收废品的	3	3	3	16
家里不用薄膜	84	84	84	100
总　计	100	100	100	

在生态环境建设上，选取生活污水处理、生活垃圾处理以及农业生产用薄膜处理三个指标。以上数据显示，家里生活污水的处理方式通过下水道排到屋外的占75%，说明本村的生活污水得到较好的处理。生活垃圾投进垃圾收集箱或者公共垃圾处理区，说明原隆村垃圾处理得好，设有垃圾收集箱、公共垃圾处理区，并有专门的保洁员收集转运，治理有序完善。通过"美丽宜居乡村"建设，本村在生活污水处理、生活垃圾处理上有显著改进。

（四）社会文化建设

表7-11显示，被访者中最经常做的日常文化娱乐活动是看电视，占28%；其后是玩手机、串门聊天、跳舞等健身活动（包括广场舞）、看戏或看电影、打牌或下棋、打球等体育运动等。数据体现出村民的日常文化娱乐活动内容丰富、形式多样。并且，不同于其他受访村庄，本村的少量村民在闲暇时会外出旅游。

表7-11 日常文化娱乐活动

单位：次，%

A67. 您最经常做的日常 文化娱乐活动是什么？	频次	百分比	有效百分比	累计百分比
看电视	28	28	28	28
看电视、串门聊天	8	8	8	36
看电视、玩手机	4	4	4	40
看电视、玩手机、串门聊天	6	6	6	46
看电视、玩手机、旅游	2	2	2	48
看电视、玩手机、看戏或看电影	4	4	4	52

续表

A67. 您最经常做的日常 文化娱乐活动是什么？	频次	百分比	有效百分比	累计百分比
看电视、玩手机、打球等体育运动	2	2	2	54
看电视、玩手机、KTV 唱歌	2	2	2	56
串门聊天	10	10	10	66
看书或看报	2	2	2	68
玩手机	8	8	8	76
跳舞等健身活动（包括广场舞）	11	11	11	87
看戏或看电影	2	2	2	89
看戏或看电影、打牌或下棋、串门聊天	3	3	3	92
打牌或下棋、打球等体育运动	4	4	4	96
打球等体育运动	4	4	4	100
总　计	100	100	100	

表 7 - 12 显示，被访者中认为本村经常开展公共文化活动而且内容丰富多样的占 72%，本村只在某些节日开展公共文化活动的占 23%，本村很少开展公共文化活动的占 3%，本村从未开展公共文化活动的占 2%。

表 7 - 12　公共文化活动

单位：次，%

A68. 本村经常开展各种公共文化活动吗？	频次	百分比	有效百分比	累计百分比
本村很少开展公共文化活动	3	3	3	3
本村只在某些节日开展公共文化活动	23	23	23	26
本村从未开展公共文化活动	2	2	2	28
本村经常开展公共文化活动而且内容丰富多样	72	72	72	100
总　计	100	100	100	

表 7 - 13 显示，被访者中在日常生活和工作中没有遇到过矛盾纠纷的占 63%，遇到邻里矛盾的占 10%，遇到家族内矛盾的占 8%，遇到家庭婚姻矛盾的占 4%，遇到债务纠纷的占 3%，其余遇到医疗纠纷、合作纠纷、工作纠纷等的各占 2%。

表 7 - 13 日常矛盾纠纷

单位：次，%

A71. 您在日常生活和工作中遇到过哪些矛盾纠纷？	频次	百分比	有效百分比	累计百分比
家族内矛盾	8	8	8	8
家庭婚姻矛盾	4	4	4	12
家庭婚姻矛盾、邻里矛盾	2	2	2	14
家庭婚姻矛盾、家族内矛盾	2	2	2	16
工作纠纷	2	2	2	18
没有遇到过	63	63	63	81
邻里矛盾	10	10	10	91
医疗纠纷	2	2	2	93
债务纠纷	3	3	3	96
和村干部闹矛盾	2	2	2	98
合作纠纷	2	2	2	100
总　　计	100	100	100	

数据显示，在社会文化建设方面，本村在日常生活或某些节日中经常开展公共文化活动。村民最经常做的日常文化娱乐活动是看电视、玩手机、串门聊天、跳舞等健身活动（包括广场舞）、看戏或看电影、打牌或下棋、打球等体育运动等，村民的日常娱乐活动内容丰富、形式多样。大部分村民在日常生活和工作中没有遇到过矛盾纠纷，小部分村民在日常生活和工作中遇到婚姻、医疗、邻里等矛盾纠纷。原隆村倡导"恩泽原隆、厚德为善"的村风，崇尚"崇善孝敬、与人为善、与邻为友、创业致富、勤俭持家"的新家风，常态化开展"最美人物""星级文明户""文明家庭""好家风好家训""移风易俗示范户"等先进典型评选活动，激励引导村民转变观念，提升文明素养。村里涌现星级文明户 595 户，村民呈现全新的精神风貌。

（五）民主政治建设

表 7 - 14 显示，被访者中认为村里的重大事项是经过村民代表讨论后决定的占 50%，有的事项是经过村民代表讨论后决定的占 27%，村里的重大事项不是经过村民代表讨论后决定的占 19%。由此可以体现出村里的重大事项基本上是经过村民代表讨论后决定的，但也有 4% 的人表示不知道。

表 7 - 14 村里重大事项的决策

单位：次，%

A64. 您村里的重大事项是经过村民代表讨论后决定吗？	频次	百分比	有效百分比	累计百分比
是	50	50	50	50
有的事项是	27	27	27	77
不是	19	19	19	96
不知道	4	4	4	100
总　计	100	100	100	

表 7 - 15 显示，被访者中认为"美丽宜居乡村"建设规划有征求村民意见的占 36%，没有征求的占 24%，不知道的占 40%。

表 7 - 15 "美丽宜居乡村"建设规划是否征求村民的意见

单位：次，%

A25. 您村里的"美丽宜居乡村"建设规划有征求村民的意见吗？	频次	百分比	有效百分比	累计百分比
有	36	36	36	36
没有	24	24	24	60
不知道	40	40	40	100
总　计	100	100	100	

表 7 - 16 显示，被访者中愿意为村里的发展出谋划策的占 84%，不愿意为村里的发展出谋划策的占 2%，不关心的占 14%。

表 7 - 16 是否愿意为村里的发展出谋划策

单位：次，%

A63. 您愿意为村里的发展出谋划策吗？	频次	百分比	有效百分比	累计百分比
愿意	84	84	84	84
不愿意	2	2	2	86
不关心	14	14	14	100
总　计	100	100	100	

数据显示，被访者中认为村民参与村里重大事项决策的占 77%，没有参与的占 19%。"美丽宜居乡村"建设规划有征求村民意见的占 36%，没有征

求的占24%，不知道的占40%。这说明村里日常重要事项的民主决策度高，但是"美丽宜居乡村"建设规划民主决策程度并不高。愿意为村里的发展出谋划策的占84%，说明大部分村民愿意参与村中事务。

作为生态移民村，为尽快带领村民"搬得出、稳得住、能致富"，原隆村引进华盛绿能、青禾农牧、壹泰牧业等龙头企业开展村企合作，经过多年培育，形成了以特色种养殖、光伏农业、文化旅游、劳务输出为主的产业发展格局，务工是本村的主导产业。2018年家庭人均年收入在4000元及以下的低收入者占68%，在4001~8000元的中等收入者占24%，在8000元以上的高收入者占8%。本村砖瓦房居多，在"美丽宜居乡村"建设中，村民根据需要，对住房进行改建、扩建，尤其是改厕、改灶、改厨，使得居住功能更加完善，生活燃料以电为主。生活污水处理、生活垃圾处理显著改进，生态环境良好。在社会文化建设方面，本村在日常生活和某些节日中经常开展公共文化活动。村民的日常娱乐活动内容丰富、形式多样。大部分村民在日常生活和工作中没有遇到过矛盾纠纷。原隆村倡导"恩泽原隆、厚德为善"的村风，崇尚"崇善孝敬、与人为善、与邻为友、创业致富、勤俭持家"的新家风，常态化开展"最美人物""星级文明户""文明家庭""好家风好家训""移风易俗示范户"等先进典型评选活动，激励引导村民转变观念，提升文明素养。村里涌现星级文明户595户，村民呈现全新的精神风貌。村里日常重要事项的民主决策度比较高。在"美丽宜居乡村"建设中，原隆村逐步积累出本村的特色和优势，为今后的发展打下了良好的基础。

1. 产业扶贫

原隆村引进企业，建设园区，培育产业，经过多年培育发展，形成了以特色种养殖、光伏农业、文化旅游、劳务输出为主的产业发展格局。引进江苏振发、盛景光伏、中科嘉业、中光光伏4家光伏企业，形成大规模的光伏发电群。引进华盛绿能、青禾农牧、壹泰牧业等开展村企合作，搭建肉牛繁育、屠宰、销售一条龙的养殖产业链。依托德龙酒庄、立兰酒庄，发展酿酒葡萄、红树莓等特色种植业。全村6900亩耕地，已流转6300余亩，年实现土地流转费380万元。整合扶贫资金，持股光伏产业，群众每年可获得租赁收入和分红收益。产业的发展既壮大了集体经济，也为村民提供了就业岗位，增加了村民的收入。原隆村还以"党支部—企业—农户"的模式，培育劳务派遣公司、劳务经纪人，输出劳动力，带动就业3500余人，年创劳务收入在6000万元以上。

2. 生态休闲产业建设

原隆村凭借区位优势，依托贺兰山东麓葡萄产业基地，融入贺兰山东麓葡萄酒旅游文化长廊和银川西线旅游带，全力打造酒庄品鉴自驾游、光伏生态采摘游、原隆村手工制作体验游等观光农业和休闲农业旅游项目，规划布局"吃住游购娱"一体化服务，发展"互联网—品牌—旅游"，将原隆村建设成国家级旅游重点村、乡村旅游创客示范基地，带动农民增收致富。

3. "美丽宜居乡村"村容村貌建设

原隆村在搬迁时统一规划了村庄、宅基地、住房和耕地，配备了水、电、路、绿化，建设了村委会、便民服务站、卫生室、党群活动服务站、文化广场、农贸市场、幼儿园、小学等基础设施，村庄功能齐全，设施完备，村容村貌整洁，民风文明，群众安居乐业。

三 村民对"美丽宜居乡村"建设的认知度

（一）对"美丽宜居乡村"建设内涵的认知

表7-17显示，被访者中认为"美丽宜居乡村"的"美"最应该体现在人居环境美的占38%，生态环境美的占32%，公共服务好的占12%，产业经济发展好的占8%，人居环境美和生态环境美的占8%，人居环境美和思想观念美的占2%。数据体现出，"美丽宜居乡村"的"美"最应该体现在人居环境美和生态环境美。

表7-17 "美丽宜居乡村""美"的体现

单位：次，%

A31. 您认为"美丽宜居乡村"的"美"最应该体现在哪里？	频次	百分比	有效百分比	累计百分比
人居环境美	38	38	38	38
人居环境美、生态环境美	8	8	8	46
人居环境美、思想观念美	2	2	2	48
生态环境美	32	32	32	80
公共服务好	12	12	12	92
产业经济发展好	8	8	8	100
总 计	100	100	100	

（二）对"美丽宜居乡村"建设政策的认知

表7-18显示，被访者中知道"美丽宜居乡村"建设政策的占27%，听说过的占41%，不知道的占32%。

表7-18 对"美丽宜居乡村"建设政策的了解

单位：次，%

A10. 您了解"美丽宜居乡村"建设的政策吗？	频次	百分比	有效百分比	累计百分比
知道	27	27	27	27
听说过	41	41	41	68
不知道	32	32	32	100
总　计	100	100	100	

表7-19显示，被访者中认为"美丽宜居乡村"建设与自己、自己的家庭有关系的占96%，认为"美丽宜居乡村"建设与自己、自己的家庭没有关系的占4%。

表7-19 "美丽宜居乡村"建设与您、您家是否有关系

单位：次，%

A15 您认为"美丽宜居乡村"建设与您、您家有关系吗？	频次	百分比	有效百分比	累计百分比
有	96	96	96	96
没有	4	4	4	100
总　计	100	100	100	

（三）对"美丽宜居乡村"建设内容的认知

表7-20显示，被访者中知道"美丽宜居乡村"建设内容的占55%，听说过的占37%，不知道的占6%，不关心的占2%。

表 7 - 20　是否知道"美丽宜居乡村"建设的内容

单位：次，%

A12. 您知道"美丽宜居乡村"建设的内容吗？	频次	百分比	有效百分比	累计百分比
知道	55	55	55	55
听说过	37	37	37	92
不知道	6	6	6	98
不关心	2	2	2	100
总　　计	100	100	100	

（四）对"美丽宜居乡村"建设项目的认知

表 7 - 21 显示，被访者中知道"美丽宜居乡村"建设项目的占 64%，听说过的占 30%，不知道的占 4%，不关心的占 2%。

表 7 - 21　是否知道"美丽宜居乡村"建设项目

单位：次，%

A13. 您知道"美丽宜居乡村"建设项目吗？	频次	百分比	有效百分比	累计百分比
知道	64	64	64	64
听说过	30	30	30	94
不知道	4	4	4	98
不关心	2	2	2	100
总　　计	100	100	100	

（五）对"美丽宜居乡村"建设规划的认知

表 7 - 22 显示，被访者中知道村里有"美丽宜居乡村"建设规划的占 62%，不知道村里是否有"美丽宜居乡村"建设规划的占 32%，认为村里没有"美丽宜居乡村"建设规划的占 6%。

表7-22　村里有没有"美丽宜居乡村"建设规划

单位：次，%

A22. 您村里有"美丽宜居乡村"建设规划吗？	频次	百分比	有效百分比	累计百分比
有	62	62	62	62
没有	6	6	6	68
不知道	32	32	32	100
总　计	100	100	100	

表7-23显示，被访者中了解村里的"美丽宜居乡村"建设规划的占27%，不了解村里的"美丽宜居乡村"建设规划的占73%。

表7-23　是否了解村里的"美丽宜居乡村"建设规划

单位：次，%

A23. 您了解村里的"美丽宜居乡村"建设规划吗？	频次	百分比	有效百分比	累计百分比
了解	27	27	27	27
不了解	73	73	73	100
总　计	100	100	100	

（六）对"美丽宜居乡村"建设主体的认知

表7-24显示，被访者中认为"美丽宜居乡村"建设应该由政府主导、村民参与的占68%，认为"美丽宜居乡村"建设应该由政府主导的占20%，认为"美丽宜居乡村"建设应该由村民主导、政府参与的占8%，认为"美丽宜居乡村"建设应该由村民主导的占4%。从数据可以看出，大多数村民认为"美丽宜居乡村"建设应该由政府主导、村民参与。

表7-24　"美丽宜居乡村"建设的主体

单位：次，%

A36. 您认为"美丽宜居乡村"建设应该由谁来主导？	频次	百分比	有效百分比	累计百分比
政府	20	20	20	20
村民	4	4	4	24
政府主导、村民参与	68	68	68	92
村民主导、政府参与	8	8	8	100
总　计	100	100	100	

对"美丽宜居乡村"建设认知度的考察分三个层面，一是对"美丽宜居乡村"建设内涵的认知，二是对"美丽宜居乡村"建设政策、内容、项目、规划知道与否的认知，三是对"美丽宜居乡村"建设主体认知的程度。由以上数据可知，村民普遍认为"美丽宜居乡村"的"美"最应该体现在人居环境美和生态环境美。村民认为"美丽宜居乡村"建设与自己、自己的家庭有关的占96%、村民普遍了解"美丽宜居乡村"建设的政策、项目和内容，但是对具体规划认识有限，例如，村民对"美丽宜居乡村"建设政策不知道的占32%，不了解村里的"美丽宜居乡村"建设规划的占73%，不知道村里是否有"美丽宜居乡村"建设规划的占32%。68%的村民认为"美丽宜居乡村"建设应该由政府主导、村民参与，认为应该由政府主导的占20%，说明村民对政府的依赖性强。

四　村民对"美丽宜居乡村"建设的参与度

（一）村民参与"美丽宜居乡村"建设的意愿

表7－25显示，被访者中认为所有人都愿意参与"美丽宜居乡村"建设项目的占46%，大部分愿意参与"美丽宜居乡村"建设项目的占52%，不愿意的占2%。

表7－25　村民是否愿意参与"美丽宜居乡村"建设项目

单位：次，%

A14. 据您所知，村民愿意参与"美丽宜居乡村"建设项目吗？	频次	百分比	有效百分比	累计百分比
所有人都愿意	46	46	46	46
大部分愿意	52	52	52	98
不愿意	2	2	2	100
总　　计	100	100	100	

表7－26显示，被访者中愿意参与"美丽宜居乡村"建设项目的占87%，不愿意的占10%，不关心的占3%。

表 7 - 26　您是否愿意参与"美丽宜居乡村"建设项目

单位：次，%

A28. 您愿意参与"美丽宜居乡村"建设项目吗？	频次	百分比	有效百分比	累计百分比
愿意	87	87	87	87
不愿意	10	10	10	97
不关心	3	3	3	100
总　计	100	100	100	

表 7 - 27 显示，被访者中参与了"美丽宜居乡村"建设项目的占 77%，没有参与"美丽宜居乡村"建设项目的占 23%。

表 7 - 27　您家是否参与"美丽宜居乡村"建设项目

单位：次，%

A17. 您家参与"美丽宜居乡村"建设项目了吗？	频次	百分比	有效百分比	累计百分比
参与了	77	77	77	77
没有参与	23	23	23	100
总　计	100	100	100	

表 7 - 28 显示，被访者中参与了修路的占 32%，参与了房屋改造的占 30%，参与了改水的占 18%，参与了修路、房屋改造、改水、改厕、改厨房、庭院改造的占 2%，参与了修路、房屋改造、改厕、庭院改造、垃圾处理、环境卫生整治的占 2%，参与了修路、房屋改造、改厕、庭院改造、垃圾处理、环境绿化美化的占 2%，参与了改水、改厕、庭院改造、环境绿化美化的占 2%，参与了改厕、庭院改造、环境绿化美化的占 2%，参与了改厕的占 2%，参与了环境卫生整治的占 6%，参与了环境绿化美化的占 2%。数据显示，参与"美丽宜居乡村"建设比较多的项目依次是修路、房屋改造、改水、庭院改造、环境卫生整治、环境绿化美化。

表 7 - 28　参与了"美丽宜居乡村"建设的哪些项目

单位：次，%

A18. 您家参与了"美丽宜居乡村"建设的哪些项目？	频次	百分比	有效百分比	累计百分比
1	32	32	32	32

续表

A18. 您家参与了"美丽宜居乡村"建设的哪些项目？	频次	百分比	有效百分比	累计百分比
1、2、3、4、5、7	2	2	2	34
1、2、4、7、8、9	2	2	2	36
1、2、4、7、8、10	2	2	2	38
2	30	30	30	68
3	18	18	18	86
3、4、7、10	2	2	2	88
4	2	2	2	90
4、7、10	2	2	2	92
9	6	6	6	98
10	2	2	2	100
总　计	100	100	100	

注：1. 修路；2. 房屋改造；3. 改水；4. 改厕；5. 改厨房；7. 庭院改造；8. 垃圾处理；9. 环境卫生整治；10. 环境绿化美化。

（二）村民是否参与"美丽宜居乡村"建设规划

表7-29显示，被访者中没有参与"美丽宜居乡村"建设规划的占52%，参与了"美丽宜居乡村"建设规划的占48%。

表7-29　是否参与"美丽宜居乡村"建设规划

单位：次，%

A24. 您参与"美丽宜居乡村"建设规划了吗？	频次	百分比	有效百分比	累计百分比
参与了	48	48	48	48
没有参与	52	52	52	100
总　计	100	100	100	

（三）村民是否参与"美丽宜居乡村"建设项目

表7-30显示，被访者中很有能力参与"美丽宜居乡村"建设项目的占10%，比较有能力参与"美丽宜居乡村"建设项目的占32%，有点能力参与"美丽宜居乡村"建设项目的占34%，没有能力参与"美丽宜居乡村"建设项目的占24%。

表7-30 是否有能力参与"美丽宜居乡村"建设项目

单位：次，%

A29. 您有能力参与"美丽宜居乡村"建设项目吗？	频次	百分比	有效百分比	累计百分比
很有能力	10	10	10	10
比较有能力	32	32	32	42
有点能力	34	34	34	76
没有能力	24	24	24	100
总　计	100	100	100	

表7-31显示，被访者中以出劳力的方式参与"美丽宜居乡村"建设项目的占56%，出资金的占9%，既出劳力又出资金的占17%，既出劳力和资金又出谋划策的占8%，出谋划策的占6%，什么也出不了的占4%。

表7-31 参与"美丽宜居乡村"建设项目的方式

单位：次，%

A30. 您能以什么方式参与到"美丽宜居乡村"建设项目中？	频次	百分比	有效百分比	累计百分比
出劳力	56	56	56	56
出资金	9	9	9	65
既出劳力又出资金	17	17	17	82
出劳力、资金、出谋划策	8	8	8	90
出谋划策	6	6	6	96
什么也出不了	4	4	4	100
总　计	100	100	100	

"美丽宜居乡村"建设的参与度考察了村民参与的意愿和能力以及参与的情况。数据显示：96%的被访者认为"美丽宜居乡村"建设与自己、自己的家庭有关，参与"美丽宜居乡村"建设的积极性较高，参与了"美丽宜居乡村"建设项目的人数多于参与了"美丽宜居乡村"建设规划的人数。多数村民愿意以出劳力的方式参与"美丽宜居乡村"建设项目，参与比较多的项目依次是修路、房屋改造、改水、庭院改造、环境卫生整治、环境绿化美化。总体上，本村村民对"美丽宜居乡村"建设的参与度较高，参与效果较好。

五　村民对"美丽宜居乡村"建设的满意度

（一）对"美丽宜居乡村"建设的满意度

表7-32显示，被访者中对参加的"美丽宜居乡村"建设项目满意的占43%，比较满意的占49%，认为参加的"美丽宜居乡村"建设项目一般的占6%，不满意的占2%。总体上，村民对参加的"美丽宜居乡村"建设项目是满意的。

表7-32　参加的"美丽宜居乡村"建设项目的满意度

单位：次，%

A19. 您对所参加的"美丽宜居乡村"建设项目满意吗？	频次	百分比	有效百分比	累计百分比
满意	43	43	43	43
比较满意	49	49	49	92
一般	6	6	6	98
不满意	2	2	2	100
总　计	100	100	100	

表7-33显示，被访者中对本村"美丽宜居乡村"建设最满意的是村庄环境的美化绿化亮化，占46%，其后依次是基础设施建设、公共服务改善、人居环境改善等。这说明"美丽宜居乡村"建设给村民带来的最直观的感受是村容村貌变得美丽了，基础设施和公共服务也日益完善。

表7-33　本村"美丽宜居乡村"建设最满意的方面

单位：次，%

A32. 您对本村"美丽宜居乡村"建设的哪些方面最满意？	频次	百分比	有效百分比	累计百分比
1、2、3、5	2	2	2	2
1、3、5	2	2	2	4
1、3、6、7、8、9	2	2	2	6
1、5、6	2	2	2	8
9	6	6	6	14

A32. 您对本村"美丽宜居乡村"建设的哪些方面最满意?	频次	百分比	有效百分比	累计百分比
2	18	18	18	32
2、3、5	2	2	2	34
2、5、8	2	2	2	36
2、6	2	2	2	38
3	2	2	2	40
4	2	2	2	42
5	46	46	46	88
6	4	4	4	92
7	8	8	8	100
总　计	100	100	100	

注：1. 产业发展；2. 基础设施建设；3. 文化生活丰富；4. 宣传；5. 村庄环境的绿化美化亮化；6. 村民素质提高；7. 公共服务改善；8. 公共设施增加；9. 人居环境改善。

(二) 对生活基础设施建设的满意度

表7-34 显示，被访者中对居住条件满意的占52%，比较满意的占46%，一般的占2%。

表7-34　对居住条件的满意度

单位：次，%

A53. 您对现在的居住条件满意吗?	频次	百分比	有效百分比	累计百分比
满意	52	52	52	52
比较满意	46	46	46	98
一般	2	2	2	100
总　计	100	100	100	

表7-35 显示，被访者中对厕所使用满意的占78%，比较满意的占4%，一般的占10%，不满意的占8%。

表 7-35 厕所使用满意度

单位：次，%

A57. 您对厕所使用满意吗？	频次	百分比	有效百分比	累计百分比
满意	78	78	78	78
比较满意	4	4	4	82
一般	10	10	10	92
不满意	8	8	8	100
总　计	100	100	100	

表 7-36 显示，被访者中对供水满意的占 17%，比较满意的占 25%，一般的占 32%，不满意的占 26%。

表 7-36 供水满意度

单位：次，%

A80. 您对供水满意吗？	频次	百分比	有效百分比	累计百分比
满意	17	17	17	17
比较满意	25	25	25	42
一般	32	32	32	74
不满意	26	26	26	100
总　计	100	100	100	

表 7-37 显示，被访者中对供电满意的占 74%，比较满意的占 22%，一般的占 2%，不满意的占 2%。

表 7-37 供电满意度

单位：次，%

A50. 您对供电满意吗？	频次	百分比	有效百分比	累计百分比
满意	74	74	74	74
比较满意	22	22	22	96
一般	2	2	2	98
不满意	2	2	2	100
总　计	100	100	100	

表 7-38 显示，被访者中对出行条件满意的占 54%，比较满意的占 40%，一般的占 2%，不满意的占 4%。

表 7-38 出行条件满意度

单位：次，%

A47. 您对出行条件满意吗？	频次	百分比	有效百分比	累计百分比
满意	54	54	54	54
比较满意	40	40	40	94
一般	2	2	2	96
不满意	4	4	4	100
总　计	100	100	100	

表 7-39 显示，被访者中对公路质量及养护满意的占 60%，比较满意的占 38%，一般的占 2%。

表 7-39 公路的质量及养护满意度

单位：次，%

A48. 您对公路的质量及养护满意吗？	频次	百分比	有效百分比	累计百分比
满意	60	60	60	60
比较满意	38	38	38	98
一般	2	2	2	100
总　计	100	100	100	

表 7-40 显示，被访者中对公共交通满意的占 51%，比较满意的占 39%，一般的占 4%，不满意的占 6%。

表 7-40 公共交通满意度

单位：次，%

A49. 您对公共交通满意吗？	频次	百分比	有效百分比	累计百分比
满意	51	51	51	51
比较满意	39	39	39	90
一般	4	4	4	94
不满意	6	6	6	100
总　计	100	100	100	

表 7-41 显示，被访者中对通信满意的占 57%，比较满意的占 39%，一般的占 2%，不满意的占 2%。

表 7 - 41 通信满意度

单位：次，%

A54. 您对通信满意吗？（打电话、使用微信、收寄邮件、快递等）	频次	百分比	有效百分比	累计百分比
满意	57	57	57	57
比较满意	39	39	39	96
一般	2	2	2	98
不满意	2	2	2	100
总　计	100	100	100	

对生活基础设施建设的满意度从居住条件、厕所使用、供水、供电、出行条件、公路的质量及养护、公共交通、通信八个方面分满意、比较满意、一般、不满意四个层级考察。

被访者中对居住条件、厕所使用、供电、出行条件、公路的质量及养护、公共交通、通信满意的占比高于比较满意的占比和一般的占比，不满意的占比低。相比之下，供水一般的占比高于比较满意的占比和满意的占比，不满意的占比达 26%。经过移民重建和"美丽宜居乡村"建设，原隆村的生活基础设施显著改善，但仍需改进，尤其要改进供水和部分厕所。

（三）对生态环境建设的满意度

表 7 - 42 显示，被访者中对村里的生活垃圾处理满意的占 66%，比较满意的占 24%，一般的占 2%，不满意的占 8%。

表 7 - 42 生活垃圾处理满意度

单位：次，%

A41a. 您对村里生活垃圾的处理满意吗？	频次	百分比	有效百分比	累计百分比
满意	66	66	66	66
比较满意	24	24	24	90
一般	2	2	2	92

续表

A41a. 您对村里生活垃圾的处理满意吗?	频次	百分比	有效百分比	累计百分比
不满意	8	8	8	100
总　计	100	100	100	

表7-43显示，被访者中对本村绿化美化亮化效果满意的占47%，比较满意的占49%，一般的占4%。

表7-43　村庄绿化美化亮化效果满意度

单位：次，%

A45. 您对本村的绿化美化亮化效果满意吗?	频次	百分比	有效百分比	累计百分比
满意	47	47	47	47
比较满意	49	49	49	96
一般	4	4	4	100
总　计	100	100	100	

表7-44显示，被访者中对村里的空气质量满意的占23%，比较满意的占71%，一般的占6%。

表7-44　空气质量满意度

单位：次，%

A38. 您对村里的空气质量满意吗?	频次	百分比	有效百分比	累计百分比
满意	23	23	23	23
比较满意	71	71	71	94
一般	6	6	6	100
总　计	100	100	100	

表7-45显示，被访者中对本村及周边生态环境满意的占56%，比较满意的占40%，一般的占2%，不满意的占2%。

表 7 - 45　本村及周边生态环境满意度

单位：次，%

A46. 您对本村及周边的生态环境满意吗？	频次	百分比	有效百分比	累计百分比
满意	56	56	56	56
比较满意	40	40	40	96
一般	2	2	2	98
不满意	2	2	2	100
总　计	100	100	100	

对生态环境建设的满意度从生活垃圾处理、村庄绿化美化亮化效果、空气质量、本村及周边生态环境四个方面分满意、比较满意、一般、不满意四个层级考察。由以上数据可知，生活垃圾处理、本村及周边生态环境满意的占比高于比较满意的占比，一般的占比和不满意的占比低；村庄绿化美化亮化效果、空气质量比较满意的占比高于满意和一般的占比，没有不满意。这说明本村的生态环境整体较好，但尚有提升的空间。

（四）对社会文化建设的满意度

表 7 - 46 显示，被访者中对本村文化生活满意的占 26%，比较满意的占 70%，一般的占 4%。

表 7 - 46　对本村的文化生活是否满意

单位：次，%

A69. 您对本村的文化生活（公共的、个人的）满意吗？	频次	百分比	有效百分比	累计百分比
满意	26	26	26	26
比较满意	70	70	70	96
一般	4	4	4	100
总　计	100	100	100	

表 7 - 47 显示，被访者中对现有的文化体育基础设施满意的占 88%，比较满意的占 8%，一般的占 2%，不满意的占 2%。

表7-47 对现有的文化体育基础设施是否满意

单位：次，%

A70.您对现有的文化体育 基础设施满意吗？	频次	百分比	有效百分比	累计百分比
满意	88	88	88	88
比较满意	8	8	8	96
一般	2	2	2	98
不满意	2	2	2	100
总 计	100	100	100	

表7-48显示，被访者中对村里的社会治安满意的占77%，比较满意的占19%，一般的占2%，不满意的占2%。

表7-48 对村里的社会治安是否满意

单位：次，%

A73.您对村里的社会治安满意吗？	频次	百分比	有效百分比	累计百分比
满意	77	77	77	77
比较满意	19	19	19	96
一般	2	2	2	98
不满意	2	2	2	100
总 计	100	100	100	

表7-49显示，被访者中对邻里信任的占12%，比较信任的占86%，一般的占2%。

表7-49 村民之间的信任度

单位：次，%

A72.您对邻里的信任程度如何？	频次	百分比	有效百分比	累计百分比
信任	12	12	12	12
比较信任	86	86	86	98
一般	2	2	2	100
总 计	100	100	100	

对社会文化建设的满意度从村民文化生活、文化体育基础设施、社会治安、村民之间的信任度四个方面分满意（信任）、比较满意（比较信任）、一

般、不满意(不信任)四个层级考察。以上数据表明:文化体育基础设施、社会治安满意的占比远远高于比较满意的占比,一般的占比和不满意的占比低;文化生活比较满意的占比高于满意和一般的占比,没有不满意。村民之间比较信任的占比高于信任和一般的占比,没有不信任。村民之间信任度较高,社会治安良好,村民生活幸福指数相对较高。

(五)对公共服务的满意度

表7-50显示,被访者中对村里的学校教育满意的占14%,比较满意的占77%,一般的占5%,不满意的占4%。

表7-50 对村里的学校教育的满意度

单位:次,%

A74. 您对村里的学校教育满意吗?	频次	百分比	有效百分比	累计百分比
满意	14	14	14	14
比较满意	77	77	77	91
一般	5	5	5	96
不满意	4	4	4	100
总 计	100	100	100	

表7-51显示,被访者中对村里提供的各种技能培训活动满意的占46%,比较满意的占40%,一般的占10%,不满意的占4%。

表7-51 对村里提供的各种技能培训活动的满意度

单位:次,%

A78. 您对村里提供的各种技能培训活动满意吗?	频次	百分比	有效百分比	累计百分比
满意	46	46	46	46
比较满意	40	40	40	86
一般	10	10	10	96
不满意	4	4	4	100
总 计	100	100	100	

表7-52显示,被访者中对村里的医疗卫生条件满意的占8%,比较满意的占75%,一般的占15%,不满意的占2%。

表 7 - 52　对村里医疗卫生条件的满意度

单位：次，%

A75. 您对村里的医疗卫生条件满意吗？	频次	百分比	有效百分比	累计百分比
满意	8	8	8	8
比较满意	75	75	75	83
一般	15	15	15	98
不满意	2	2	2	100
总　计	100	100	100	

表 7 - 53 显示，被访者中对新型农村合作医疗保险政策满意的占 6%，比较满意的占 88%，一般的占 4%，不满意的占 2%。

表 7 - 53　对新型农村合作医疗保险政策的满意度

单位：次，%

A76. 您对新型农村合作医疗保险政策满意吗？	频次	百分比	有效百分比	累计百分比
满意	6	6	6	6
比较满意	88	88	88	94
一般	4	4	4	98
不满意	2	2	2	100
总　计	100	100	100	

表 7 - 54 显示，被访者中对养老保险政策满意的占 13%，比较满意的占 75%，一般的占 4%，不满意的占 8%。

表 7 - 54　对养老保险政策的满意度

单位：次，%

A77. 您对养老保险政策满意吗？	频次	百分比	有效百分比	累计百分比
满意	13	13	13	13
比较满意	75	75	75	88

A77. 您对养老保险政策满意吗？	频次	百分比	有效百分比	累计百分比
一般	4	4	4	92
不满意	8	8	8	100
总　计	100	100	100	

表 7 – 55 显示，被访者中对目前社会保障政策满意的占 40%，比较满意的占 25%，一般的占 14%，不满意的占 21%。

表 7 – 55　您对目前社会保障政策的看法是

单位：次，%

A79. 您对目前社会保障政策的看法是？	频次	百分比	有效百分比	累计百分比
满意	40	40	40	40
比较满意	25	25	25	65
一般	14	14	14	79
不满意	21	21	21	100
总　计	100	100	100	

对公共服务的满意度从学校教育、技能培训、医疗卫生条件、新型农村合作医疗保险、养老保险、社会保障六个方面分满意、比较满意、一般、不满意四个层级考察。数据显示：技能培训、社会保障满意的占比高于比较满意和一般的占比，社会保障不满意的占比达 21%；学校教育、医疗卫生条件、新型农村合作医疗保险、养老保险比较满意的占比高于满意的占比，一般和不满意的占比基本较低。虽然有需要改进的地方，总体来看，村民对公共服务的满意度较高。

（六）对民主政治建设的满意度

表 7 – 56 显示，被访者中对村里的民主政治建设满意的占 24%，比较满意的占 70%，一般的占 6%。

表 7 – 56　对村里的民主政治建设的满意度

单位：次，%

A65. 您对村里的民主政治建设满意吗？	频次	百分比	有效百分比	累计百分比
满意	24	24	24	24
比较满意	70	70	70	94
一般	6	6	6	100
总　计	100	100	100	

表 7 – 57 显示，被访者中对村委会干部的工作和服务满意的占 24%，比较满意的占 66%，一般的占 6%，不满意的占 4%。

表 7 – 57　对村委会干部的工作和服务的满意度

单位：次，%

A66. 您对村委会干部的工作和服务满意吗？	频次	百分比	有效百分比	累计百分比
满意	24	24	24	24
比较满意	66	66	66	90
一般	6	6	6	96
不满意	4	4	4	100
总　计	100	100	100	

对民主政治建设的满意度比较满意的占比远远高于满意的占比，一般和不满意的占比都低，说明村民对民主政治建设总体满意。

六　原隆村"美丽宜居乡村"建设中的不足和加快发展的建议

（一）"美丽宜居乡村"建设中的不足

表 7 – 58 显示，被访者中认为"美丽宜居乡村"建设中有不足的占 94%，没有的占 6%。

表 7 – 58　　"美丽宜居乡村"建设是否有不足的方面

单位：次，%

A33. 您认为"美丽宜居乡村"建设中有不足的方面吗？	频次	百分比	有效百分比	累计百分比
有	94	94	94	94
没有	6	6	6	100
总　计	100	100	100	

　　表 7 – 59 显示，被访者中认为"美丽宜居乡村"建设中不足的方面是供水的占 26%，生活污水处理的占 17%，公共服务的占 13%，产业发展的占 12%，道路建设的占 4%，村里很少征求村民的意见的占 4%，生活垃圾处理的占 4%，等等。数据显示，被访者中认为"美丽宜居乡村"建设中不足的方面主要是供水、生活污水处理、公共服务、产业发展等。

表 7 – 59　　"美丽宜居乡村"建设中不足的是哪些方面

单位：次，%

A34. 您认为"美丽宜居乡村"建设中不足的是哪些方面？	频次	百分比	有效百分比	累计百分比
2	26	26	26	26
1	4	4	4	30
12	2	2	2	32
13	4	4	4	36
13、15	2	2	2	38
14	2	2	2	40
15	13	13	13	53
3	2	2	2	55
4	2	2	2	57
5	17	17	17	74
5、13	2	2	2	76
5、6、11	2	2	2	78
5、7	2	2	2	80

续表

A34. 您认为"美丽宜居乡村"建设中不足的是哪些方面?	频次	百分比	有效百分比	累计百分比
6	4	4	4	84
6、8	2	2	2	86
7	12	12	12	98
8	2	2	2	100
总　计	100	100	100	

注：1. 道路建设；2. 供水；3. 供电；4. 通信设施；5. 生活污水处理；6. 生活垃圾处理；7. 产业发展；8. 文化建设；11. 畜禽养殖污染；12. 工业污染；13. 村里很少征求村民的意见；14. 环境卫生；15. 公共服务。

（二）"美丽宜居乡村"建设中最大的困难

图7-1显示，被访者中认为"美丽宜居乡村"建设中最大的困难是资金不足。

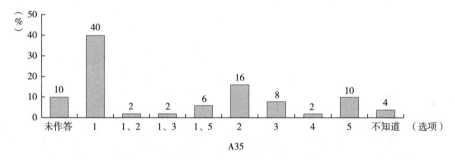

图7-1　"美丽宜居乡村"建设中最大的困难是什么
注：1. 资金不足；2. 规划不合理；3. 技术不足；4. 人员不足；5. 村民观念滞后。

（三）"美丽宜居乡村"建设中最关心的问题和对未来的期望

图7-2显示，被访者中在"美丽宜居乡村"建设中最关心的问题和对未来的期望是增加收入，提高生活水平。

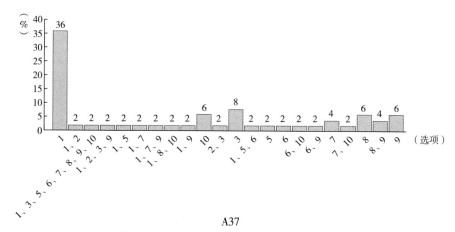

A37

图 7 - 2 "美丽宜居乡村"建设中最关心的问题和对未来的期望

注：1. 增加收入，提高生活水平；2. 基础设施更加完善；3. 生态环境更加优美；5. 提高村民素质，村风文明；6. 村里文化生活更加丰富；7. 获得资金支持；8. 孩子上学；9. 就业；10. 看病的医疗保险。

（四）加快本村经济发展的措施

表 7 - 60 显示，被访者中对加快本村经济发展的措施依次是鼓励农民创业，并提供创业资金支持的占 44%；招商引资，鼓励企业投资本村，带动经济发展的占 37%；发展"农家乐"等休闲旅游业的占 9%；促进本村特色产品规模生产，打造特色品牌的占 6%；发展绿色有机食品的生产的占 4%。

表 7 - 60 加快本村经济发展的措施

单位：次，%

A59. 您认为加快本村经济发展的措施是什么?	频次	百分比	有效百分比	累计百分比
发展绿色有机食品的生产	4	4	4	4
发展"农家乐"等休闲旅游业	9	9	9	13
促进本村特色产品规模生产，打造特色品牌	6	6	6	19
鼓励农民创业，并提供创业资金支持	44	44	44	63
招商引资，鼓励企业投资本村，带动经济发展	37	37	37	100
总　计	100	100	100	

小 结

原隆村在移民建设和"美丽宜居乡村"建设中，引进企业，建设园区，培育产业，经过多年培育发展，形成了以特色种养殖、光伏农业、文化旅游、劳务输出为主的产业发展格局，既壮大了集体经济，也为村民提供了就业岗位。本村砖瓦房居多，在"美丽宜居乡村"建设中，通过对住房改建、扩建，尤其是改厕、改灶、改厨，居住功能更加完善，生活燃料以电为主。生活污水处理、生活垃圾处理改进，人居环境显著改善，但生活污水处理、改厕项目不够彻底。本村的生态环境整体良好。在社会文化建设方面，本村在日常生活或某些节日中经常开展公共文化活动。村民日常娱乐活动内容丰富、形式多样。大部分村民在日常生活和工作中没有遇到过矛盾纠纷，村民之间的信任度高，社会治安良好，村里日常重要事项的民主决策度高。村民对本村"美丽宜居乡村"建设普遍满意，最满意的是村庄环境的绿化美化亮化，其次是基础设施建设、公共服务改善和人居环境改善。在对"美丽宜居乡村"建设的认知上，村民普遍认为"美丽宜居乡村"的"美"最应该体现在人居环境美和生态环境美。村民普遍了解"美丽宜居乡村"建设的政策、项目和内容，但是对具体规划认识有限，例如，村民对"美丽宜居乡村"建设政策不知道的占32%，不了解村里的"美丽宜居乡村"建设规划的占73%，不知道村里是否有"美丽宜居乡村"建设规划的占32%。68%的村民认为"美丽宜居乡村"建设应该由政府主导、村民参与。在参与美丽乡村建设方面，村民参与"美丽宜居乡村"建设的意愿强，积极性较高，多数村民愿意以出劳力的方式参与"美丽宜居乡村"建设项目，参与比较多的项目依次是修路、房屋改造、改水、庭院改造、环境卫生整治、环境绿化美化。总体上，本村村民对"美丽宜居乡村"建设的参与度较高，参与效果较好。村民认为在"美丽宜居乡村"建设中不足的方面是供水、生活污水处理、公共服务、产业发展。在"美丽宜居乡村"建设中的首要困难是资金不足，最关心的问题和对未来的期望仍然是增加收入，提高生活水平。

第八章 洪水坪村"美丽宜居乡村" 建设调查

一 基本情况

洪水坪村位于乐都区湟水河南岸,是海东市乐都区洪水镇的易地搬迁村,也是青海最早的易地搬迁试点村之一。2019 年洪水坪村共有农户 365 户,其中常住人口为 1297 人。

本次调查主要以走访和问卷调查的形式对洪水镇洪水坪村生态移民"美丽宜居乡村"建设情况进行考察,从调查者观察、访谈的视角了解"美丽宜居乡村"建设的情况;同时也从村民对"美丽宜居乡村"建设的认知度、参与度、满意度、建设中的不足和加快发展的建议等方面了解洪水坪村"美丽宜居乡村"建设的现状和存在的问题,并在此基础上进行整体分析,试图提出较为可行的意见和建议,进一步推进生态移民村的建设工作。调查共发出问卷 100 份,回收问卷 100 份,回收率 100%,有效问卷 100 份,有效率达100%。被访者中男性占 52%,女性占 48%;汉族的占 96%,其他民族的占4%。被访者中年龄在 18~30 岁的占 30%,在 30~40 岁的占 16%,在 40~60 岁的占 40%,在 60 岁及以上的占 14%。由此可见,年龄在 40~60 岁的人数居多。被访者受教育程度参差不齐,年龄在 40 岁及以上的被访者(占54%)大多为文盲和小学水平,年龄在 18~40 岁的被访者(占 46%)的受教育程度集中于初中、高中或中专和大学阶段,村民受教育程度普遍偏低。

二 洪水坪村的"美丽宜居乡村"建设情况

(一)经济建设

表 8-1 显示,被访者中从事的职业是无业的占 14%,务农的占 6%,兼

业的占 12%，当地打工的占 47%，教师的占 2%，在读学生的占 13%，其他的占 6%。

表 8 - 1　职业

单位：次，%

A5. 您目前从事的职业是？	频次	百分比	有效百分比	累计百分比
无业	14	14	14	14
务农	6	6	6	20
兼业	12	12	12	32
当地打工	47	47	47	79
教师	2	2	2	81
在读学生	13	13	13	94
其他	6	6	6	100
总　计	100	100	100	

表 8 - 2 显示，2018 年，被访者中家庭人均年收入在 2000 元及以下的占 13%，在 2001～4000 元的占 46%，在 4001～6000 元的占 21%，在 6001～8000 元的占 12%，在 8000 元以上的占 8%。

表 8 - 2　家庭人均年收入

单位：次，%

A6. 您家庭去年（2018 年）人均年收入能达到多少？	频次	百分比	有效百分比	累计百分比
2000 元及以下	13	13	13	13
2001～4000 元	46	46	46	59
4001～6000 元	21	21	21	80
6001～8000 元	12	12	12	92
8000 元以上	8	8	8	100
总　计	100	100	100	

表 8 - 3 显示，被访者中主要收入来源于外出打工所得（泥水工、环卫等职业）的占 88%，兼业（种植和打工）的占 6%，手工的占 2%，个体商户（做买卖）的占 2%，政府补贴的占 2%。

表8-3 家庭主要收入来源

单位：次，%

A7. 您家庭主要收入来源是？	频次	百分比	有效百分比	累计百分比
外出打工所得（泥水工、环卫等职业）	88	88	88	88
兼业（种植和打工）	6	6	6	94
手工	2	2	2	96
个体商户（做买卖）	2	2	2	98
政府补贴	2	2	2	100
总　计	100	100	100	

表8-4显示，村庄的主导产业为劳务输出（打工）的占92%，一般农业种植的占6%，特色农业种植果蔬业的占2%。

表8-4 村庄的主导产业

单位：次，%

A58. 村庄的主导产业是什么？	频次	百分比	有效百分比	累计百分比
一般农业种植	6	6	6	6
特色农业种植果蔬业	2	2	2	8
劳务输出（打工）	92	92	92	100
总　计	100	100	100	

洪水坪村耕地少，有少量种植业，农产品主要有蔬菜10亩，洋芋342亩，油菜籽5亩，蚕豆30亩，小麦10亩，玉米110亩，总播种面积1960亩。所以务农人员较少，绝大多数的家庭是不种地的，劳务输出（打工）是本村的主导产业，占92%。该村家庭以外出打工所得（泥水工、环卫等职业）为主要收入来源，占88%。家庭人均年收入集中在2001～6000元。依靠劳务经济，本村实现了脱贫奔小康。

（二）人居环境建设

表8-5显示，被访者中住房是砖瓦房的占42%，砖混房的占36%，混凝土平房的占22%。

表 8-5　住房类型

单位：次，%

A51. 您的住房是？	频次	百分比	有效百分比	累计百分比
砖瓦房	42	42	42	42
砖混房	36	36	36	78
混凝土平房	22	22	22	100
总　计	100	100	100	

图 8-1 显示，被访者中 89% 的庭院有绿化美化，11% 的庭院没有绿化美化。

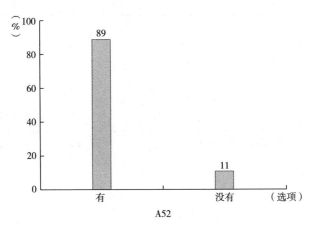

图 8-1　庭院绿化美化

表 8-6 显示，被访者中家里使用的生活燃料是煤的占 58%，气的占 2%，电的占 36%，柴火的占 4%。

表 8-6　生活燃料

单位：次，%

A55. 您家里使用的生活燃料是？	频次	百分比	有效百分比	累计百分比
煤	58	58	58	58
气	2	2	2	60
电	36	36	36	96
柴火	4	4	4	100
总　计	100	100	100	

表 8-7 显示，被访者中家庭里使用房屋外土厕所的占 96%，房屋内冲

水马桶的占2%，蹲便器冲水厕所的占2%。

表8-7　厕所使用

单位：次，%

A56. 您家使用的厕所是？	频次	百分比	有效百分比	累计百分比
蹲便器冲水厕所	2	2	2	2
房屋内冲水马桶	2	2	2	4
房屋外土厕所	96	96	96	100
总　计	100	100	100	

洪水坪村位于一处山台上，依山而建。村庄规划整齐，按照统一结构修建了砖瓦房、砖混房、混凝土平房，大多数庭院里有绿化美化，家里的生活燃料主要使用煤和电，也有少量使用气和柴火的，厕所主要是房屋外土厕所。院落坐落有序，房屋建设宽敞明亮，人均住房面积较大，村级道路硬化，基本上满足了村民的日常出行。新建了村委会办公楼和小广场，小广场上体育设施也相对增多，布局合理，村庄建设与当地自然景观、历史文化协调，环境整治良好，适宜村民居住。

（三）生态环境建设

表8-8显示，被访者中生活污水泼到院子里的占40%，通过下水道排到屋外的占22%，浇到田地里的占10%，其他的占28%。

表8-8　生活污水处理方式

单位：次，%

A39. 您家里生活污水怎样处理？	频次	百分比	有效百分比	累计百分比
泼到院子里	40	40	40	40
浇到田地里	10	10	10	50
通过下水道排到屋外	22	22	22	72
其他	28	28	28	100
总　计	100	100	100	

表8-9显示，被访者中生活垃圾投进垃圾收集箱的占59%，投进公共垃圾处理区的占39%，其他的占2%。

表8-9　生活垃圾处理方式

单位：次，%

A40. 您家的生活垃圾怎样处理?	频次	百分比	有效百分比	累计百分比
投进垃圾收集箱	59	59	59	59
投进公共垃圾处理区	39	39	39	98
其他	2	2	2	100
总　计	100	100	100	

表8-10显示，被访者中将农业生产用薄膜混同生活垃圾扔进垃圾箱的占30%，卖给收废品的占4%，家里不用薄膜的占66%。

表8-10　农业生产用薄膜处理方式

单位：次，%

A42. 您家农业生产用薄膜怎样处理?	频次	百分比	有效百分比	累计百分比
混同生活垃圾扔进垃圾箱	30	30	30	30
卖给收废品的	4	4	4	34
家里不用薄膜	66	66	66	100
总　计	100	100	100	

被访者对生活污水的处理方式：40%的人泼到院子里，22%的人通过下水道排到屋外，10%的人浇到田地里。村里设有垃圾收集箱和公共垃圾处理区，59%的村民将生活垃圾投进垃圾收集箱，39%的村民将生活垃圾投进公共垃圾处理区，村民会将生活垃圾倒在村委会指定的地点，再由村里组织村民集中运往镇垃圾处理场进行集中无害化处理。由于村里耕地较少，所以绝大多数村民家里是不用塑料薄膜的。村里没有大型的工厂，所以村里没有工业污染。由此可见，本村生态环境整体良好，村里也有绿化工程，在巷道和自家庭院中都有树木和花草的栽种。在调查走访的过程中不难发现垃圾收集箱少，回收箱距离一些村民家远，污水处理的主要方式是泼在庭院和巷道，垃圾和污水处理有待完善。还应加大绿化工作力度，推进造林绿化工程，在村宅、路旁等适宜种树的地方全部种树，提高村庄绿化率。

（四）社会文化建设

图8-2显示，村民的日常文化娱乐活动主要是看电视、玩手机、串门聊天等。

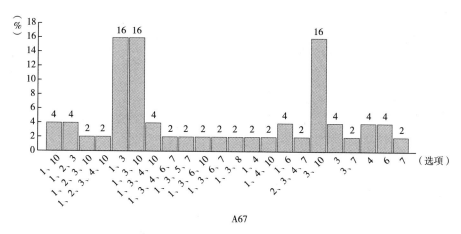

A67

图 8 - 2　日常文化娱乐活动

注：1. 看电视；2. 看书或看报；3. 玩手机；4. 跳舞等健身活动（包括广场舞）；5. 看戏或看电影；6. 打牌或下棋；7. 打球等体育运动；8. KTV 唱歌；10. 串门聊天。

表 8 - 11 显示，被访者中认为本村很少开展公共文化活动的占 23%，认为本村只在某些节日开展公共文化活动的占 69%，认为本村从未开展公共文化活动的占 6%，认为本村经常开展公共文化活动而且内容丰富多样的占 2%。

表 8 - 11　公共文化活动

单位：次，%

A68. 本村经常开展各种公共文化活动吗？	频次	百分比	有效百分比	累计百分比
本村很少开展公共文化活动	23	23	23	23
本村只在某些节日开展公共文化活动	69	69	69	92
本村从未开展公共文化活动	6	6	6	98
本村经常开展公共文化活动而且内容丰富多样	2	2	2	100
总　计	100	100	100	

表 8 - 12 显示，被访者中在日常生活和工作中没有遇到过矛盾纠纷的占 80%，遇到家庭婚姻矛盾的占 7%，遇到债务纠纷的占 4%，遇到农村土地权属纠纷的占 2%，遇到家族内矛盾的占 2%，遇到邻里矛盾的占 2%，遇到工作纠纷的占 3%。

表8-12　社会矛盾纠纷

单位：次，%

A71. 在日常生活和工作中，您遇到过哪些矛盾纠纷？	频次	百分比	有效百分比	累计百分比
家庭婚姻矛盾	7	7	7	7
债务纠纷	4	4	4	11
农村土地权属纠纷	2	2	2	13
家族内矛盾	2	2	2	15
邻里矛盾	2	2	2	17
工作纠纷	3	3	3	20
没有遇到过	80	80	80	100
总　计	100	100	100	

图8-3显示，被访者中认为邻里信任的占60%，比较信任的占34%，一般的占6%。

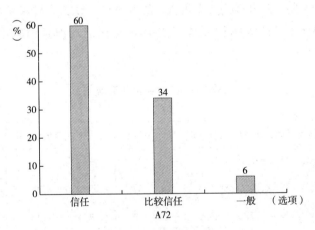

图8-3　邻里信任度

以上数据表明，村民最经常做的日常文化娱乐活动为：看电视、玩手机、串门聊天等。多数村民认为本村只在某些节日开展公共文化活动。绝大多数村民在日常生活和工作中没有遇到过矛盾纠纷，与邻里的关系较好。由此我们不难发现本村社会治安比较好，但是公共文化活动较少。因此，村里应结合当地的民俗文化和群众喜闻乐见的文化，多举办一些公共文化活动，丰富村民们的业余生活。

（五）民主政治建设

图 8－4 显示，被访者中 48% 的村民认为村里的"美丽宜居乡村"建设规划有征求他们的意见，没有的占 20%，不知道的占 32%。

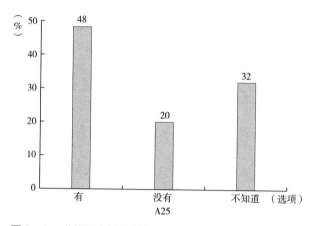

图8－4 "美丽宜居乡村"建设规划是否征求村民的意见

图 8－5 显示，被访者中认为重大事项是经过村民代表讨论后决定的占 40%，有的事项是经过村民代表讨论后决定的占 34%，不是的占 10%，不知道的占 16%。由此可见，本村总体能够从村民的角度出发，能征求村民的意见，在重大事项上能与村民代表讨论决定。

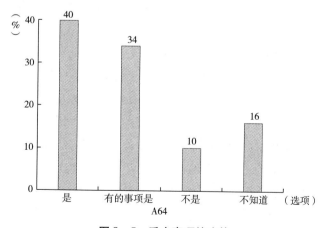

图8－5 重大事项的决策

图 8－6 显示，被访者中愿意为村里的"美丽宜居乡村"建设发展出谋划策的占 76%，不愿意的占 12%，不关心的占 12%。

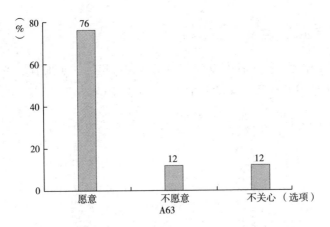

图8-6 是否愿意为村里的"美丽宜居乡村"建设发展出谋划策

作为生态移民村，洪水坪村10余年来持续改进基础设施建设，统一标准建设住房，通水、通路、通电、通网和配备体育文化设施。2012年，在"美丽宜居乡村"建设项目支持下，洪水坪人又给墙面刷上了新涂料、给房屋贴上了保温层、给院子安上了新大门，新建了村文化休闲广场和活动中心，新建了村委会。本村总体能够从村民的角度出发，能征求村民的意见，在重大事项上能与村民代表讨论决定。生态环境整体良好，社会公共服务为村民的生活提供了必要的保障，在一定程度上解决了村民的后顾之忧。绝大多数村民在日常生活和工作中没有遇到过矛盾纠纷，与邻里的关系较好，村里的社会治安良好。在移民搬迁和"美丽宜居乡村"建设中，洪水坪村具有显著的特色和优势。

1. 乡村能人带动农民致富

在乡村经济发展中脱颖而出的乡村能人一般有创新的魄力，善于抓机遇，懂经营。乡村能人能够为农民致富提供资金、信息、技术、管理等多方面支持，并有示范带动作用，引导其他农民成为能人，从而进一步带动周围的村民，实现村庄的良性发展，是乡镇企业和"美丽宜居乡村"建设的推动力量。洪水坪村的发展得益于乡村能人吴树岗。2007年，洪水坪村党支部书记吴树岗争取到了国家易地扶贫搬迁项目，带领这个村365户1356名村民由山区整体搬迁到距镇政府不远的一片旱台上。政府解决新址土地、新修学校、配套水电路等基础设施问题，搬迁户每户补助1万元，低保户再补助4000元，残疾人再补助7000元。搬迁后人多地少，致富渠道不宽。吴树岗带领村里的富余劳动力到他的铝厂打工。先是培训，岗位有电解工、天车司机、架子工、绞车工……一年下来，他带出去了100多人。2009年，吴树岗专门成立了青海鑫发建筑工程劳务有限公司,帮助村民揽工程、培训技术工,最多时有 750 名村民在他的公司打工。

2. 依靠发展劳务经济致富

在吴树岗手下学到手艺的村民不断分化出去,自己揽活,自己当老板,带动了更多的人加入打工大军,逐渐组成了数十个务工小分队,有泥瓦工劳务队、女子粉刷队、挖掘机服务队、架子工服务队等,劳务经济成为村里的主导产业。依靠劳务经济,洪水坪人摆脱了贫困,家家有存款,2/3 的家庭拥有了小轿车,不少人把房子买到了县城甚至省城里。村民李双业说,搬下山后,断了种庄稼的念头,打工时间有保证,孩子上学不再愁,有一年他夫妻俩足足挣了 12 万元。他说:"一年的收入就可以买一辆小汽车。"如今,外出务工不仅成为洪水坪人的经济行为,也成为一种文化传承。

三 村民对"美丽宜居乡村"建设的认知度

(一)对"美丽宜居乡村"建设内涵的认知

表 8-13 显示,被访者中认为"美丽宜居乡村"的"美"最应该体现在人居环境美的占 36%,生态环境美的占 34%,公共服务好的占 14%,产业经济发展好的占 8%,思想观念美的占 8%。可见,"美丽宜居乡村"的"美"最应该体现在人居环境美和生态环境美,其次为公共服务好,而认为"美丽宜居乡村"的"美"最应该体现在思想观念美和产业经济发展好的人数比较少。这反映出村民对村里的生态环境、人居环境方面的期望比较高,这与政府"美丽宜居乡村"建设的初衷是一致的,"美丽宜居乡村"建设就是要以人居环境整治为抓手,把生态环境建设放在首位,也说明政府"美丽宜居乡村"建设的政策要求反映了村民的心声。

表 8-13 "美丽宜居乡村""美"的体现

单位:次,%

A31. 您认为"美丽宜居乡村"的 "美"最应该体现在哪里?	频次	百分比	有效百分比	累计百分比
产业经济发展好	8	8	8	8
公共服务好	14	14	14	22

续表

A31. 您认为"美丽宜居乡村"的 "美"最应该体现在哪里？	频次	百分比	有效百分比	累计百分比
人居环境美	36	36	36	58
生态环境美	34	34	34	92
思想观念美	8	8	8	100
总　计	100	100	100	

(二) 对"美丽宜居乡村"建设政策的认知

图 8 - 7 显示，被访者中认为"美丽宜居乡村"建设与自己、自己的家庭有关系的占94%，认为没有关系的占6%。

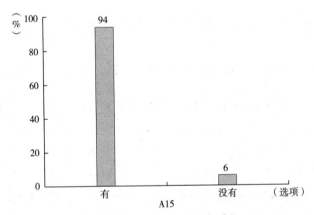

图 8 - 7　"美丽宜居乡村"建设是否与您、您家有关系

图 8 - 8 显示，被访者中知道"美丽宜居乡村"建设政策的占32%，听说过的占56%，不知道的占12%。

(三) 对"美丽宜居乡村"建设内容的认知

图 8 - 9 显示，被访者中知道"美丽宜居乡村"建设内容的占28%，听说过的占52%，不知道的占20%。

(四) 对"美丽宜居乡村"建设项目的认知

图 8 - 10 显示，被访者中知道"美丽宜居乡村"建设项目的占28%，听

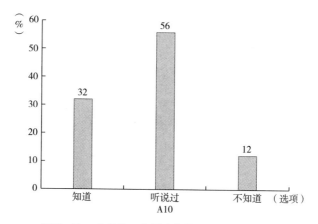

图 8 - 8　对"美丽宜居乡村"建设政策的认知

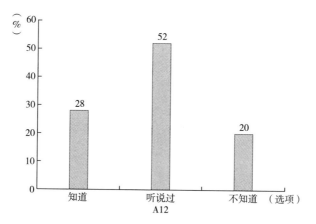

图 8 - 9　对"美丽宜居乡村"建设内容的认知

说过的占 50%，不知道的占 22%。

（五）对"美丽宜居乡村"建设规划的认知

图 8 - 11 显示，被访者中认为村里有"美丽宜居乡村"建设规划的占 64%，认为村里没有"美丽宜居乡村"建设规划的占 8%，不知道的占 28%。

图 8 - 12 显示，被访者中了解村里的"美丽宜居乡村"建设规划的占 34%，不了解的占 66%。

图 8 - 13 显示，被访者中认为"美丽宜居乡村"建设规划合理的占 30%，比较合理的占 56%，不太合理的占 2%，不知道的占 12%。

图 8 - 14 显示，被访者中认为"美丽宜居乡村"建设项目能够按照规划

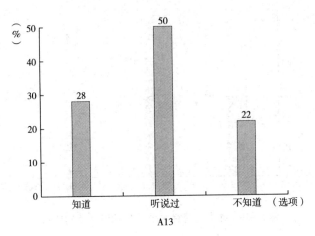

A13

图 8－10　对"美丽宜居乡村"建设项目的认知

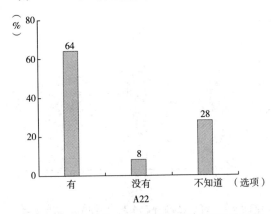

A22

图 8－11　对"美丽宜居乡村"建设规划的认知

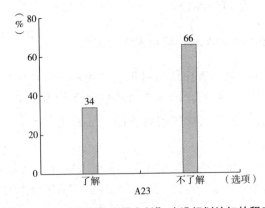

A23

图 8－12　对"美丽宜居乡村"建设规划认知的程度

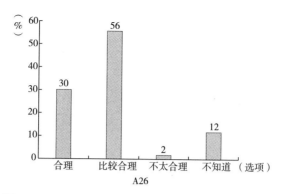

图 8 – 13　对"美丽宜居乡村"建设规划合理性的认知

执行的占 22% ，大部分能够按照规划执行的占 52% ，小部分能够按照规划执行的占 14% ，不知道的占 12% 。

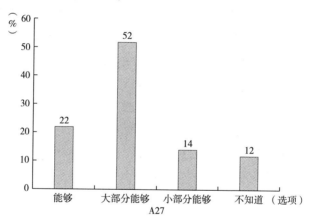

图 8 – 14　对"美丽宜居乡村"建设项目能否按照规划执行的认知

（六）对"美丽宜居乡村"建设主体的认知

图 8 – 15 显示，60% 的被访者认为"美丽宜居乡村"建设应由政府主导、村民参与，32% 的被访者认为"美丽宜居乡村"建设应由政府主导，而认为"美丽宜居乡村"建设应由村民主导的占 8% 。

对"美丽宜居乡村"建设认知度的考察分三个层面，一是对"美丽宜居乡村"建设内涵的认知，二是对"美丽宜居乡村"建设政策、内容、项目、规划的认知，三是对"美丽宜居乡村"建设主体认知的程度。由以上数据可知，对"美丽宜居乡村"的"美"的认知占比高的是人居环境美和生态环境美，反映出村民对村里的人居环境、生态环境方面的期望比较高，这与政府

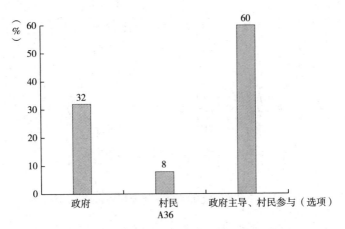

图8-15 对"美丽宜居乡村"建设主体的认知

"美丽宜居乡村"建设的初衷是一致的,"美丽宜居乡村"建设就是要以人居环境整治为抓手,把生态环境建设放在首位,也说明政府"美丽宜居乡村"建设的政策要求反映了农民的心声。对"美丽宜居乡村"建设政策、建设内容、建设项目听说过的占比高于知道和不知道的占比,村民通过电视、村里的宣传、微信、道听途说等方式听说过"美丽宜居乡村"建设的政策。34%的村民了解"美丽宜居乡村"建设规划,不了解"美丽宜居乡村"建设规划的村民占66%。60%的被访者认为"美丽宜居乡村"建设应由政府主导、村民参与,32%的被访者认为"美丽宜居乡村"建设应由政府主导,而认为"美丽宜居乡村"建设应由村民主导的人数较少,仅占8%,说明在"美丽宜居乡村"建设中村民对政府的依赖性较强。对"美丽宜居乡村"建设的认知和受教育程度与被访者的年龄呈负相关关系,年龄越大,受教育程度越低,对"美丽宜居乡村"建设政策的认知度越低。受教育程度与认知度呈正相关关系,受教育程度越高,对政策的认知度越高;受教育程度越低,对政策的认知度也就越低。由此可见,政府对"美丽宜居乡村"建设的宣传力度还需要加大。

四 村民对"美丽宜居乡村"建设的参与度

(一)村民参与"美丽宜居乡村"建设的意愿

图8-16显示,被访者中愿意参与"美丽宜居乡村"建设项目的占50%,比较愿意的占40%,一般的占6%,不愿意的占2%,不关心的占2%。

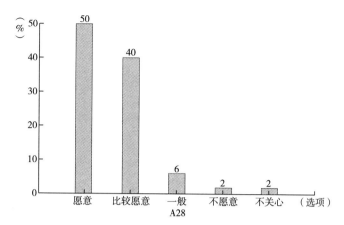

图 8 – 16　您是否愿意参与"美丽宜居乡村"建设项目

图 8 – 17 显示，被访者中认为所有人都愿意参与"美丽宜居乡村"建设项目的占 20%，认为大部分愿意参与"美丽宜居乡村"建设项目的占 70%，认为小部分愿意参与"美丽宜居乡村"建设项目的占 10%。

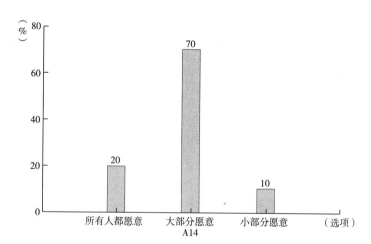

图 8 – 17　村民是否愿意参与"美丽宜居乡村"建设项目

图 8 – 18 显示，被访者中参与了"美丽宜居乡村"建设项目的占 94%，没有参与的占 6%。

图 8 – 19 显示，被访者中有的参与了一个项目，有的参与了两个项目，有的参与了多个项目，参与的"美丽宜居乡村"建设项目较多的依次为修路、房屋改造、环境卫生整治、垃圾处理、改水、改厕、庭院改造、环境绿化美化。

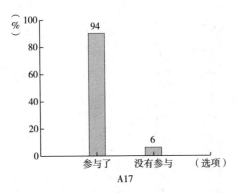

图8-18 您家是否参与"美丽宜居乡村"建设项目

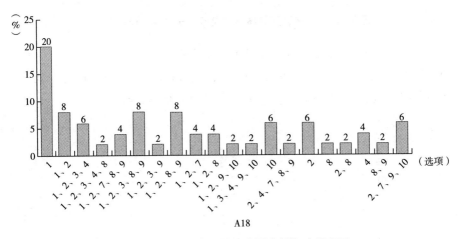

图8-19 参与的"美丽宜居乡村"建设项目

注：1. 修路；2. 房屋改造；3. 改水；4. 改厕；7. 庭院改造；8. 垃圾处理；9. 环境卫生整治；10. 环境绿化美化。

表8-14显示，被访者中认为"美丽宜居乡村"建设带来的实惠表现在路面整修，出行方便的占36%；居家环境改善的占58%；有垃圾箱用的占2%；就业机会增多的占4%。

表8-14 "美丽宜居乡村"建设带来的实惠

单位：次，%

A21. 您认为"美丽宜居乡村"建设带来的实惠是什么？	频次	百分比	有效百分比	累计百分比
路面整修，出行方便	36	36	36	36
居家环境改善	58	58	58	94

A21. 您认为"美丽宜居乡村"建设带来的实惠是什么?	频次	百分比	有效百分比	累计百分比
有垃圾箱用	2	2	2	96
就业机会增多	4	4	4	100
总　计	100	100	100	

（二）村民是否参与"美丽宜居乡村"建设规划

图 8 - 20 显示，被访者中参与了村里的"美丽宜居乡村"建设规划的占48%，没有参与的占52%。

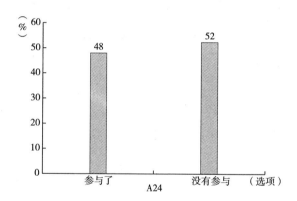

图 8 - 20　是否参与村里的"美丽宜居乡村"建设规划

（三）村民是否参与"美丽宜居乡村"建设项目

图 8 - 21 显示，被访者中很有能力参与"美丽宜居乡村"建设项目的占10%，比较有能力参与"美丽宜居乡村"建设项目的占38%，有点能力参与"美丽宜居乡村"建设项目的占38%，没有能力参与"美丽宜居乡村"建设项目的占14%。

表 8 - 15 显示，被访者中在"美丽宜居乡村"建设项目中能够出劳力的占72%，能够出资金的占3%，能够既出劳力又出资金的占2%，能够出谋划策的占7%，什么也出不了的占16%。

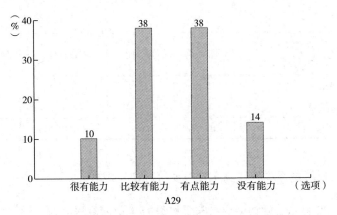

图 8 – 21　是否有能力参与"美丽宜居乡村"建设项目

表 8 – 15　参与"美丽宜居乡村"建设项目的方式

单位：次，%

A30. 您能以什么方式参与到 "美丽宜居乡村"建设项目中?	频次	百分比	有效百分比	累计百分比
出劳力	72	72	72	72
出资金	3	3	3	75
既出劳力又出资金	2	2	2	77
出谋划策	7	7	7	84
什么也出不了	16	16	16	100
总　　计	100	100	100	

　　"美丽宜居乡村"建设的参与度从参与"美丽宜居乡村"建设的意愿、项目和规划三个方面考察村民参与的意愿、参与的能力、参与的情况。由以上数据可知，愿意参与"美丽宜居乡村"建设项目的占大多数，94%的被访者参与了"美丽宜居乡村"建设项目。由于村民受教育程度较低，且没有一技之长，38%的被访者只是有点能力参与"美丽宜居乡村"建设项目，很有能力参与"美丽宜居乡村"建设项目的人数比较少。72%的被访者认为能以出劳力的方式参与到"美丽宜居乡村"建设项目中去，16%的人认为对于"美丽宜居乡村"建设项目自己什么也出不了。村民参与最多的项目依次是修路、房屋改造、环境卫生整治、垃圾处理、改水、改厕等。36%的村民认为"美丽宜居乡村"建设带来的实惠是路面整修，出行方便，由此可见，"美丽宜居乡村"建设项目不仅仅是政府层面的建设，更是以村民为主体，通过修路、房屋改造、环境卫生整治、改水、改厕等建设项目，村民也愿意

参与到"美丽宜居乡村"建设中来，参与度较高。

五 村民对"美丽宜居乡村"建设的满意度

（一）对"美丽宜居乡村"建设项目的满意度

图8-22显示，被访者中对所参加的"美丽宜居乡村"建设项目满意的占54%，比较满意的占32%，一般的占12%，不满意的占2%。

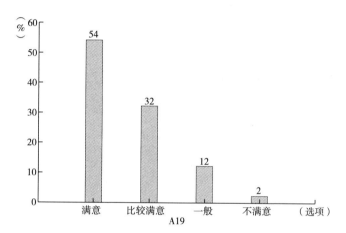

图8-22 对所参加的"美丽宜居乡村"建设项目的满意度

表8-16显示，被访者中对"美丽宜居乡村"建设最满意的方面为村容整洁的占26%，基础设施建设的占20%，村民素质提高的占12%，产业发展的占8%，文化生活丰富的占10%，宣传的占6%，村庄环境的绿化美化亮化的占8%，公共服务改善的占10%。由数据可见，村民对"美丽宜居乡村"建设最满意的依次是村容整洁、基础设施建设、村民素质提高、公共服务改善等。

表8-16 对"美丽宜居乡村"建设最满意的方面

单位：次，%

A32. 您对本村"美丽宜居乡村"建设的哪些方面最满意？	频次	百分比	有效百分比	累计百分比
产业发展	8	8	8	8
基础设施建设	20	20	20	28
文化生活丰富	10	10	10	38
宣传	6	6	6	44

续表

A32. 您对本村"美丽宜居乡村"建设的哪些方面最满意?	频次	百分比	有效百分比	累计百分比
村庄环境的绿化美化亮化	8	8	8	52
村民素质提高	12	12	12	64
公共服务改善	10	10	10	74
村容整洁	26	26	26	100
总　计	100	100	100	

(二) 对生活基础设施建设的满意度

图 8 - 23 显示,被访者中对住房满意的占 56%,比较满意的占 28%,一般的占 16%。

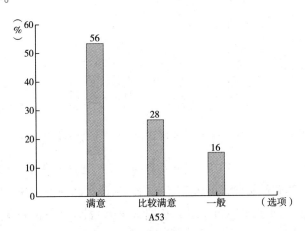

图 8 - 23　住房满意度

表 8 - 17 显示,被访者中对厕所使用满意的占 20%,比较满意的占 24%,一般的占 4%,不满意的占 52%。

表 8 - 17　厕所使用满意度

单位:次,%

A57. 您对厕所使用满意吗?	频次	百分比	有效百分比	累计百分比
满意	20	20	20	20
比较满意	24	24	24	44

续表

A57. 您对厕所使用满意吗?	频次	百分比	有效百分比	累计百分比
一般	4	4	4	48
不满意	52	52	52	100
总　计	100	100	100	

表 8-18 显示,被访者中对供水满意的占 54%,比较满意的占 32%,一般的占 10%,不满意的占 4%。

表 8-18 供水满意度

单位:次,%

A80. 您对供水满意吗?	频次	百分比	有效百分比	累计百分比
满意	54	54	54	54
比较满意	32	32	32	86
一般	10	10	10	96
不满意	4	4	4	100
总　计	100	100	100	

图 8-24 显示,被访者中对供电满意的占 68%,比较满意的占 30%,一般的占 2%。

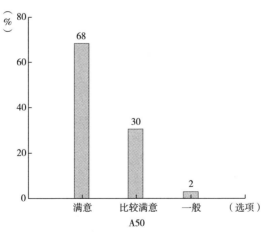

图 8-24 供电满意度

表 8-19 显示,被访者中对出行条件满意的占 30%,比较满意占 22%,一般的占 31%,不满意的占 17%。

表8-19　对出行条件的满意度

单位：次，%

A47.您对出行条件满意吗？	频次	百分比	有效百分比	累计百分比
满意	30	30	30	30
比较满意	22	22	22	52
一般	31	31	31	83
不满意	17	17	17	100
总　计	100	100	100	

表8-20显示，被访者中对公路的质量及养护满意的占27%，比较满意的占29%，一般的占26%，不满意的占18%。

表8-20　对公路的质量及养护的满意度

单位：次，%

A48.您对公路的质量及养护满意吗？	频次	百分比	有效百分比	累计百分比
满意	27	27	27	27
比较满意	29	29	29	56
一般	26	26	26	82
不满意	18	18	18	100
总　计	100	100	100	

表8-21显示，被访者中对公共交通满意的占20%，比较满意的占30%，一般的占23%，不满意的占27%。

表8-21　对公共交通的满意度

单位：次，%

A49.您对公共交通满意吗？	频次	百分比	有效百分比	累计百分比
满意	20	20	20	20
比较满意	30	30	30	50
一般	23	23	23	73
不满意	27	27	27	100
总　计	100	100	100	

表8-22显示，被访者中对通信满意的占45%，比较满意的占30%，一般的占17%，不满意的占8%。

表 8－22　对通信的满意度

单位：次，%

A54. 您对通信满意吗？（打电话、使用微信、收寄邮件、快递等）	频次	百分比	有效百分比	累计百分比
满意	45	45	45	45
比较满意	30	30	30	75
一般	17	17	17	92
不满意	8	8	8	100
总　计	100	100	100	

　　对生活基础设施建设的满意度从住房、厕所使用、供水、供电、出行条件、公路的质量及养护、公共交通、通信八个方面分满意、比较满意、一般、不满意四个层级考察。

　　被访者中对住房、供水、供电、通信满意的占比高于比较满意、一般的占比，不满意的占比低；对公路的质量及养护、公共交通比较满意的占比高于满意和一般的占比，不满意的占比较高；对出行条件一般的占比高于满意和比较满意的占比，不满意的占比达17%；对厕所使用不满意的占比高于满意和比较满意的占比。相比较而言，厕所使用满意的占比低；公共交通、公路的质量及养护、出行条件满意的占比偏低。作为生态移民村，洪水坪村持续推进基础设施建设。交通方面村级主道路全部硬化，户户通水，户户通电，改造农网，为村民提供安全的用水、用电环境。在"美丽宜居乡村"建设中，洪水坪村改造房屋、改灶，使房屋功能更加完备，住起来更加舒适。调查数据显示，42%的家庭为砖瓦房，36%的家庭为砖混房，22%的家庭为混凝土平房，村民住进了一砖到顶、有地板砖、有各种家电的砖混新房，大多数的被访者对现在的居住条件感到满意，此外，超过一半的家庭使用的生活燃料为煤。通过改厕，1297户农户已修建卫生厕所。调查数据显示，绝大多数家庭使用的厕所为房屋外土厕所，占整体的96%。有超过一半的村民对家中使用的厕所不满意。经调查了解到，虽然村里出行和通信相对方便了，道路也均已硬化，但由于没有专门去镇上的车，这对于村民尤其是学生上学来说不方便，村民收取快递也极其不方便。大多数村民生活燃料用煤，使用不方便，也易于造成污染。基础设施建设虽还不尽完善，但也给村民的生活提供了很大的便捷。村民对于本村的生活基础设施建设的满意度有了一定的提高，村民们的生活质量也有显著提高。在"美丽宜居乡村"建设中，应继续完善生活基础设施建设，解决村民之所需。

（三）对生态环境建设的满意度

表 8 - 23 显示，被访者中对空气质量满意的占 61%，比较满意的占 33%，一般的占 4%，不满意的占 2%。

表 8 - 23　对空气质量的满意度

单位：次，%

A38. 您对空气质量满意吗？	频次	百分比	有效百分比	累计百分比
满意	61	61	61	61
比较满意	33	33	33	94
一般	4	4	4	98
不满意	2	2	2	100
总　计	100	100	100	

表 8 - 24 显示，被访者中对村里生活垃圾处理满意的占 42%，比较满意的占 30%，一般的占 20%，不满意的占 8%。

表 8 - 24　对村里生活垃圾处理的满意度

单位：次，%

A41a. 您对生活垃圾处理满意吗？	频次	百分比	有效百分比	累计百分比
满意	42	42	42	42
比较满意	30	30	30	72
一般	20	20	20	92
不满意	8	8	8	100
总　计	100	100	100	

图 8 - 25 显示，被访者中对本村绿化美化亮化效果满意的占 38%，比较满意的占 34%，一般的占 28%。

图 8 - 26 显示，被访者中对本村及周边生态环境满意的占 42%，比较满意的占 34%，一般的占 24%。

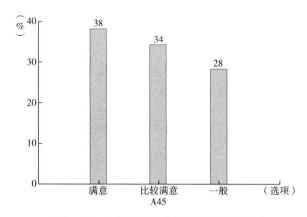

图 8-25　本村绿化美化亮化效果的满意度

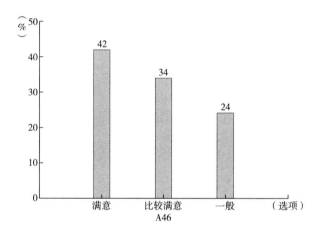

图 8-26　对本村及周边生态环境的满意度

　　对生态环境建设的满意度从空气质量、生活垃圾处理、本村的绿化美化亮化效果、本村及周边生态环境四个方面分满意、比较满意、一般、不满意四个层级考察。以上数据显示，这四个方面满意的占比均高于比较满意和一般的占比，不满意的占比低。由于村里耕地较少，所以绝大多数村民家里是不用塑料薄膜的，但使用薄膜的大多没有妥善处理，会产生少量污染。绝大多数的村民庭院中有绿化美化。对于家中生活污水的处理，多数的村民会直接将污水泼到院子里。生活污水的排放主要利用山区农村地势高、落差大的特点，利用自然高差和湿地自然净化生活污水的方式处理。村里设有垃圾收集箱，村民将生活垃圾倒在村委会指定的地点，再由村里组织村民集中运往镇垃圾处理场进行集中无害化处理，因此大多数的村民对村里的生活垃圾处理感到满意。洪水坪村无规模化畜禽养殖场，故不存在规模化畜禽养殖废弃物综合利用情况。此外，村里没有大型工厂，本村及周边生态环境良好。

（四）对社会文化建设的满意度

图 8－27 显示，被访者中对文化生活满意的占 42%，比较满意的占 20%，一般的占 36%，不满意的占 2%。

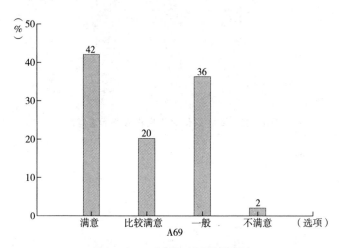

图 8－27　对文化生活的满意度

图 8－28 显示，被访者中对文化体育基础设施满意的占 34%，比较满意的占 24%，一般的占 38%，不满意的占 4%。

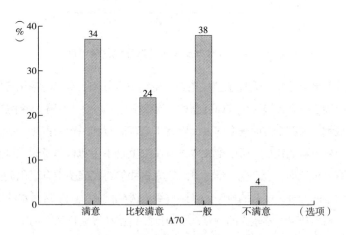

图 8－28　对文化体育基础设施的满意度

图 8－29 显示，被访者中对社会治安满意的占 56%，比较满意的占 26%，一般的占 18%。

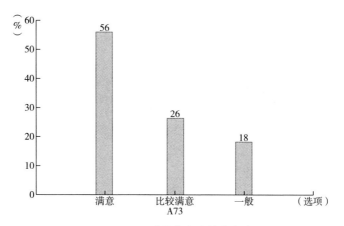

图 8 - 29　对社会治安的满意度

图 8 - 30 显示，被访者中对邻里信任的占 60%，比较信任的占 34%，一般的占 6%。

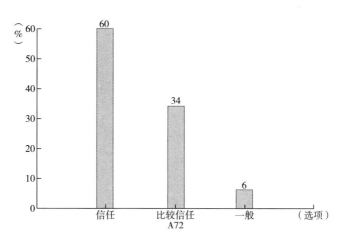

图 8 - 30　村民之间的信任度

由以上数据可知，村民整体上对村庄的文化生活还是感到满意的，38%的人觉得现有的文化体育基础设施一般，村里的社会治安良好，村民之间信任度高。

（五）对公共服务的满意度

图 8 - 31 显示，被访者中对学校教育满意的占 30%，比较满意的占 14%，一般的占 26%，不满意的占 30%。

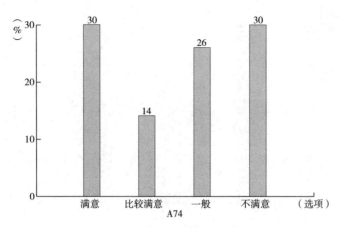

图 8 – 31   对学校教育的满意度

图 8 – 32 显示，被访者中对技能培训活动满意的占 46%，比较满意的占 14%，一般的占 30%，不满意的占 10%。

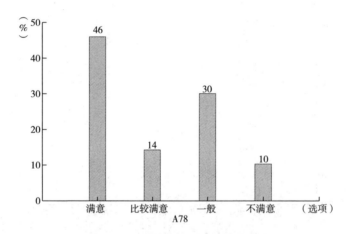

图 8 – 32   对技能培训活动的满意度

图 8 – 33 显示，被访者中对医疗卫生条件满意的占 24%，比较满意的占 24%，一般的占 30%，不满意的占 22%。

图 8 – 34 显示，被访者中对新型农村合作医疗保险政策满意的占 68%，比较满意的占 16%，一般的占 14%，不满意的占 2%。

图 8 – 35 显示，被访者中对养老保险政策满意的占 78%，比较满意的占 16%，一般的占 4%，不满意的占 2%。

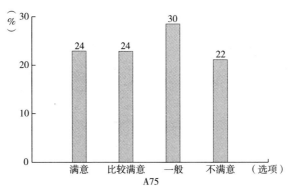

图 8 - 33　对医疗卫生条件的满意度

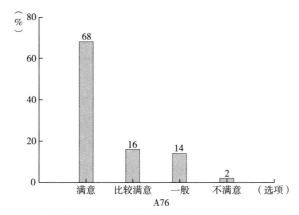

图 8 - 34　对新型农村合作医疗保险政策的满意度

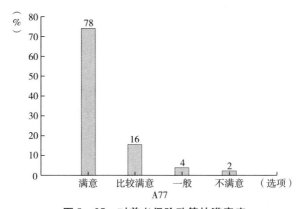

图 8 - 35　对养老保险政策的满意度

表 8 - 25 显示，被访者中对社会保障政策满意的占 60%，比较满意的占 16%，一般的占 18%，不满意的占 6%。

表 8 – 25 对社会保障政策的满意度

单位：次，%

A79. 您对目前社会保障政策满意吗？	频次	百分比	有效百分比	累计百分比
满意	60	60	60	60
比较满意	16	16	16	76
一般	18	18	18	94
不满意	6	6	6	100
总　计	100	100	100	

对公共服务的满意度从学校教育、技能培训、医疗卫生条件、医疗保险、养老保险、社会保障六个方面分满意、比较满意、一般、不满意四个层级考察。由以上数据可知，技能培训、医疗保险、养老保险、社会保障满意的占比高于比较满意和一般的占比，不满意的占比低；医疗卫生条件一般的占比高于满意、比较满意的占比，不满意的占比达 22%；学校教育虽然满意的占比高于比较满意和一般的占比，但不满意的占比达 30%。由于村里只有幼儿园，所以较大一点的孩子上小学、初中要去距离村庄比较远的镇或县上，村民会觉得不方便。村里的卫生院只能买点小药，看看小病，当遇到其他比较大的疾病时，只能到镇上或者县上，大多数村民对于大医院的一些看病流程并不太熟悉，所以对于村民来说改善村里的医疗卫生条件尤为重要。社会公共服务为村民的生活提供了必要的保障，一定程度上解决了村民的后顾之忧。在学校教育、医疗卫生等公共服务上应继续加大力度，解决村民之所需。

（六）对民主政治建设的满意度

图 8 – 36 显示，被访者中对民主政治建设满意的占 48%，比较满意的占 32%，一般的占 18%，不满意的占 2%。

图 8 – 37 显示，被访者中对村委会干部的工作和服务满意的占 26%，比较满意的占 32%，一般的占 36%，不满意的占 6%。

由以上数据可知，民主政治建设满意的占比高于比较满意和一般的占比，不满意的占比低；村委会干部的工作和服务一般的占比高于满意和比较满意的占比，不满意的占比低。因此，村委会干部应提高自己的工作效率和服务水平，加强与村民之间的交流，顺民意，更好地推动"美丽宜居乡村"

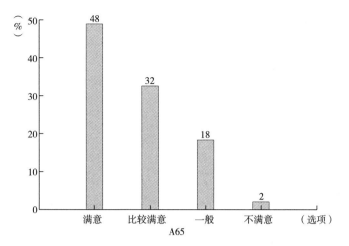

图 8 – 36 对民主政治建设的满意度

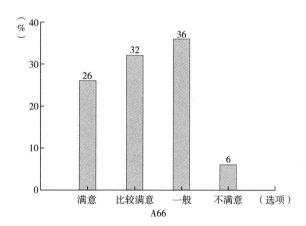

图 8 – 37 对村委会干部的工作和服务的满意度

建设的发展。

六 洪水坪村"美丽宜居乡村"建设中的不足和加快发展的建议

（一）"美丽宜居乡村"建设中的不足

图 8 – 38 显示，被访者中认为"美丽宜居乡村"建设中有不足的占 84%，没有不足的占 16%。

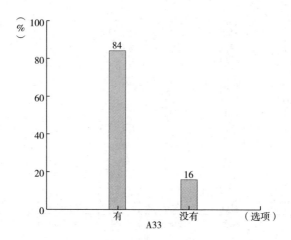

图 8 - 38 "美丽宜居乡村"建设中是否有不足

表 8 - 26 显示，被访者中认为"美丽宜居乡村"建设中的不足是道路建设的占 32%，生活污水处理的占 26%，生活垃圾处理的占 10%，物业服务的占 10%，产业发展的占 2%，公共服务的占 12%，供水的占 8%。

表 8 - 26　"美丽宜居乡村"建设中的不足

单位：次，%

A34. 您认为"美丽宜居乡村"建设中的不足是什么？	频次	百分比	有效百分比	累计百分比
道路建设	32	32	32	32
供水	8	8	8	40
生活污水处理	26	26	26	66
生活垃圾处理	10	10	10	76
物业服务	10	10	10	86
产业发展	2	2	2	88
公共服务	12	12	12	100
总　计	100	100	100	

（二）"美丽宜居乡村"建设中最大的困难

表 8 - 27 显示，被访者中认为"美丽宜居乡村"建设最大的困难是资金

不足的占 68%，规划不合理的占 8%，技术不足的占 10%，人员不足的占 2%，村民观念滞后的占 12%。

表 8-27 "美丽宜居乡村"建设最大的困难

单位：次，%

A35. 您认为"美丽宜居乡村"建设最大的困难是什么？	频次	百分比	有效百分比	累计百分比
资金不足	68	68	68	68
规划不合理	8	8	8	76
技术不足	10	10	10	86
人员不足	2	2	2	88
村民观念滞后	12	12	12	100
总　计	100	100	100	

（三）"美丽宜居乡村"建设中最关心的问题和对未来的期望

表 8-28 显示，被访者中最关心的问题和对未来的期望为增加收入，提高生活水平的占 12%；孩子上学的占 10%；就业的占 6%；基础设施更加完善的占 8%；生态环境更加优美的占 24%；村务民主公开的占 2%；提高村民素质，村风文明的占 4%；村里文化生活更加丰富的占 14%；获得资金支持的占 20%。

表 8-28 村民最关心的问题和对未来的期望

单位：次，%

A37. "美丽宜居乡村"建设中您最关心的问题和对未来的期望是什么？	频次	百分比	有效百分比	累计百分比
增加收入，提高生活水平	12	12	12	12
孩子上学	10	10	10	22
就业	6	6	6	28
基础设施更加完善	8	8	8	36
生态环境更加优美	24	24	24	60
村务民主公开	2	2	2	62
提高村民素质，村风文明	4	4	4	66
村里文化生活更加丰富	14	14	14	80
获得资金支持	20	20	20	100
总　计	100	100	100	

（四）加快本村经济发展的措施

表8-29显示，被访者中关于加快本村经济发展的措施认为发展绿色有机食品的生产的占6%；发展"农家乐"等休闲旅游业的占54%；促进本村特色产品规模生产，打造特色品牌的占6%；鼓励村民创业，并提供创业资金支持的占20%；招商引资，鼓励企业投资本村，带动经济发展的占14%。

表8-29 加快本村经济发展的措施

单位：次，%

A59. 您认为加快本村经济发展的措施是什么？	频次	百分比	有效百分比	累计百分比
1	6	6	6	6
2	54	54	54	60
3	6	6	6	66
4	20	20	20	86
5	14	14	14	100
总　计	100	100	100	

注：1. 发展绿色有机食品的生产；2. 发展"农家乐"等休闲旅游业；3. 促进本村特色产品规模生产，打造特色品牌；4. 鼓励村民创业，并提供创业资金支持；5. 招商引资，鼓励企业投资本村，带动经济发展。

以上数据显示，84%的村民表示"美丽宜居乡村"建设有不足的方面，如道路建设、供水、生活污水处理、生活垃圾处理、物业服务等方面。"美丽宜居乡村"建设中最大的困难是资金不足。在"美丽宜居乡村"建设中，村民最关心的问题和对未来的期望首先是生态环境更加优美。其后依次为获得资金支持；村里文化生活更加丰富；增加收入，提高生活水平；孩子上学；基础设施更加完善；就业；等等。大多数村民认为加快本村经济发展的主要措施首先是发展"农家乐"等休闲旅游业，占有效样本的54%。其后依次是鼓励村民创业，并提供创业资金支持；招商引资，鼓励企业投资本村，带动经济发展；发展绿色有机食品的生产；促进本村特色产品规模生产，打造特色品牌。因此，应有计划、有针对性地采取措施加快本村的发展。

小　结

洪水坪村的发展得益于乡村能人的带动。依靠能人带动，农民从深山搬迁至洪水坪村；依靠能人带动发展劳务经济，村民摆脱贫困走向富裕。

洪水坪村在生态移民村建设的基础上推进"美丽宜居乡村"建设，从房屋改造、改水、改厕、修路、生活垃圾处理、生活污水处理、环境卫生整治等方面着手改善人居环境和生态环境。被访者认为"美丽宜居乡村"的"美"最应该体现在人居环境美和生态环境美；对"美丽宜居乡村"建设有一定的认知，能够积极参与到"美丽宜居乡村"建设中。对生活基础设施建设、生态环境建设、社会文化建设、公共服务和民主政治建设总体上是满意的。被访者中对"美丽宜居乡村"建设最满意的依次是村容整洁、基础设施建设、村民素质提高、公共服务改善等。84%的被访者表示"美丽宜居乡村"建设中有不足的方面，如道路建设、生活污水处理、生活垃圾处理等方面，尤其对厕所使用的不满意率高达52%，基础设施还不够完善，目前村里只有幼儿园，更好地解决孩子们的上学问题，也是村民最关心的问题之一，说明"美丽宜居乡村"建设还有很大的提升空间。68%的被访者认为最大的困难是资金不足，最关心的问题和对未来的期望是生态环境更加优美、获得资金支持。大多数村民认为加快本村经济发展的主要措施首先是发展"农家乐"等休闲旅游业，占有效样本的54%。其后依次是鼓励村民创业，并提供创业资金支持；招商引资，鼓励企业投资本村，带动经济发展；等等。因此，应有计划、有针对性地采取措施加快本村的建设和发展。

第九章　丰泽村"美丽宜居乡村"建设调查

一　基本情况

丰泽村位于宁夏回族自治区固原市原州区西北部黄铎堡镇，是2011年闽宁对口合作援建项目、"十二五"县内生态移民安置点。丰泽村主要搬迁本镇地质灾害危险点张家山、羊圈堡等村群众，回族占多数。搬迁统一规划、统一建设，每户54平方米住房，水、电、路网等基础设施一应俱全。而这样的居住环境，每家只需交12800元，其余都是国家补贴的。2019年全村241户908人。2014年，丰泽村整体脱贫，成为原州区第一批脱贫销号村，先后获得自治区"民族团结进步创建活动示范村"、自治区"文明村"等荣誉称号。

本次调查丰泽村，选取样本后入户发放问卷100份，样本回收数量为100份，样本的有效率为100%。在100份样本中，男性占48%，女性占52%。回族占98%，其他民族占2%。样本中在18～30岁的人居多，其所占比例为52%，在30～40岁的占16%，在40～60岁的占18%，在60岁及以上的占14%。具有初中学历的人数比例为44%，而具有小学学历的人数比例为22%，文盲人数比例为22%，高中或中专学历人数比例为6%，大专学历人数比例为4%，本科及以上学历人数比例为2%。

二　"美丽宜居乡村"建设情况

（一）经济建设

表9-1显示，被访者中无业的占21%，务农的占53%，当地打工的占10%，外地打工的占4%，在读学生的占12%。

表9－1　职业状况

单位：次，%

A5. 您目前从事的职业是？	频次	百分比	有效百分比	累计百分比
无业	21	21	21	21
务农	53	53	53	74
当地打工	10	10	10	84
外地打工	4	4	4	88
在读学生	12	12	12	100
总　　计	100	100	100	

表9－2显示，被访者中家庭人均年收入在2000元及以下的占38%，在2001～4000元的占10%，在4001～6000元的占26%，在6001～8000元的占14%，在8000元以上的占12%。

表9－2　家庭人均年收入

单位：次，%

A6. 您家庭去年（2018年）人均年收入能达到多少？	频次	百分比	有效百分比	累计百分比
2000元及以下	38	38	38	38
2001～4000元	10	10	10	48
4001～6000元	26	26	26	74
6001～8000元	14	14	14	88
8000元以上	12	12	12	100
总　　计	100	100	100	

表9－3显示，被访者中家庭主要收入来源是种植业产出的占26%，养殖业产出的占38%，外出打工所得（泥水工、环卫等职业）的占30%，兼业（种植和打工）的占2%，个体商户（做买卖）的占4%。

表9－3　家庭主要收入来源

单位：次，%

A7. 您家庭主要收入来源是？	频次	百分比	有效百分比	累计百分比
种植业产出	26	26	26	26
养殖业产出	38	38	38	64

A7. 您家庭主要收入来源是?	频次	百分比	有效百分比	累计百分比
外出打工所得（泥水工、环卫等职业）	30	30	30	94
兼业（种植和打工）	2	2	2	96
个体商户（做买卖）	4	4	4	100
总　计	100	100	100	

由以上数据可知，丰泽村家庭收入主要来源是种植业产出、养殖业产出和外出打工所得（泥水工、环卫等职业）。人均年收入在 8000 元以上的占 12%，在 6001~8000 元的占 14%，在 4001~6000 元的占 26%，在 2001~4000 元的占 10%，在 2000 元及以下的占 38%。

（二）人居环境建设

表9-4 显示，被访者中住房为砖瓦房的占 54%，为砖混房的占 35%，为混凝土平房的占 9%，为土坯房的占 2%。

表9-4　住房类型

单位：次，%

A51. 您的住房是?	频次	百分比	有效百分比	累计百分比
砖瓦房	54	54	54	54
砖混房	35	35	35	89
混凝土平房	9	9	9	98
土坯房	2	2	2	100
总　计	100	100	100	

表9-5 显示，被访者中家庭庭院有绿化美化的占 75%，没有绿化美化的占 25%。

表9-5　庭院是否有绿化美化

单位：次，%

A52. 您家的庭院有绿化美化吗?	频次	百分比	有效百分比	累计百分比
有	75	75	75	75
没有	25	25	25	100
总　计	100	100	100	

表9－6显示，被访者中生活燃料使用煤的占11%，使用气的占8%，使用电的占17%，使用柴火的占64%。

表9－6　生活燃料使用情况

单位：次，%

A55. 您家里使用的生活燃料是?	频次	百分比	有效百分比	累计百分比
煤	11	11	11	11
气	8	8	8	19
电	17	17	17	36
柴火	64	64	64	100
总　计	100	100	100	

表9－7显示，被访者家中使用蹲便器冲水厕所的占43%，使用房屋内冲水马桶的占27%，使用房屋外冲水厕所的占18%，使用房屋外土厕所的占12%。

表9－7　厕所使用

单位：次，%

A56. 您家使用的厕所是?	频次	百分比	有效百分比	累计百分比
蹲便器冲水厕所	43	43	43	43
房屋内冲水马桶	27	27	27	70
房屋外冲水厕所	18	18	18	88
房屋外土厕所	12	12	12	100
总　计	100	100	100	

以上数据显示，丰泽村村民住房主要是砖瓦房和砖混房；大部分家庭的庭院会种植一些绿植；生活燃料以柴火居多，其次是电和煤；厕所多为蹲便器冲水厕所。

（三）生态环境建设

表9－8显示，被访者中将生活污水泼到院子里的占43%，浇到田地里的占11%，通过下水道排到屋外的占41%，其他的占5%。

表9-8 生活污水处理方式

单位：次，%

A39. 您家里生活污水的处理方式是？	频次	百分比	有效百分比	累计百分比
泼到院子里	43	43	43	43
浇到田地里	11	11	11	54
通过下水道排到屋外	41	41	41	95
其他	5	5	5	100
总　计	100	100	100	

表9-9显示，被访者中将生活垃圾扔到田地里的占21%，投进垃圾收集箱的占69%，投进公共垃圾处理区的占3%，其他的占7%。

表9-9 生活垃圾处理方式

单位：次，%

A40. 您家里的生活垃圾怎样处理？	频次	百分比	有效百分比	累计百分比
扔到田地里	21	21	21	21
投进垃圾收集箱	69	69	69	90
投进公共垃圾处理区	3	3	3	93
其他	7	7	7	100
总　计	100	100	100	

表9-10显示，被访者中将农用薄膜混同生活垃圾扔进垃圾箱的占33%，直接丢弃在田地里的占41%，从田地取出后随意弃置的占22%，家里不用薄膜的占4%。

表9-10 农用薄膜处理方式

单位：次，%

A42. 您家农业生产用薄膜怎样处理？	频次	百分比	有效百分比	累计百分比
混同生活垃圾扔进垃圾箱	33	33	33	33
直接丢弃在田地里	41	41	41	74
从田地取出后随意弃置	22	22	22	96

续表

A42. 您家农业生产用薄膜怎样处理？	频次	百分比	有效百分比	累计百分比
家里不用薄膜	4	4	4	100
总　计	100	100	100	

以上数据显示，生活污水泼到院子里的居多，占43%；其次是通过下水道排到屋外，占41%；浇到田地里的占11%；其他的占5%。可见本村的污水处理方式较多，也比较分散，没有统一的处理方式。村里设有垃圾收集箱和公共垃圾处理区，可将生活垃圾投进垃圾收集箱和公共垃圾处理区。将农用薄膜混同生活垃圾扔进垃圾箱的占33%，直接丢弃在田地里的占41%，从田地取出后随意弃置的占22%。可见，农用薄膜的处理方式不够妥当，会造成污染。

（四）社会文化建设

表9-11显示，被访者中经常做的日常文化娱乐活动是看电视的占43%，看书或看报的占12%，玩手机的占24%，玩电脑的占4%，看戏或看电影的占7%，打球等体育运动的占6%，KTV唱歌的占4%。

表9-11　日常文化娱乐活动

单位：次，%

A67. 您最经常做的日常文化娱乐活动是什么？	频次	百分比	有效百分比	累计百分比
看电视	43	43	43	43
看书或看报	12	12	12	55
玩手机	24	24	24	79
玩电脑	4	4	4	83
看戏或看电影	7	7	7	90
打球等体育运动	6	6	6	96
KTV唱歌	4	4	4	100
总　计	100	100	100	

表9-12显示，被访者中认为本村很少开展公共文化活动的占42%，本村只在某些节日开展公共文化活动的占27%，本村从未开展公共文化活动的占10%，本村经常开展公共文化活动而且内容丰富多样的占21%。

表9-12 公共文化活动

单位：次，%

A68. 本村经常开展各种公共文化活动吗？	频次	百分比	有效百分比	累计百分比
本村很少开展公共文化活动	42	42	42	42
本村只在某些节日开展公共文化活动	27	27	27	69
本村从未开展公共文化活动	10	10	10	79
本村经常开展公共文化活动而且内容丰富多样	21	21	21	100
总　计	100	100	100	

表9-13显示，被访者中在日常生活和工作中没有遇到过矛盾纠纷的占50%，遇到家庭婚姻矛盾的占23%，邻里矛盾的占12%，医疗纠纷的占2%，债务纠纷的占3%，农村土地权属纠纷的占2%，征地差钱补偿安置纠纷的占2%，和村干部闹矛盾的占6%。

表9-13 日常矛盾纠纷

单位：次，%

A71. 在日常生活和工作中，您遇到过哪些矛盾纠纷？（可多选）	频次	百分比	有效百分比	累计百分比
家庭婚姻矛盾	23	23	23	23
邻里矛盾	12	12	12	35
医疗纠纷	2	2	2	37
债务纠纷	3	3	3	40
农村土地权属纠纷	2	2	2	42
征地差钱补偿安置纠纷	2	2	2	44
和村干部闹矛盾	6	6	6	50
没有遇到过	50	50	50	100
总　计	100	100	100	

表9-14显示，被访者中对邻里信任的占54%，比较信任的占42%，不信任的占2%，一般的占2%。

表 9 - 14 村民之间的信任度

单位：次，%

A72. 您对邻里的信任程度如何？	频次	百分比	有效百分比	累计百分比
信任	54	54	54	54
比较信任	42	42	42	96
一般	2	2	2	98
不信任	2	2	2	100
总　计	100	100	100	

以上数据显示，村民经常做的日常文化娱乐活动主要是看电视、玩手机，村里也会组织一些公共文化活动。50%的村民在日常生活和工作中没有遇到过矛盾纠纷，出现矛盾纠纷较多的是家庭婚姻矛盾和邻里矛盾。村民之间的信任度很高，占96%。

（五）民主政治建设

表 9 - 15 显示，被访者中认为村里的重大事项是经过村民代表讨论后决定的占24%，有的事项是经过村民代表讨论后决定的占67%，村里的重大事项不是经过村民代表讨论后决定的占5%，不知道的占4%。

表 9 - 15 村里重大事项的决策

单位：次，%

A64. 您所在社区里（村）的重大事项是否经过村民代表讨论后决定？	频次	百分比	有效百分比	累计百分比
是	24	24	24	24
有的事项是	67	67	67	91
不是	5	5	5	96
不知道	4	4	4	100
总　计	100	100	100	

表 9 - 16 显示，被访者中认为"美丽宜居乡村"建设规划有征求过村民意见的占36%，没有征求过村民意见的占24%，不知道的占40%。

表9-16 "美丽宜居乡村"建设规划是否征求过村民意见

单位：次，%

A25. 您村里的"美丽宜居乡村"建设规划有征求过村民的意见吗？	频次	百分比	有效百分比	累计百分比
有	36	36	36	36
没有	24	24	24	60
不知道	40	40	40	100
总　计	100	100	100	

表9-17显示，被访者中愿意为村里的发展出谋划策的占57%，不愿意的占35%，不关心的占8%。

表9-17 是否愿意为村里的发展出谋划策

单位：次，%

A63. 您愿意为村里的发展出谋划策吗？	频次	百分比	有效百分比	累计百分比
愿意	57	57	57	57
不愿意	35	35	35	92
不关心	8	8	8	100
总　计	100	100	100	

以上数据表明，村里的重大事项基本能够经过村民代表讨论后决定，但是村里的"美丽宜居乡村"建设规划有征求过村民意见的占36%，没有征求过村民意见的占24%，不知道的占40%。被访者愿意为村里的发展出谋划策的占57%，不愿意的占35%，不关心的占8%。

丰泽村家庭收入主要来源于种植业产出、养殖业产出和外出打工所得（泥水工、环卫等职业）。若以人均年收入在4000元及以下为低收入者，在4001~8000元为中等收入者，在8000元以上为高收入者，则人均年收入在4000元及以下的占48%，在4001~8000元的占40%，在8000元以上的占12%，有近五成的低收入者。村民住房主要是砖瓦房和砖混房；生活燃料以柴火居多，其次是电和煤。污水处理方式较多，也比较分散，没有统一的处理方式。村里设有垃圾收集箱和公共垃圾处理区，可将生活垃圾投进垃圾收集箱和公共垃圾处理区。农用薄膜的处理不够妥当，会造成污染。村民经常做的日常文化娱乐活动主要是看电视、玩手机，村里也会组织一些公共文化活动。50%的村民在日常生活和工作中没有遇到过矛盾纠纷，出现矛盾纠纷较多的是家庭婚姻矛盾和邻里矛盾。村民之间的信任度很高，占96%。作为东西合作的移民村，丰泽村在移民重建和"美丽宜居乡村"建设中逐步积累出本村的特色和优势。

1. 发展种养殖业

在政府帮助下，丰泽村移民每户配套1个不到一亩地的日光温室或者蔬菜拱棚、半亩庭院经济，建成设施农业园区，种植玉米、芹菜、黄瓜、西红柿、马铃薯等蔬菜。种植大户联合起来成立了瓜果蔬菜种销专业合作社，合作社是农产品流通基地和种植技术培训中心，通过"基地＋公司＋农户"的模式，扩大销售，促进增收。作为易地扶贫支持产业建有永久性蔬菜基地、蔬菜标准化示范基地，着力打造反季销售的蔬菜、瓜果精品品牌。移民以前在山里靠天吃饭，搬迁后开始学习种植技术。农科院固原分院扶贫工作小队组织温棚栽种技术培训，在全村普及温棚种植技术。自2016年起，丰泽村开展瓜菜交流会。冷凉蔬菜已经发展成为丰泽村的特色，两箱黄瓜收入500多元。在搞好种植的同时，养殖业也成为群众增收致富的重要产业。在政府帮助下，每户配套1个牛棚。目前，全村基础母牛存栏量达到330头，羊存栏量有670多只。所以，丰泽村未来规划重点发展特色农业、特色农产品精深加工和农村电商等，提高农业综合附加值。

2. 发展劳务产业

搬迁后，方便丰泽村剩余劳动力在周边兼业、务工。政府也组织剩余劳动力外出务工，以增加收入，尤其是贫困户，向外输出至少一个劳动力，保证贫困户能有稳定适中的收入。比如组织村民去青海摘枸杞，几个月可收入近万元。

3. 发展休闲旅游业

丰泽村可以利用周边的旅游资源，发展"农家乐"等休闲旅游业。丰泽村附近有固原博物馆、须弥山石窟、固原孔子文化馆、宁夏秦长城遗址等旅游景点，有原州马铃薯、原州油用亚麻、固原葵花、宁夏甘草、张易马铃薯等特产。在"美丽宜居乡村"建设中，将丰泽村纳入固原全域旅游规划中，推动特色旅游产业发展，可以加强丰泽村的经济、生态和人文建设。

三　村民对"美丽宜居乡村"建设的认知度

（一）对"美丽宜居乡村"建设内涵的认知

表9－18显示，被访者中认为"美丽宜居乡村"的"美"最应该体现在

人居环境美的占38%，生态环境美的占23%，产业经济发展好的占17%，思想观念美的占12%，公共服务好的占10%。可见，"美丽宜居乡村"的"美"最应该体现在人居环境美和生态环境美。

表9-18 对"美丽宜居乡村"中"美"的认知

单位：次，%

A31. 您认为"美丽宜居乡村"的"美"最应该体现在哪里？	频次	百分比	有效百分比	累计百分比
人居环境美	38	38	38	38
生态环境美	23	23	23	61
公共服务好	10	10	10	71
思想观念美	12	12	12	83
产业经济发展好	17	17	17	100
总　计	100	100	100	

（二）对"美丽宜居乡村"建设政策的认知

表9-19显示，被访者中认为"美丽宜居乡村"建设与自己、自己的家庭有关系的占92%，认为与自己、自己的家庭没有关系的占8%。

表9-19 "美丽宜居乡村"建设与您、您家是否有关

单位：次，%

A15. "美丽宜居乡村"建设与您、您家有没有关系？	频次	百分比	有效百分比	累计百分比
有	92	92	92	92
没有	8	8	8	100
总　计	100	100	100	

表9-20显示，被访者中知道"美丽宜居乡村"建设政策的占26%，听说过的占43%，不知道的占27%，不关心的占4%。

表9-20　是否知道"美丽宜居乡村"建设政策

单位：次，%

A10. 您知道"美丽宜居乡村"建设的政策吗？	频次	百分比	有效百分比	累计百分比
知道	26	26	26	26
听说过	43	43	43	69
不知道	27	27	27	96
不关心	4	4	4	100
总　计	100	100	100	

（三）对"美丽宜居乡村"建设内容的认知

表9-21显示，被访者中知道"美丽宜居乡村"建设内容的占24%，听说过的占32%，不知道的占42%，不关心的占2%。

表9-21　是否知道"美丽宜居乡村"建设内容

单位：次，%

A12. 您知道"美丽宜居乡村"建设的内容吗？	频次	百分比	有效百分比	累计百分比
知道	24	24	24	24
听说过	32	32	32	56
不知道	42	42	42	98
不关心	2	2	2	100
总　计	100	100	100	

（四）对"美丽宜居乡村"建设项目的认知

表9-22显示，被访者中知道"美丽宜居乡村"建设项目的占18%，听说过的占37%，不知道的占43%，不关心的占2%。

表9-22 是否知道"美丽宜居乡村"建设项目

单位：次，%

A13. 您知道"美丽宜居乡村"建设的项目吗？	频次	百分比	有效百分比	累计百分比
知道	18	18	18	18
听说过	37	37	37	55
不知道	43	43	43	98
不关心	2	2	2	100
总　计	100	100	100	

（五）对"美丽宜居乡村"建设规划的认知

表9-23显示，被访者中认为村里有"美丽宜居乡村"建设规划的占37%，没有的占18%，不知道的占45%。

表9-23 村里有没有"美丽宜居乡村"建设规划

单位：次，%

A22. 您村里有"美丽宜居乡村"建设规划吗？	频次	百分比	有效百分比	累计百分比
有	37	37	37	37
没有	18	18	18	55
不知道	45	45	45	100
总　计	100	100	100	

表9-24显示，被访者中了解村里的"美丽宜居乡村"建设规划的占34%，不了解的占66%。

表9-24 是否了解村里的"美丽宜居乡村"建设规划

单位：次，%

A23. 您了解村里的"美丽宜居乡村"建设规划吗？	频次	百分比	有效百分比	累计百分比
了解	34	34	34	34
不了解	66	66	66	100
总　计	100	100	100	

表9-25显示，被访者中认为村里的"美丽宜居乡村"建设规划合理的占26%，比较合理的占38%，一般的占6%，不太合理的占2%，很不合理的占28%。

表9-25 村里的"美丽宜居乡村"建设规划是否合理

单位：次，%

A26. 您觉得村里的"美丽宜居乡村"建设规划合理吗？	频次	百分比	有效百分比	累计百分比
合理	26	26	26	26
比较合理	38	38	38	64
一般	6	6	6	70
不太合理	2	2	2	72
很不合理	28	28	28	100
总　计	100	100	100	

表9-26显示，被访者中认为"美丽宜居乡村"建设项目能够按照建设规划执行的占12%，大部分能够按照建设规划执行的占45%，小部分能够按照建设规划执行的占13%，不能按照建设规划执行的占30%。

表9-26 "美丽宜居乡村"建设项目是否能够按照规划执行

单位：次，%

A27. 您觉得村里的建设项目能够按照"美丽宜居乡村"建设规划执行吗？	频次	百分比	有效百分比	累计百分比
能够	12	12	12	12
大部分能够	45	45	45	57
小部分能够	13	13	13	70
不能	30	30	30	100
总　计	100	100	100	

（六）对"美丽宜居乡村"建设主体的认知

表9-27显示，被访者中认为"美丽宜居乡村"建设应该由政府主导的占40%，认为"美丽宜居乡村"建设应该由村民主导的占9%，认为应该由政府主导、村民参与的占48%，认为应该由村民主导、政府参与的占3%。

表 9 - 27   "美丽宜居乡村"建设的主体

单位：次，%

A36. 您认为"美丽宜居乡村"建设应该由谁来主导？	频次	百分比	有效百分比	累计百分比
政府	40	40	40	40
村民	9	9	9	49
政府主导、村民参与	48	48	48	97
村民主导、政府参与	3	3	3	100
总　计	100	100	100	

对"美丽宜居乡村"建设认知度的考察分三个层面，一是对"美丽宜居乡村"建设内涵的认知，二是对"美丽宜居乡村"建设政策、内容、项目、规划知道与否的认知，三是对"美丽宜居乡村"建设规划、主体认知的程度。由以上数据可知，被访者中认为"美丽宜居乡村"的"美"最应该体现在人居环境美的占38%，生态环境美的占23%，产业经济发展好的占17%，思想观念美的占12%，公共服务好的占10%。可见，"美丽宜居乡村"的"美"最应该体现在人居环境美和生态环境美。被访者中对"美丽宜居乡村"建设的政策听说过的占比高于不知道和知道的占比；对"美丽宜居乡村"建设的内容、项目不知道的占比高于听说过的占比，也高于知道的占比，还有少量不关心的。被访者中认为"美丽宜居乡村"建设与自己、自己的家庭有关系的占92%，还有8%的人认为与自己、自己的家庭无关。34%的人了解村里的"美丽宜居乡村"建设规划，66%的人不了解村里的"美丽宜居乡村"建设规划。被访者中认为村里的"美丽宜居乡村"建设规划合理的占26%，比较合理的占38%，认为很不合理的占28%。被访者中认为村里的"美丽宜居乡村"建设项目能够按照建设规划执行的占12%，大部分能够按照建设规划执行的占45%，小部分能够按照建设规划执行的占13%，不能按照建设规划执行的占30%。被访者中认为"美丽宜居乡村"建设应该由政府主导的占40%，认为"美丽宜居乡村"建设应该由村民主导的占9%，认为"美丽宜居乡村"建设应该由政府主导、村民参与的占48%，认为"美丽宜居乡村"建设应该由村民主导、政府参与的占3%。由认知度调查数据可知，丰泽村村民对"美丽宜居乡村"建设有一些了解，还有近半数村民对"美丽宜居乡村"建设比较模糊甚至不知道，说明村民在"美丽宜居乡村"建设方面的认知度偏低，对政府的依赖性强，也说明村里对"美丽宜居乡村"建设

政策的宣传比较薄弱。

四 村民对"美丽宜居乡村"建设的参与度

（一）村民参与"美丽宜居乡村"建设的意愿

表9-28显示，被访者中认为所有人都愿意参与"美丽宜居乡村"建设项目的占20%，大部分愿意参与"美丽宜居乡村"建设项目的占76%，小部分愿意参与"美丽宜居乡村"建设项目的占2%，不愿意参与的占2%。

表9-28 村民是否愿意参与"美丽宜居乡村"建设项目

单位：次，%

A14. 据您所知，村民愿意参与"美丽宜居乡村"建设项目吗？	频次	百分比	有效百分比	累计百分比
所有人都愿意	20	20	20	20
大部分愿意	76	76	76	96
小部分愿意	2	2	2	98
不愿意	2	2	2	100
总　计	100	100	100	

表9-29显示，被访者中愿意参与"美丽宜居乡村"建设项目的占42%，比较愿意参与"美丽宜居乡村"建设项目的占54%，不愿意参与的占2%，不关心的占2%。

表9-29 是否愿意参与"美丽宜居乡村"建设项目

单位：次，%

A28. 您愿意参与到"美丽宜居乡村"建设项目中吗？	频次	百分比	有效百分比	累计百分比
愿意	42	42	42	42
比较愿意	54	54	54	96
不愿意	2	2	2	98
不关心	2	2	2	100
总　计	100	100	100	

（二）村民是否参与"美丽宜居乡村"建设规划

表9-30显示，被访者中参与了"美丽宜居乡村"建设规划的占40%，没有参与的占60%。

表9-30　是否参与"美丽宜居乡村"建设规划

单位：次，%

A24. 您参与"美丽宜居乡村" 建设规划了吗？	频次	百分比	有效百分比	累计百分比
参与了	40	40	40	40
没有参与	60	60	60	100
总　计	100	100	100	

（三）村民是否参与"美丽宜居乡村"建设项目

表9-31显示，被访者中很有能力参与"美丽宜居乡村"建设项目的占8%，比较有能力参与的占20%，有点能力参与的占48%，没有能力参与的占24%。

表9-31　是否有能力参与"美丽宜居乡村"建设项目

单位：次，%

A29. 您有能力参与到"美丽宜居乡村" 建设项目中吗？	频次	百分比	有效百分比	累计百分比
很有能力	8	8	8	8
比较有能力	20	20	20	28
有点能力	48	48	48	76
没有能力	24	24	24	100
总　计	100	100	100	

表9-32显示，在"美丽宜居乡村"建设项目中，被访者中能出劳力的占52%，既出劳力又出资金的占16%，出谋划策的占8%，什么也出不了的占24%。

表 9 - 32　能以什么方式参与到"美丽宜居乡村"建设项目中

单位：次，%

A30. 您能以什么方式参与到"美丽宜居乡村"建设项目中？	频次	百分比	有效百分比	累计百分比
出劳力	52	52	52	52
既出劳力又出资金	16	16	16	68
出谋划策	8	8	8	76
什么也出不了	24	24	24	100
总　计	100	100	100	

表 9 - 33 显示，被访者中参与了修路的占 18%，房屋改造的占 18%，改圈的占 28%，庭院改造的占 6%，改水的占 4%，改厨房的占 4%，改厕的占 2%，垃圾处理的占 6%，环境绿化美化的占 8%，环境卫生整治的占 6%。

表 9 - 33　参与的"美丽宜居乡村"建设项目

单位：次，%

A18. 您家参与了"美丽宜居乡村"建设的哪些项目？	频次	百分比	有效百分比	累计百分比
修路	18	18	18	18
房屋改造	18	18	18	36
改水	4	4	4	40
改厕	2	2	2	42
改厨房	4	4	4	46
改圈	28	28	28	74
庭院改造	6	6	6	80
垃圾处理	6	6	6	86
环境卫生整治	6	6	6	92
环境绿化美化	8	8	8	100
总　计	100	100	100	

表 9 - 34 显示，被访者中没有参加"美丽宜居乡村"建设的其他项目是因为项目政策没有覆盖到的占 12%，没有条件参加的占 16%，不了解政策的占 58%，政策宣传不够的占 14%。

表9-34　为什么没有参加"美丽宜居乡村"建设的其他项目

单位：次，%

A20. 为什么您家没有参加"美丽宜居乡村"建设的其他项目？	频次	百分比	有效百分比	累计百分比
项目政策没有覆盖到	12	12	12	12
没有条件参加	16	16	16	28
不了解政策	58	58	58	86
政策宣传不够	14	14	14	100
总　计	100	100	100	

　　"美丽宜居乡村"建设的参与度从参与"美丽宜居乡村"建设的意愿、建设项目和建设规划三个方面考察村民参与的意愿、参与的能力和参与的情况。以上数据说明，村民参与"美丽宜居乡村"建设的意愿强、热情高。参与了"美丽宜居乡村"建设规划的村民占40%，没有参与的占60%。被访者中认为自己有点能力参与到"美丽宜居乡村"建设项目中的占48%，认为自己比较有能力参与到"美丽宜居乡村"建设项目中的占20%，认为自己没有能力参与到"美丽宜居乡村"建设项目中的占24%，认为自己很有能力参与到"美丽宜居乡村"建设项目中的占8%。"美丽宜居乡村"建设中，村民愿意出劳力的占52%，愿意既出劳力又出资金的占16%，认为自己什么也出不了的占24%，愿意出谋划策的占8%。总之村民们总想力所能及地为"美丽宜居乡村"的建设出一份力。村民参与较多的项目是修路、房屋改造、改圈。被访者中没有参加"美丽宜居乡村"建设其他项目的是因为项目政策没有覆盖到的占12%，认为不了解政策所以没有参加其他项目的占58%，认为没有条件参加其他项目的占16%，认为政策宣传不够导致自己没有参加其他项目的占14%。可见主要还是村民没有深入了解这一政策才导致没有参与到"美丽宜居乡村"建设的其他项目之中。

五　村民对"美丽宜居乡村"建设的满意度

（一）对"美丽宜居乡村"建设项目的满意度

　　表9-35显示，被访者中38%的村民对所参加的建设项目是满意的，50%的村民对所参加的建设项目是比较满意的，只有4%的村民持不满意的

态度，认为一般的占8%。

表9-35 对所参加的"美丽宜居乡村"建设项目的满意度

单位：次，%

A19. 您对所参加的"美丽宜居乡村"建设项目满意吗？	频次	百分比	有效百分比	累计百分比
满意	38	38	38	38
比较满意	50	50	50	88
一般	8	8	8	96
不满意	4	4	4	100
总　计	100	100	100	

表9-36显示，被访者中对"美丽宜居乡村"建设最满意的是产业发展的占62%，基础设施建设的占24%，村庄环境的绿化美化亮化的占4%，村民素质提高的占2%，文化生活丰富的占2%，人居环境改善的占2%，公共服务改善的占2%，公共设施增加的占2%。可见，本村"美丽宜居乡村"建设中最满意的是产业发展和基础设施建设。

表9-36 对本村"美丽宜居乡村"建设哪些方面最满意

单位：次，%

A32. 您对本村"美丽宜居乡村"建设的哪些方面最满意？	频次	百分比	有效百分比	累计百分比
村庄环境的绿化美化亮化	4	4	4	4
产业发展	62	62	62	66
基础设施建设	24	24	24	90
村民素质提高	2	2	2	92
人居环境改善	2	2	2	94
公共设施增加	2	2	2	96
文化生活丰富	2	2	2	98
公共服务改善	2	2	2	100
总　计	100	100	100	

（二）对生活基础设施建设的满意度

表9-37显示，被访者中对居住条件满意的占14%，比较满意的占9%，

一般的占 65%，不满意的占 12%。

表 9 - 37　居住条件的满意度

单位：次，%

A53. 您对现在的居住条件满意吗？	频次	百分比	有效百分比	累计百分比
满意	14	14	14	14
比较满意	9	9	9	23
一般	65	65	65	88
不满意	12	12	12	100
总　计	100	100	100	

表 9 - 38 显示，被访者中对供电满意的占 39%，比较满意的占 45%，一般的占 14%，不满意的占 2%。

表 9 - 38　供电满意度

单位：次，%

A50. 您对供电满意吗？	频次	百分比	有效百分比	累计百分比
满意	39	39	39	39
比较满意	45	45	45	84
一般	14	14	14	98
不满意	2	2	2	100
总　计	100	100	100	

表 9 - 39 显示，被访者中对供水满意的占 14%，比较满意的占 37%，一般的占 43%，不满意的占 6%。

表 9 - 39　供水满意度

单位：次，%

A80. 您对供水满意吗？	频次	百分比	有效百分比	累计百分比
满意	14	14	14	14
比较满意	37	37	37	51
一般	43	43	43	94
不满意	6	6	6	100
总　计	100	100	100	

表 9 - 40 显示，被访者中对厕所使用满意的占 18%，比较满意的占 47%，一般的占 13%，不满意的占 22%。

表 9 - 40 厕所使用满意度

单位：次，%

A57. 您对厕所使用满意吗？	频次	百分比	有效百分比	累计百分比
满意	18	18	18	18
比较满意	47	47	47	65
一般	13	13	13	78
不满意	22	22	22	100
总 计	100	100	100	

表 9 - 41 显示，被访者中对公路的质量及养护满意的占 30%，比较满意的占 8%，一般的占 62%。

表 9 - 41 公路的质量及养护满意度

单位：次，%

A48. 您对公路的质量及养护满意吗？	频次	百分比	有效百分比	累计百分比
满意	30	30	30	30
比较满意	8	8	8	38
一般	62	62	62	100
总 计	100	100	100	

表 9 - 42 显示，被访者中对出行条件满意的占 44%，比较满意的占 40%，一般的占 14%，不满意的占 2%。

表 9 - 42 出行条件满意度

单位：次，%

A47. 您对出行条件满意吗？	频次	百分比	有效百分比	累计百分比
满意	44	44	44	44
比较满意	40	40	40	84
一般	14	14	14	98
不满意	2	2	2	100
总 计	100	100	100	

表9－43显示，被访者中对公共交通满意的占40%，比较满意的占56%，一般的占4%。

表9－43　公共交通满意度

单位：次，%

A49. 您对公共交通满意吗？	频次	百分比	有效百分比	累计百分比
满意	40	40	40	40
比较满意	56	56	56	96
一般	4	4	4	100
总　计	100	100	100	

表9－44显示，被访者中对通信满意的占54%，比较满意的占38%，一般的占8%。

表9－44　通信满意度

单位：次，%

A54. 您对通信满意吗？（打电话、使用微信、收寄邮件、快递等）	频次	百分比	有效百分比	累计百分比
满意	54	54	54	54
比较满意	38	38	38	92
一般	8	8	8	100
总　计	100	100	100	

对生活基础设施建设的考察从居住条件、供电、供水、厕所使用、公路的质量及养护、出行条件、公共交通、通信八个方面分满意、比较满意、一般、不满意四个层级考察。以上数据显示，居住条件、供水一般的占比高于比较满意和满意，居住条件不满意率达12%，供水不满意率达6%；供电、厕所使用、公共交通比较满意的占比高于满意和一般；出行条件、通信满意的占比高于比较满意和一般；公路的质量及养护一般的占比高于满意和比较满意。在移民重建和"美丽宜居乡村"建设中，生活基础设施显著改善，不满意率低，但比较满意和一般的占比高，说明在乡村振兴中需要继续改善生活基础设施，尤其是住房和供水。

（三）对生态环境建设的满意度

表 9 - 45 显示，被访者中对生活垃圾处理满意的占 16%，比较满意的占 46%，一般的占 28%，不满意的占 10%。

表 9 - 45　生活垃圾处理满意度

单位：次，%

A41a. 您对村里生活垃圾的处理满意吗？	频次	百分比	有效百分比	累计百分比
满意	16	16	16	16
比较满意	46	46	46	62
一般	28	28	28	90
不满意	10	10	10	100
总　计	100	100	100	

表 9 - 46 显示，被访者中对本村的绿化美化亮化效果满意的占 63%，比较满意的占 21%，一般的占 14%，不满意的占 2%。

表 9 - 46　村庄绿化美化亮化效果的满意度

单位：次，%

A45. 您对本村的绿化美化亮化效果满意吗？	频次	百分比	有效百分比	累计百分比
满意	63	63	63	63
比较满意	21	21	21	84
一般	14	14	14	98
不满意	2	2	2	100
总　计	100	100	100	

表 9 - 47 显示，被访者中对空气质量满意的占 20%，比较满意的占 49%，一般的占 25%，不满意的占 6%。

表9-47 空气质量满意度

单位：次，%

A38. 您对村里的空气质量满意吗？	频次	百分比	有效百分比	累计百分比
满意	20	20	20	20
比较满意	49	49	49	69
一般	25	25	25	94
不满意	6	6	6	100
总　　计	100	100	100	

表9-48显示，被访者中对本村及周边的生态环境满意的占24%，比较满意的占32%，一般的占36%，不满意的占8%。

表9-48 对本村及周边的生态环境满意度

单位：次，%

A46. 您对本村及周边的生态环境满意吗？	频次	百分比	有效百分比	累计百分比
满意	24	24	24	24
比较满意	32	32	32	56
一般	36	36	36	92
不满意	8	8	8	100
总　　计	100	100	100	

对生态环境建设的考察从生活垃圾处理、村庄绿化美化亮化效果、空气质量、本村及周边的生态环境四个方面分满意、比较满意、一般、不满意四个层级考察。以上数据表明，村庄绿化美化亮化效果满意的占比高于比较满意和一般；本村及周边的生态环境一般的占比高于比较满意和满意；生活垃圾处理、空气质量比较满意的占比高于一般和满意；四个方面的不满意率基本低于10%。总体上看，本村没有工业污染，村庄空间开阔。"美丽宜居乡村"建设中该村有绿化美化亮化，村民对本村的绿化美化亮化效果满意和比较满意的占比达到84%。该村的生活垃圾处理还需要改善。村民在家庭庭院里养殖牛、羊，尚未实现人畜分离，气味明显，影响空气质量。人畜分离是"美丽宜居乡村"建设的基本要求，因此，要尽快解决本村人畜分离的问题。

（四）对社会文化建设的满意度

表9-49显示，被访者中对文化生活满意的占21%，比较满意的占63%，一般的占14%，不满意的占2%。

表9-49 文化生活的满意度

单位：次，%

A69. 您对村庄的业余文化生活（公共的、个人的）满意吗？	频次	百分比	有效百分比	累计百分比
满意	21	21	21	21
比较满意	63	63	63	84
一般	14	14	14	98
不满意	2	2	2	100
总　计	100	100	100	

表9-50显示，被访者中对文化体育基础设施满意的占12%，比较满意的占31%，一般的占57%。

表9-50 文化体育基础设施的满意度

单位：次，%

A70. 您对现有的文化体育基础设施满意吗？	频次	百分比	有效百分比	累计百分比
满意	12	12	12	12
比较满意	31	31	31	43
一般	57	57	57	100
总　计	100	100	100	

表9-51显示，被访者中认为邻里信任的占54%，比较信任的占42%，一般的占2%，不信任的占2%。

表9-51 村民信任度

单位：次，%

A72. 您对邻里的信任程度如何？	频次	百分比	有效百分比	累计百分比
信任	54	54	54	54
比较信任	42	42	42	96
一般	2	2	2	98
不信任	2	2	2	100
总　计	100	100	100	

表9-52显示，被访者中对村里的社会治安满意的占24%，比较满意的占68%，一般的占6%，不满意的占2%。

表9-52 村里的社会治安的满意度

单位：次，%

A73. 您对村里的社会治安满意吗？	频次	百分比	有效百分比	累计百分比
满意	24	24	24	24
比较满意	68	68	68	92
一般	6	6	6	98
不满意	2	2	2	100
总　计	100	100	100	

对社会文化建设的满意度从文化生活、文化体育基础设施、村民信任度、社会治安四个方面分满意（信任）、比较满意（比较信任）、一般、不满意（不信任）四个层级考察。以上数据表明，被访者中对文化生活、社会治安比较满意的占比均高于满意和一般，不满意的均占2%；对现有的文化体育基础设施一般的占比高于比较满意和满意；对邻里信任的占比高于比较信任，一般和不信任的占比低。丰泽村利用宣传墙、村务信息平台，为老百姓推送各类政策、知识，做好思想引导和政策的宣传；通过举办"道德讲堂"，为群众树立好道德榜样，促进民风转变。

（五）对公共服务的满意度

表9-53显示，被访者中对学校教育满意的占50%，比较满意的占36%，一般的占12%，不满意的占2%。

表9-53 对学校教育的满意度

单位：次，%

A74.您对村里的学校教育满意吗？	频次	百分比	有效百分比	累计百分比
满意	50	50	50	50
比较满意	36	36	36	86
一般	12	12	12	98
不满意	2	2	2	100
总 计	100	100	100	

表9-54显示，被访者中对各种技能培训活动满意的占54%，比较满意的占32%，一般的占4%，不满意的占10%。

表9-54 对各种技能培训活动的满意度

单位：次，%

A78.您对村里提供的各种技能培训活动满意吗？	频次	百分比	有效百分比	累计百分比
满意	54	54	54	54
比较满意	32	32	32	86
一般	4	4	4	90
不满意	10	10	10	100
总 计	100	100	100	

表9-55显示，被访者中对医疗卫生条件满意的占54%，比较满意的占39%，一般的占5%，不满意的占2%。

表9-55 对医疗卫生条件的满意度

单位：次，%

A75.您对村里的医疗卫生条件满意吗？	频次	百分比	有效百分比	累计百分比
满意	54	54	54	54
比较满意	39	39	39	93
一般	5	5	5	98
不满意	2	2	2	100
总 计	100	100	100	

表9-56显示，被访者中对新型农村合作医疗保险政策满意的占58%，比较满意的占34%，一般的占6%，不满意的占2%。

表9-56 对新型农村合作医疗保险政策的满意度

单位：次，%

A76.您对新型农村合作 医疗保险政策满意吗？	频次	百分比	有效百分比	累计百分比
满意	58	58	58	58
比较满意	34	34	34	92
一般	6	6	6	98
不满意	2	2	2	100
总　计	100	100	100	

表9-57显示，被访者中对养老保险政策满意的占46%，比较满意的占52%，一般的占2%。

表9-57 对养老保险政策的满意度

单位：次，%

A77.您对养老保险政策满意吗？	频次	百分比	有效百分比	累计百分比
满意	46	46	46	46
比较满意	52	52	52	98
一般	2	2	2	100
总　计	100	100	100	

表9-58显示，被访者中对社会保障政策满意的占76%，比较满意的占16%，一般的占6%，不满意的占2%。

表9-58 对社会保障政策的满意度

单位：次，%

A79.您对目前社会保障政策满意吗？	频次	百分比	有效百分比	累计百分比
满意	76	76	76	76
比较满意	16	16	16	92
一般	6	6	6	98
不满意	2	2	2	100
总　计	100	100	100	

对公共服务的满意度从学校教育、技能培训、医疗卫生条件、医疗保险、养老保险、社会保障六个方面分满意、比较满意、一般、不满意四个层面考察。以上数据表明，学校教育、技能培训、医疗卫生条件、医疗保险、社会保障满意的占比高于比较满意和一般；养老保险比较满意的占比高于满意和一般；六个方面的不满意率比较低。

（六）对民主政治建设的满意度

表9－59显示，被访者中对民主政治建设满意的占32%，比较满意的占56%，一般的占8%，不满意的占4%。

表9－59　对民主政治建设的满意度

单位：次，%

A65. 您对村里的民主政治建设满意吗？	频次	百分比	有效百分比	累计百分比
满意	32	32	32	32
比较满意	56	56	56	88
一般	8	8	8	96
不满意	4	4	4	100
总　计	100	100	100	

表9－60显示，被访者中对村委会干部的工作和服务满意的占26%，比较满意的占62%，一般的占8%，不满意的占4%。所以总体来看，村民对本村的乡村政治文明的满意度还是挺高的。

表9－60　对村委会干部的工作和服务的满意度

单位：次，%

A66. 您对村委会干部的工作和服务满意吗？	频次	百分比	有效百分比	累计百分比
满意	26	26	26	26
比较满意	62	62	62	88
一般	8	8	8	96
不满意	4	4	4	100
总　计	100	100	100	

以上数据表明，被访者中对村庄民主政治建设、对村委会干部的工作和

服务比较满意的占比高于满意和一般,不满意的占比低。

六 "美丽宜居乡村"建设中的不足和加快发展的建议

(一)"美丽宜居乡村"建设中的不足

表9-61显示,被访者中认为"美丽宜居乡村"建设中有不足的占84%,没有不足的占16%。

表9-61 "美丽宜居乡村"建设中是否有不足

单位:次,%

A33. 您认为"美丽宜居乡村"建设中 有不足的方面吗?	频次	百分比	有效百分比	累计百分比
有	84	84	84	84
没有	16	16	16	100
总 计	100	100	100	

表9-62显示,被访者中认为"美丽宜居乡村"建设中的不足是道路建设的占56%,供电的占10%,供水的占12%,生活污水处理的占17%,产业发展的占2%,村容村貌的占3%。可见,本村"美丽宜居乡村"建设中不足的主要是道路建设和生活污水处理问题。

表9-62 "美丽宜居乡村"建设中有哪些不足

单位:次,%

A34. 您认为"美丽宜居乡村" 建设中不足的是哪些方面?	频次	百分比	有效百分比	累计百分比
道路建设	56	56	56	56
供电	10	10	10	66
供水	12	12	12	78
生活污水处理	17	17	17	95
产业发展	2	2	2	97
村容村貌	3	3	3	100
总 计	100	100	100	

（二）"美丽宜居乡村"建设中最大的困难

表 9-63 显示，被访者中认为"美丽宜居乡村"建设最大的困难是资金不足的占 56%，规划不合理的占 10%，技术不足的占 12%，人员不足的占 17%，村民观念滞后的占 5%。

表 9-63　"美丽宜居乡村"建设最大的困难

单位：次，%

A35. 您认为"美丽宜居乡村"建设最大的困难在哪里？	频次	百分比	有效百分比	累计百分比
资金不足	56	56	56	56
规划不合理	10	10	10	66
技术不足	12	12	12	78
人员不足	17	17	17	95
村民观念滞后	5	5	5	100
总　计	100	100	100	

（三）"美丽宜居乡村"建设中最关心的问题和对未来的期望

表 9-64 显示，被访者中最关心的问题和对未来的期望是增加收入，提高生活水平的占 20%；基础设施更加完善的占 49%；生态环境更加优美的占 17%；村务民主公开的占 6%；就业的占 8%。由此可知，村民最关心的问题和对未来的期望主要是基础设施更加完善；增加收入，提高生活水平；生态环境更加优美。

表 9-64　最关心的问题和对未来的期望

单位：次，%

A37. 在"美丽宜居乡村"建设中，您最关心的问题和对未来的期望是什么？	频次	百分比	有效百分比	累计百分比
增加收入，提高生活水平	20	20	20	20
基础设施更加完善	49	49	49	69
生态环境更加优美	17	17	17	86
村务民主公开	6	6	6	92
就业	8	8	8	100
总　计	100	100	100	

（四）加快本村经济发展的措施

表9－65显示，被访者中认为加快本村经济发展的措施是发展绿色有机食品的生产的占34%；发展"农家乐"等休闲旅游业的占10%；促进本村特色产品规模生产，打造特色品牌的占16%；鼓励村民创业，并提供创业资金支持的占32%；招商引资，鼓励企业投资本村，带动经济发展的占8%。

表9－65　加快本村经济发展的措施

单位：次，%

A59. 您认为加快本村经济发展的措施是什么？	频次	百分比	有效百分比	累计百分比
发展绿色有机食品的生产	34	34	34	34
发展"农家乐"等休闲旅游业	10	10	10	44
促进本村特色产品规模生产，打造特色品牌	16	16	16	60
鼓励村民创业，并提供创业资金支持	32	32	32	92
招商引资，鼓励企业投资本村，带动经济发展	8	8	8	100
总　　计	100	100	100	

以上数据说明，丰泽村"美丽宜居乡村"建设中存在的不足主要是道路建设和生活污水处理问题，最大的困难是资金不足。村民最关心的问题和对未来的期望主要是基础设施更加完善；增加收入，提高生活水平；生态环境更加优美。加快本村经济发展的措施占比较高的是发展绿色有机食品的生产；鼓励村民创业，并提供创业资金支持。

小　结

丰泽村在移民重建和"美丽宜居乡村"建设中，通过产业扶贫，农民人均可支配收入从2011年的3800元增长到2018年的10146元。设施农业和养殖业以及务工成为农民的增收产业，实现了移民搬得出、稳得住，逐步能致富的目标，为村庄进一步的发展打下了基础。

被访者中认为"美丽宜居乡村"的"美"最应该体现在人居环境美和生态环境美，符合"美丽宜居乡村"建设的主旨。丰泽村村民对"美丽宜居乡村"建设的政策、内容、项目、规划有一些了解，还有近半数村民对"美丽宜居乡村"建设比较模糊甚至不知道。被访者中认为"美丽宜居乡村"建设的主体应该是政府的占40%，认为应该由政府主导、村民参与的占48%，说明村民在"美丽宜居乡村"建设方面的认知度偏低，对政府的依赖性强，也说明村里对"美丽宜居乡村"建设政策的宣传比较薄弱。村民参与"美丽宜居乡村"建设的意愿强、热情高。38%的村民对所参加项目是满意的，50%的村民对所参加项目是比较满意的。被访者中对"美丽宜居乡村"建设最满意的方面是产业发展。在满意度调查中，分满意、比较满意、一般、不满意四个层级，不满意层级的数量较少，处于比较满意和一般两个层级的数量较多，说明"美丽宜居乡村"建设需要提升的空间还很大。丰泽村"美丽宜居乡村"建设中存在的不足主要是道路建设和生活污水处理问题，最大的困难是资金不足。村民最关心的问题和对未来的期望主要是基础设施更加完善；增加收入，提高生活水平；生态环境更加优美。未来在"美丽宜居乡村"建设中，要重视生态环境建设。生态方面要建立农药包装物、塑料薄膜等回收机制。调整养殖管理方式，实现人畜分离，加强农村污水处理模式及技术的研究，妥善解决污水的处理问题。本村尚有一部分人均年收入较低群体，未来在乡村振兴中，要突出特色，发挥优势，重点发展特色农业、特色农产品精深加工和农村电商等，提高农业综合附加值；提供创业基金，鼓励村民创业，以增加收入；利用周边的旅游资源，将其纳入固原全域旅游规划中，发展"农家乐"等休闲旅游业，可以加强丰泽村的经济、生态和人文建设。

第十章 新坪村"美丽宜居乡村"建设调查

一 基本情况

新坪村位于甘肃省白银市靖远县北湾镇五大坪,紧邻中堡村,是 2013 年定西岷县、漳县发生 6.6 级地震后,在甘肃省内异地安置的移民村。2019 年全村辖 4 个村民小组 595 户 2781 人,2020 年实现整体脱贫。

本次调查拟了解新坪村村民对"美丽宜居乡村"的认知度、参与度、满意度、建设的基本情况以及对"美丽宜居乡村"建设的意见和建议,以期更好地为乡村建设服务。调查方法为实地随访法和问卷调查法。随机选取的 100 个样本中,男性占 57%,女性占 43%;汉族占 96%,回族占 2%,其他民族占 2%。由于是整体的人口迁移,新坪村依旧保持全村多数为汉族的特点。被访者的年龄在 18~30 岁的占 28%,在 30~40 岁的占 32%,在 40~60 岁的占 36%,在 60 岁及以上的占 4%。被访者的学历为文盲的占 30%,小学的占 38%,初中的占 6%,高中或中专的占 18%,大专的占 6%,本科及以上的占 2%。调查对象中受教育程度参差不齐,年龄在 40 岁及以上的被访者受教育程度集中于文盲和初中阶段,年龄在 18~40 岁的被访者受教育程度集中于高中或中专和本科阶段。这说明年龄与受教育程度成反比。随着教育的普及,人们更加重视子女的教育。

二 "美丽宜居乡村"建设情况

(一) 经济建设

表 10-1 显示,被访者中目前从事的职业为务农的占 38%,无业的占 11%,兼业的占 32%,在读学生的占 13%,自营活动的占 2%,当地打工的占 4%。

表 10 - 1　职业状况

单位：次，%

A5. 您目前从事的职业是？	频次	百分比	有效百分比	累计百分比
无业	11	11	11	11
务农	38	38	38	49
兼业	32	32	32	81
当地打工	4	4	4	85
自营活动	2	2	2	87
在读学生	13	13	13	100
总　计	100	100	100	

表 10 - 2 显示，被访者中家庭人均年收入在 2000 元及以下的占 34%，在 2001～4000 元的占 37%，在 4001～6000 元的占 27%，在 6001～8000 元的占 2%。

表 10 - 2　家庭人均年收入

单位：次，%

A6. 您家庭去年（2018 年）人均年收入能达到多少？	频次	百分比	有效百分比	累计百分比
2000 元及以下	34	34	34	34
2001～4000 元	37	37	37	71
4001～6000 元	27	27	27	98
6001～8000 元	2	2	2	100
总　计	100	100	100	

表 10 - 3 显示，被访者中家庭主要收入来源于种植业产出的占 49%，外出打工所得（泥水工、环卫等职业）的占 32%，兼业（种植和打工）的占 13%，养殖业产出的占 4%，政府补贴的占 2%。

表 10 - 3　家庭主要收入来源

单位：次，%

A7. 您家庭主要收入来源是？	频次	百分比	有效百分比	累计百分比
种植业产出	49	49	49	49
养殖业产出	4	4	4	53

续表

A7. 您家庭主要收入来源是?	频次	百分比	有效百分比	累计百分比
外出打工所得（泥水工、环卫等职业）	32	32	32	85
兼业（种植和打工）	13	13	13	98
政府补贴	2	2	2	100
总　计	100	100	100	

新坪村主导产业为特色农业种植和劳务输出。种植大棚蔬菜、玉米、枸杞，年劳务输出收入有 400 多万元。此外，2018 年建成标准化养殖场一座，带动贫困户养羊 400 只。被访者以务农、兼业和在读学生为主，同时无业的人数比较多，说明该村有一定量的剩余劳动力。家庭收入主要来源于种植业产出和外出打工所得（泥水工、环卫等职业）。若以家庭人均年收入在 4000 元及以下为低收入，在 4001～8000 元为中等收入，则低收入者占 71%，中等收入者占 29%。家庭人均年收入集中在 2001～4000 元，村民收入差距不大，收入普遍偏低。在扶贫政策帮助下脱贫是本村目前的首要任务。

（二）人居环境建设

表 10-4 显示，被访者中住房为砖瓦房的占 27%，砖混房的占 59%，混凝土平房的占 14%。

表 10-4　住房类型

单位：次，%

A51. 您的住房是?	频次	百分比	有效百分比	累计百分比
砖瓦房	27	27	27	27
砖混房	59	59	59	86
混凝土平房	14	14	14	100
总　计	100	100	100	

表 10-5 显示，被访者中家的庭院有绿化美化的占 29%，庭院没有绿化美化的占 71%。

表 10 - 5 庭院是否有绿化美化

单位：次，%

A52. 您家的庭院有绿化美化吗？	频次	百分比	有效百分比	累计百分比
有	29	29	29	29
没有	71	71	71	100
总　计	100	100	100	

表 10 - 6 显示，被访者中家庭使用的生活燃料是煤的占 6%，气的占 2%，电的占 77%，柴火的占 15%。大多数家庭使用电。

表 10 - 6 生活燃料使用情况

单位：次，%

A55. 您家里使用的生活燃料是？	频次	百分比	有效百分比	累计百分比
煤	6	6	6	6
气	2	2	2	8
电	77	77	77	85
柴火	15	15	15	100
总　计	100	100	100	

表 10 - 7 显示，被访者家中使用蹲便器冲水厕所的占 2%，房屋内冲水马桶的占 5%，房屋外冲水厕所的占 8%，房屋外土厕所的占 85%。大多数家庭使用房屋外土厕所。

表 10 - 7 厕所类型

单位：次，%

A56. 您家的厕所是？	频次	百分比	有效百分比	累计百分比
蹲便器冲水厕所	2	2	2	2
房屋内冲水马桶	5	5	5	7
房屋外冲水厕所	8	8	8	15
房屋外土厕所	85	85	85	100
总　计	100	100	100	

村民住房以砖混房和砖瓦房居多，大部分家庭的庭院没有绿化美化，但村民庭院前沿路边村里统一绿化美化。大多数家庭使用的生活燃料是电。大多数家庭使用房屋外土厕所。

（三）生态环境建设

表10-8显示，被访者家里生活污水泼到院子里的占2%，浇到田地里的占6%，通过下水道排到屋外的占67%，其他的占25%。

表10-8　生活污水处理方式

单位：次，%

A39. 您家里生活污水的处理方式是？	频次	百分比	有效百分比	累计百分比
泼到院子里	2	2	2	2
浇到田地里	6	6	6	8
通过下水道排到屋外	67	67	67	75
其他	25	25	25	100
总　计	100	100	100	

表10-9显示，被访者中生活垃圾投进垃圾收集箱的占87%，投进公共垃圾处理区的占13%。

表10-9　生活垃圾处理方式

单位：次，%

A40. 您家里的生活垃圾怎样处理？	频次	百分比	有效百分比	累计百分比
投进垃圾收集箱	87	87	87	87
投进公共垃圾处理区	13	13	13	100
总　计	100	100	100	

表10-10显示，被访者中农用薄膜的处理方式为混同生活垃圾扔进垃圾箱的占18%，直接丢弃在田地里的占6%，从田地取出后随意弃置的占38%，交给薄膜收集站统一处理的占1%，卖给收废品的占12%，家里不用薄膜的占25%。

表 10 - 10　农用薄膜处理方式

单位：次，%

A42. 您家农用薄膜怎样处理？	频次	百分比	有效百分比	累计百分比
混同生活垃圾扔进垃圾箱	18	18	18	18
直接丢弃在田地里	6	6	6	24
从田地取出后随意弃置	38	38	38	62
交给薄膜收集站统一处理	1	1	1	63
卖给收废品的	12	12	12	75
家里不用薄膜	25	25	25	100
总　计	100	100	100	

生活污水主要通过下水道排到屋外，垃圾投进垃圾收集箱和公共垃圾处理区，农用薄膜从田地取出后随意弃置的较多，处理不够合理，会造成一定的污染。

（四）社会文化建设

表 10 - 11 显示，被访者中最经常做的日常文化娱乐活动为看电视的占43%，玩手机的占32%，看书或看报的占15%，串门聊天的占4%，其余各占2%。

表 10 - 11　日常文化娱乐活动

单位：次，%

A67. 您最经常做的日常文化娱乐活动是什么？	频次	百分比	有效百分比	累计百分比
看电视	43	43	43	43
看书或看报	15	15	15	58
玩手机	32	32	32	90
跳舞等健身活动（包括广场舞）	2	2	2	92
打牌或下棋	2	2	2	94
打球等体育运动	2	2	2	96
串门聊天	4	4	4	100
总　计	100	100	100	

表 10 - 12 显示，被访者中认为本村只在某些节日开展公共文化活动的占 65%，本村很少开展公共文化活动的占 26%，本村从未开展公共文化活动的占 5%，本村经常开展公共文化活动而且内容丰富多样的占 4%。

表 10 - 12　公共文化活动

单位：次，%

A68. 本村经常开展各种公共文化活动吗？	频次	百分比	有效百分比	累计百分比
本村很少开展公共文化活动	26	26	26	26
本村只在某些节日开展公共文化活动	65	65	65	91
本村从未开展公共文化活动	5	5	5	96
本村经常开展公共文化活动而且内容丰富多样	4	4	4	100
总　计	100	100	100	

表 10 - 13 显示，被访者中没有遇到过矛盾纠纷的占 68%，和村干部闹矛盾的占 9%，邻里矛盾的占 8%，家庭婚姻矛盾的占 4%，债务纠纷的占 3%，农村土地权属纠纷、征地差钱补偿安置纠纷、合作纠纷、其他的各占 2%。

表 10 - 13　日常矛盾纠纷

单位：次，%

A71. 在日常生活和工作中，您遇到过哪些矛盾纠纷？	频次	百分比	有效百分比	累计百分比
家庭婚姻矛盾	4	4	4	4
邻里矛盾	8	8	8	12
债务纠纷	3	3	3	15
农村土地权属纠纷	2	2	2	17
征地差钱补偿安置纠纷	2	2	2	19
和村干部闹矛盾	9	9	9	28
合作纠纷	2	2	2	30
没有遇到过	68	68	68	98
其他	2	2	2	100
总　计	100	100	100	

表 10 - 14 显示，被访者中对邻里信任的占 63%，比较信任的占 37%。

表 10 - 14　村民之间的信任度

单位：次，%

A72. 您对邻里的信任程度如何?	频次	百分比	有效百分比	累计百分比
信任	63	63	63	63
比较信任	37	37	37	100
总　计	100	100	100	

村民最经常做的日常文化娱乐活动以看电视、玩手机居多，本村只在某些节日开展公共文化活动占比较大，应多开展一些日常的公共文化体育活动，进一步丰富群众的生活。大多数村民没有遇到过矛盾纠纷，存在少量的和村干部闹矛盾、邻里矛盾、家庭婚姻矛盾，村民之间的信任度总体较高，说明邻里关系较好。

（五）民主政治建设

表 10 - 15 显示，被访者中认为村里的重大事项是经过村民代表讨论后决定的占 16%，不是经过村民代表讨论后决定的占 2%，有的事项是经过村民代表讨论后决定的占 33%，不知道的占 49%。

表 10 - 15　村里重大事项的决策

单位：次，%

A64. 您所在社区（村）里的重大事项是否经过村民代表讨论后决定?	频次	百分比	有效百分比	累计百分比
是	16	16	16	16
有的事项是	33	33	33	49
不是	2	2	2	51
不知道	49	49	49	100
总　计	100	100	100	

表 10 - 16 显示，被访者中认为村里的"美丽宜居乡村"建设规划有征求过村民意见的占 22%，没有的占 25%，不知道的占 53%。

表 10 – 16 　 "美丽宜居乡村"建设规划是否征求过村民意见

单位：次，%

A25. 您村里的"美丽宜居乡村"建设规划有征求过村民的意见吗？	频次	百分比	有效百分比	累计百分比
有	22	22	22	22
没有	25	25	25	47
不知道	53	53	53	100
总　计	100	100	100	

表 10 – 17 显示，被访者中愿意为村里的发展出谋划策的占 86%，不愿意为村里的发展出谋划策的占 2%，不关心的占 12%。

表 10 – 17 　 是否愿意为村里的发展出谋划策

单位：次，%

A63. 您愿意为村里的发展出谋划策吗？	频次	百分比	有效百分比	累计百分比
愿意	86	86	86	86
不愿意	2	2	2	88
不关心	12	12	12	100
总　计	100	100	100	

由以上数据可知，被访者中不知道村里的重大事项是否经过村民代表讨论后决定的占 49%；不知道"美丽宜居乡村"建设规划是否征求过村民意见的占 53%。大多数村民愿意为村里的发展出谋划策。新坪村是灾后重建的移民村，在重建过程中，政府的主导性强。对于村庄建设，政府应提供交流的平台，多与村民沟通。

在灾后移民重建和"美丽宜居乡村"建设中，新坪村规划有序，布局整齐，村容整洁，村民住房以砖混房和砖瓦房居多，庭院前沿路边统一绿化美化。垃圾投进垃圾收集箱和公共垃圾处理区，生活污水主要通过下水道排到屋外，人居环境大为改善。新坪村发展设施农业、壮大集体经济。村委会牵头利用集体土地示范性地建设日光温室，向有意愿的群众承包，培育设施农业。村委会做好技能培训，采取集中办班授课、技术员进村入户指导、参观学习、印发资料和广播宣传等形式，开展农业科技培训，帮助农民掌握大棚蔬菜种植技术。2018 年，完成就业技能培训 396 人次，科学种养殖培训1283人次。村委会重点开发建设了"花儿新村民俗生态园"。以"日光温室、乡村旅游"等特色产业为支撑，发展壮大村集体经济，吸引贫困户入股，统一规划运营，带动群众脱贫致富。特色农业种植和劳务输出逐步成为新坪村的主导产业。农业生产主要种植大棚蔬菜，小麦、玉米、马铃薯等粮食作物和黄芪、红花；年劳务输出收入有400多万元。若以家庭人均年收入在4000元及以下为低收入，在4001～8000元为中等收入，则低收入者占71%，中等收入者占29%。家庭人均年收入集中在2001～4000元，村民收入差距不大，收入普遍偏低。一定时期内脱贫致富仍是本村的主要任务。在发展经济的同时，村委会重视加强农村思想道德建设和精神文明创建。组织开展"美丽乡村·文明家园"陇原乡村文明行动和文明村镇、星级文明户、文明家庭等群众性精神文明创建活动，办好农村道德讲堂、农村书屋、广场舞等公共文化活动。移风易俗，倡导健康文明生活，遏制天价彩礼、人情攀比、大操大办、厚葬薄养等陈规陋习，培育"美丽村风""美丽村民"等文明新风，提高乡村文明程度。

三　村民对"美丽宜居乡村"建设的认知度

（一）对"美丽宜居乡村"建设内涵的认知

如表10-18所示，被访者中认为"美丽宜居乡村"的"美"最应该体现在人居环境美的占66%，生态环境美的占14%，思想观念美的占6%，产业经济发展好的占14%。

表10-18　对"美丽宜居乡村"中"美"的认知

单位：次，%

A31. 您认为"美丽宜居乡村"的"美"最应该体现在哪里？	频次	百分比	有效百分比	累计百分比
人居环境美	66	66	66	66
生态环境美	14	14	14	80
思想观念美	6	6	6	86
产业经济发展好	14	14	14	100
总　计	100	100	100	

以上数据说明"美丽宜居乡村"中"美"的体现以人居环境美为主,体现出村民对美丽农村环境的人居环境要求日益提高。生态环境美与产业经济发展好二者持平,说明"美丽宜居乡村"建设在突出人居环境和生态环境建设的同时,经济发展依旧是乡村建设的主题。

(二)对"美丽宜居乡村"建设政策的认知

表 10 - 19 显示,被访者中认为"美丽宜居乡村"建设与自己、自己的家庭有关系的占 84%,没有关系的占 16%。

表 10 - 19　"美丽宜居乡村"建设与您、您家是否有关系

单位:次,%

A15. 您认为"美丽宜居乡村"建设与您、您家有没有关系?	频次	百分比	有效百分比	累计百分比
有	84	84	84	84
没有	16	16	16	100
总　计	100	100	100	

表 10 - 20 显示,被访者中知道"美丽宜居乡村"建设政策的占 6%,听说过的占 34%,不知道的占 60%。

表 10 - 20　是否知道"美丽宜居乡村"建设政策

单位:次,%

A10. 您知道"美丽宜居乡村"建设的政策吗?	频次	百分比	有效百分比	累计百分比
知道	6	6	6	6
听说过	34	34	34	40
不知道	60	60	60	100
总　计	100	100	100	

(三)对"美丽宜居乡村"建设内容的认知

表 10 - 21 显示,被访者中知道"美丽宜居乡村"建设内容的占 8%,听说过的占 17%,不知道的占 75%。

表 10 – 21　是否知道"美丽宜居乡村"建设内容

单位：次，%

A12. 您知道"美丽宜居乡村"建设的内容吗？	频次	百分比	有效百分比	累计百分比
知道	8	8	8	8
听说过	17	17	17	25
不知道	75	75	75	100
总　计	100	100	100	

（四）对"美丽宜居乡村"建设项目的认知

表 10 – 22 显示，被访者中知道"美丽宜居乡村"建设项目的占 6%，听说过的占 24%，不知道的占 70%。

表 10 – 22　是否知道"美丽宜居乡村"建设项目

单位：次，%

A13. 您知道"美丽宜居乡村"建设的项目吗？	频次	百分比	有效百分比	累计百分比
知道	6	6	6	6
听说过	24	24	24	30
不知道	70	70	70	100
总　计	100	100	100	

（五）对"美丽宜居乡村"建设规划的认知

表 10 – 23 显示，被访者中认为村里有"美丽宜居乡村"建设规划的占 23%，不知道的占 77%。

表 10 – 23　村里是否有"美丽宜居乡村"建设规划

单位：次，%

A22. 您村里有"美丽宜居乡村"建设规划吗？	频次	百分比	有效百分比	累计百分比
有	23	23	23	23
不知道	77	77	77	100
总　计	100	100	100	

表 10-24 显示,被访者中了解村里的"美丽宜居乡村"建设规划的占 14%,不了解的占 86%。

表 10-24 是否了解村里的"美丽宜居乡村"建设规划

单位:次,%

A23. 您了解村里的"美丽宜居乡村"建设规划吗?	频次	百分比	有效百分比	累计百分比
了解	14	14	14	14
不了解	86	86	86	100
总　计	100	100	100	

表 10-25 显示,被访者中认为村里"美丽宜居乡村"建设规划科学合理的占 2%,比较合理的占 48%,不太合理的占 10%,很不合理的占 8%,不知道的占 32%。

表 10-25 村里的"美丽宜居乡村"建设规划是否科学合理

单位:次,%

A26. 您觉得村里的"美丽宜居乡村"建设规划科学合理吗?	频次	百分比	有效百分比	累计百分比
合理	2	2	2	2
比较合理	48	48	48	50
不太合理	10	10	10	60
很不合理	8	8	8	68
不知道	32	32	32	100
总　计	100	100	100	

表 10-26 显示,被访者中认为村里的建设项目能够按照"美丽宜居乡村"建设规划执行的占 4%,认为大部分能够按照建设规划执行的占 40%,认为小部分能够按照建设规划执行的占 8%,认为不能按照建设规划执行的占 2%,不知道的占 46%。

表 10-26 村里的建设项目能否按照"美丽宜居乡村"建设规划执行

单位：次，%

A27. 您觉得村里的建设项目能够按照"美丽宜居乡村"建设规划执行吗？	频次	百分比	有效百分比	累计百分比
能够	4	4	4	4
大部分能够	40	40	40	44
小部分能够	8	8	8	52
不能	2	2	2	54
不知道	46	46	46	100
总　计	100	100	100	

（六）对"美丽宜居乡村"建设主体的认知

表 10-27 显示，被访者中认为"美丽宜居乡村"建设应该由政府主导的占 2%，应该由村民主导的占 4%，应该由政府主导、村民参与的占 94%。

表 10-27 对"美丽宜居乡村"建设主体的认知

单位：次，%

A36. 您认为"美丽宜居乡村"建设应该由谁来主导？	频次	百分比	有效百分比	累计百分比
政府	2	2	2	2
村民	4	4	4	6
政府主导、村民参与	94	94	94	100
总　计	100	100	100	

对"美丽宜居乡村"建设认知度的考察分三个层面，一是对"美丽宜居乡村"建设内涵的认知，二是对"美丽宜居乡村"建设政策、内容、项目、规划知道与否的认知，三是对"美丽宜居乡村"建设规划、主体认知的程度。关于"美丽宜居乡村"的"美"最应该体现在哪里，选项中占比较高的依次是人居环境美、生态环境美与产业经济发展好，说明"美丽宜居乡村"建设在突出人居环境和生态环境建设的同时，经济发展依旧是乡村建设的主题。被访者中不知道"美丽宜居乡村"建设内容、建设项目、建设规划的占比在 70% 及以上，远远高于知道和听说过的占比；认为村里的建设项目大部

分能够按照"美丽宜居乡村"建设规划执行的占40%，不知道的占46%；了解村里的"美丽宜居乡村"建设规划的占14%，不了解的占86%；认为"美丽宜居乡村"建设与自己、自己的家庭有关系的占84%；认为村里"美丽宜居乡村"建设规划比较合理的占48%，不知道的占32%；认为"美丽宜居乡村"建设应该由政府主导、村民参与的占94%。由此可以看出，村民们对"美丽宜居乡村"建设政策是关心的，对本村"美丽宜居乡村"的建设有着很大的期望，尤其对政府的依赖和期望很高。但是，移民对政策了解少，对"美丽宜居乡村"建设的关注度低。一小部分村民听说过，说明在农村还是有一小部分群体关注社会动态与国家政策的，但并不完全了解。在农村仅有极少数人知道并了解"美丽宜居乡村"建设政策。村民对"美丽宜居乡村"建设的认知度低。

四　村民对"美丽宜居乡村"建设的参与度

（一）村民参与"美丽宜居乡村"建设的意愿

表10-28显示，被访者中认为所有人都愿意参与"美丽宜居乡村"建设项目的占12%，大部分愿意的占84%，小部分愿意的占2%，不愿意的占2%。

表10-28　村民是否愿意参与"美丽宜居乡村"建设项目

单位：次，%

A14. 据您所知，村民愿意参与"美丽宜居乡村"建设项目吗？	频次	百分比	有效百分比	累计百分比
所有人都愿意	12	12	12	12
大部分愿意	84	84	84	96
小部分愿意	2	2	2	98
不愿意	2	2	2	100
总　计	100	100	100	

表10-29显示，被访者中愿意参与"美丽宜居乡村"建设项目的占40%，比较愿意的占54%，不关心的占6%。

表 10 – 29 是否愿意参与"美丽宜居乡村"建设项目

单位：次，%

A28. 您愿意参与到"美丽宜居乡村"建设项目中吗？	频次	百分比	有效百分比	累计百分比
愿意	40	40	40	40
比较愿意	54	54	54	94
不关心	6	6	6	100
总 计	100	100	100	

（二）村民是否参与"美丽宜居乡村"建设规划

表 10 – 30 显示，被访者中参与了村里的"美丽宜居乡村"建设规划的占 38%，没有参与的占 62%。

表 10 – 30 是否参与村里的"美丽宜居乡村"建设规划

单位：次，%

A24. 您参与村里的"美丽宜居乡村"建设规划了吗？	频次	百分比	有效百分比	累计百分比
参与了	38	38	38	38
没有参与	62	62	62	100
总 计	100	100	100	

（三）村民是否参与"美丽宜居乡村"建设项目

表 10 – 31 显示，被访者中参与了"美丽宜居乡村"建设项目的占 83%，没有参与的占 17%。

表 10 – 31 是否参与了"美丽宜居乡村"建设项目

单位：次，%

A17. 您家参与"美丽宜居乡村"建设项目了吗？	频次	百分比	有效百分比	累计百分比
参与了	83	83	83	83
没有参与	17	17	17	100
总 计	100	100	100	

表 10-32 显示，被访者中村民很有能力参与"美丽宜居乡村"建设项目的占 6%，比较有能力参与的占 21%，有点能力参与的占 48%，没有能力参与的占 25%。

表 10-32　是否有能力参与"美丽宜居乡村"建设项目

单位：次，%

A29. 您有能力参与到"美丽宜居乡村"建设项目中吗？	频次	百分比	有效百分比	累计百分比
很有能力	6	6	6	6
比较有能力	21	21	21	27
有点能力	48	48	48	75
没有能力	25	25	25	100
总　计	100	100	100	

表 10-33 显示，被访者中能出劳力的占 68%，既出劳力又出资金的占 12%，出谋划策的占 8%，什么也出不了的占 12%。

表 10-33　能以什么方式参与到"美丽宜居乡村"建设项目中

单位：次，%

A30. 您能以什么方式参与到"美丽宜居乡村"建设项目中？	频次	百分比	有效百分比	累计百分比
出劳力	68	68	68	68
既出劳力又出资金	12	12	12	80
出谋划策	8	8	8	88
什么也出不了	12	12	12	100
总　计	100	100	100	

表 10-34 显示，被访者中参与了修路的占 43%，房屋改造的占 34%，改水的占 6%，改厕的占 2%，庭院改造的占 2%，垃圾处理的占 9%，环境卫生整治的占 2%，环境绿化美化的占 2%。

表 10 – 34 参与的"美丽宜居乡村"建设项目

单位：次，%

A18. 您家参与了"美丽宜居乡村"建设的哪些项目？	频次	百分比	有效百分比	累计百分比
修路	43	43	43	43
房屋改造	34	34	34	77
改水	6	6	6	83
改厕	2	2	2	85
庭院改造	2	2	2	87
垃圾处理	9	9	9	96
环境卫生整治	2	2	2	98
环境绿化美化	2	2	2	100
总　计	100	100	100	

表 10 – 35 显示，被访者中没有参加"美丽宜居乡村"建设的其他项目是因为项目政策没有覆盖到的占 31%，没有条件参加的占 2%，不了解政策的占 63%，项目政策宣传不够的占 4%。

表 10 – 35 为什么没有参加"美丽宜居乡村"建设的其他项目

单位：次，%

A20. 为什么您家没有参加"美丽宜居乡村"建设的其他项目？	频次	百分比	有效百分比	累计百分比
项目政策没有覆盖到	31	31	31	31
没有条件参加	2	2	2	33
不了解政策	63	63	63	96
项目政策宣传不够	4	4	4	100
总　计	100	100	100	

"美丽宜居乡村"建设的参与度从参与"美丽宜居乡村"建设的意愿、建设项目和建设规划三个方面考察村民参与的意愿、参与的能力和参与的情况。被访者中认为所有人都愿意参与"美丽宜居乡村"建设项目的占 12%，大部分愿意的占 84%，小部分愿意的占 2%，不愿意的占 2%。40% 的村民

愿意参与到"美丽宜居乡村"建设项目中，这一部分人参与热情高并且主人翁意识也强烈，54%的村民比较愿意参与到"美丽宜居乡村"建设项目中，还有6%的人表示不关心。被访者中参与了"美丽宜居乡村"建设项目的占83%，没有参与的占17%；38%的村民参与了村里的"美丽宜居乡村"建设规划，62%的村民没有参与。村民参与建设项目的多，参与建设规划的少。在是否有能力参与到"美丽宜居乡村"建设项目中，6%的村民很有能力，21%的村民比较有能力，48%的村民有点能力，25%的村民没有能力；能出劳力的村民占68%，既出劳力又出资金的占12%，出谋划策的占8%，什么也出不了的占12%。村民参加较多的项目是修路和房屋改造，其次是垃圾处理和改水。没有参加"美丽宜居乡村"建设的其他项目的原因一是不了解政策，二是项目政策没有覆盖到。

五 村民对"美丽宜居乡村"建设的满意度

(一) 对"美丽宜居乡村"建设项目的满意度

表10-36显示，被访者中对所参加的"美丽宜居乡村"建设项目满意的占23%，比较满意的占59%，不满意的占18%。

表10-36 对所参加的"美丽宜居乡村"建设项目的满意度

单位：次，%

A19. 您对所参加的"美丽宜居乡村"建设项目满意吗？	频次	百分比	有效百分比	累计百分比
满意	23	23	23	23
比较满意	59	59	59	82
不满意	18	18	18	100
总　计	100	100	100	

表10-37显示，被访者中对本村"美丽宜居乡村"建设最满意的是产业发展的占8%，基础设施建设的占22%，文化生活丰富的占2%，村庄环境的绿化美化亮化的占12%，村民素质提高的占6%，公共服务改善的占33%，公共设施增加的占10%，村容整洁的占2%，人居环境改善的占5%。其中，占比最高的是公共服务改善。

表 10 – 37　对本村"美丽宜居乡村"建设最满意的方面

单位：次，%

A32. 您对本村"美丽宜居乡村"建设的哪些方面最满意？	频次	百分比	有效百分比	累计百分比
产业发展	8	8	8	8
基础设施建设	22	22	22	30
文化生活丰富	2	2	2	32
村庄环境的绿化美化亮化	12	12	12	44
村民素质提高	6	6	6	50
公共服务改善	33	33	33	83
公共设施增加	10	10	10	93
村容整洁	2	2	2	95
人居环境改善	5	5	5	100
总　计	100	100	100	

以上数据显示，村民对所参加的"美丽宜居乡村"建设项目满意的占 23%，比较满意的占 59%；最满意的是公共服务改善，占 33%，其次是基础设施建设，占 22%。

（二）对生活基础设施建设的满意度

表 10 – 38 显示，被访者中对居住条件满意的占 26%，比较满意的占 37%，一般的占 37%。

表 10 – 38　居住条件满意度

单位：次，%

A53. 您对现在的居住条件满意吗？	频次	百分比	有效百分比	累计百分比
满意	26	26	26	26
比较满意	37	37	37	63
一般	37	37	37	100
总　计	100	100	100	

表 10 – 39 显示，被访者中对供水满意的占 7%，比较满意的占 20%，一般的占 24%，不满意的占 49%。

表 10－39　供水满意度

单位：次，%

A80. 您对供水满意吗？	频次	百分比	有效百分比	累计百分比
满意	7	7	7	7
比较满意	20	20	20	27
一般	24	24	24	51
不满意	49	49	49	100
总　计	100	100	100	

表 10－40 显示，被访者中对供电满意的占 32%，比较满意的占 40%，一般的占 24%，不满意的占 4%。

表 10－40　供电满意度

单位：次，%

A50. 您对供电满意吗？	频次	百分比	有效百分比	累计百分比
满意	32	32	32	32
比较满意	40	40	40	72
一般	24	24	24	96
不满意	4	4	4	100
总　计	100	100	100	

表 10－41 显示，被访者中对厕所使用满意的占 10%，比较满意的占 24%，一般的占 6%，不满意的占 60%。

表 10－41　厕所使用满意度

单位：次，%

A57. 您对厕所使用满意吗？	频次	百分比	有效百分比	累计百分比
满意	10	10	10	10
比较满意	24	24	24	34
一般	6	6	6	40
不满意	60	60	60	100
总　计	100	100	100	

表 10 - 42 显示，被访者中对公路的质量及养护满意的占 49%，比较满意的占 37%，一般的占 12%，不满意的占 2%。

表 10 - 42　公路的质量及养护满意度

单位：次, %

A48. 您对公路的质量及养护满意吗？	频次	百分比	有效百分比	累计百分比
满意	49	49	49	49
比较满意	37	37	37	86
一般	12	12	12	98
不满意	2	2	2	100
总　计	100	100	100	

表 10 - 43 显示，被访者中对出行条件满意的占 54%，比较满意的占 44%，一般的占 2%。

表 10 - 43　出行条件满意度

单位：次, %

A47. 您对出行条件满意吗？	频次	百分比	有效百分比	累计百分比
满意	54	54	54	54
比较满意	44	44	44	98
一般	2	2	2	100
总　计	100	100	100	

表 10 - 44 显示，被访者中对公共交通满意的占 42%，比较满意的占 56%，一般的占 2%。

表 10 - 44　公共交通满意度

单位：次, %

A49. 您对公共交通满意吗？	频次	百分比	有效百分比	累计百分比
满意	42	42	42	42
比较满意	56	56	56	98
一般	2	2	2	100
总　计	100	100	100	

表 10 - 45 显示，被访者中对通信满意的占 47% ，比较满意的占 48% ，一般的占 3% ，不满意的占 2% 。

表 10 - 45　通信满意度

单位：次，%

A54. 您对通信满意吗？（打电话、使用微信、收寄邮件、快递等）	频次	百分比	有效百分比	累计百分比
满意	47	47	47	47
比较满意	48	48	48	95
一般	3	3	3	98
不满意	2	2	2	100
总　计	100	100	100	

由以上数据可知，村民对居住条件、供电、公路的质量及养护、出行条件、公共交通、通信的满意度较高，对供水和厕所使用的不满意率高。

（三）对生态环境建设的满意度

表 10 - 46 显示，被访者中对村里空气质量满意的占 18% ，比较满意的占 53% ，一般的占 23% ，不满意的占 6% 。

表 10 - 46　空气质量满意度

单位：次，%

A38. 您对村里的空气质量满意吗？	频次	百分比	有效百分比	累计百分比
满意	18	18	18	18
比较满意	53	53	53	71
一般	23	23	23	94
不满意	6	6	6	100
总　计	100	100	100	

表 10 - 47 显示，被访者中对本村绿化美化亮化效果满意的占 10% ，比较满意的占 47% ，一般的占 43% 。

表 10－47 村庄绿化美化亮化效果满意度

单位：次，%

A45. 您对本村的绿化美化亮化效果满意吗？	频次	百分比	有效百分比	累计百分比
满意	10	10	10	10
比较满意	47	47	47	57
一般	43	43	43	100
总 计	100	100	100	

表 10－48 显示，被访者中对村里生活垃圾的处理满意的占 20%，比较满意的占 67%，一般的占 11%，不满意的占 2%。

表 10－48 生活垃圾处理满意度

单位：次，%

A41a. 您对村里生活垃圾的处理满意吗？	频次	百分比	有效百分比	累计百分比
满意	20	20	20	20
比较满意	67	67	67	87
一般	11	11	11	98
不满意	2	2	2	100
总 计	100	100	100	

表 10－49 显示，被访者中对本村及周边生态环境满意的占 18%，比较满意的占 53%，一般的占 29%。

表 10－49 对本村及周边生态环境的满意度

单位：次，%

A46. 您对本村及周边的生态环境满意吗？	频次	百分比	有效百分比	累计百分比
满意	18	18	18	18
比较满意	53	53	53	71
一般	29	29	29	100
总 计	100	100	100	

（四）对社会文化建设的满意度

表 10 - 50 显示，被访者中对文化生活满意的占 8%，比较满意的占
80%，一般的占 10%，不满意的占 2%。

表 10 - 50　对文化生活的满意度

单位：次，%

A69. 您对村庄的文化生活满意吗？	频次	百分比	有效百分比	累计百分比
满意	8	8	8	8
比较满意	80	80	80	88
一般	10	10	10	98
不满意	2	2	2	100
总　计	100	100	100	

表 10 - 51 显示，被访者中对文化体育基础设施满意的占 10%，比较满
意的占 82%，一般的占 8%。

表 10 - 51　对文化体育基础设施的满意度

单位：次，%

A70. 您对现有的文化体育基础设施满意吗？	频次	百分比	有效百分比	累计百分比
满意	10	10	10	10
比较满意	82	82	82	92
一般	8	8	8	100
总　计	100	100	100	

表 10 - 52 显示，被访者中对社会治安满意的占 38%，比较满意的占
58%，一般的占 4%。

表 10 - 52　对社会治安的满意度

单位：次，%

A73. 您对村里的社会治安满意吗？	频次	百分比	有效百分比	累计百分比
满意	38	38	38	38
比较满意	58	58	58	96
一般	4	4	4	100
总　计	100	100	100	

（五）对公共服务的满意度

表 10 – 53 显示，被访者中对学校教育满意的占 50%，比较满意的占 42%，一般的占 8%。

表 10 – 53　对学校教育的满意度

单位：次，%

A74. 您对村里的学校教育满意吗？	频次	百分比	有效百分比	累计百分比
满意	50	50	50	50
比较满意	42	42	42	92
一般	8	8	8	100
总　计	100	100	100	

表 10 – 54 显示，被访者中对村里提供的各种技能培训活动满意的占 37%，比较满意的占 52%，一般的占 11%。

表 10 – 54　对村里提供的各种技能培训活动的满意度

单位：次，%

A78. 您对村里提供的各种技能培训活动满意吗？	频次	百分比	有效百分比	累计百分比
满意	37	37	37	37
比较满意	52	52	52	89
一般	11	11	11	100
总　计	100	100	100	

表 10 – 55 显示，被访者中对村里医疗卫生条件满意的占 68%，比较满意的占 26%，一般的占 6%。

表 10 – 55　对村里医疗卫生条件的满意度

单位：次，%

A75. 您对村里的医疗卫生条件满意吗？	频次	百分比	有效百分比	累计百分比
满意	68	68	68	68

续表

A75. 您对村里的医疗卫生条件满意吗?	频次	百分比	有效百分比	累计百分比
比较满意	26	26	26	94
一般	6	6	6	100
总　计	100	100	100	

表 10 - 56 显示，被访者中对新型农村合作医疗保险政策满意的占 66%，比较满意的占 34%。

表 10 - 56　对新型农村合作医疗保险政策的满意度

单位：次，%

A76. 您对新型农村合作医疗保险政策满意吗?	频次	百分比	有效百分比	累计百分比
满意	66	66	66	66
比较满意	34	34	34	100
总　计	100	100	100	

表 10 - 57 显示，被访者中对养老保险政策满意的占 69%，比较满意的占 31%。

表 10 - 57　对养老保险政策的满意度

单位：次，%

A77. 您对养老保险政策满意吗?	频次	百分比	有效百分比	累计百分比
满意	69	69	69	69
比较满意	31	31	31	100
总　计	100	100	100	

表 10 - 58 显示，被访者中对目前社会保障政策满意的占 62%，比较满意的占 18%，一般的占 7%，不满意的占 13%。

表 10 - 58　对目前社会保障政策的满意度

单位：次，%

A79. 您对目前社会保障政策满意吗？	频次	百分比	有效百分比	累计百分比
满意	62	62	62	62
比较满意	18	18	18	80
一般	7	7	7	87
不满意	13	13	13	100
总　计	100	100	100	

（六）对民主政治建设的满意度

表 10 - 59 显示，被访者中对民主政治建设满意的占 8%，比较满意的占 66%，一般的占 22%，不满意的占 4%。

表 10 - 59　对民主政治建设的满意度

单位：次，%

A65. 您对村里的民主政治建设满意吗？	频次	百分比	有效百分比	累计百分比
满意	8	8	8	8
比较满意	66	66	66	74
一般	22	22	22	96
不满意	4	4	4	100
总　计	100	100	100	

表 10 - 60 显示，被访者中对村委会干部的工作和服务满意的占 10%，比较满意的占 78%，一般的占 8%，不满意的占 4%。

表 10 - 60　对村委会干部的工作和服务的满意度

单位：次，%

A66. 您对村委会干部的工作和服务满意吗？	频次	百分比	有效百分比	累计百分比
满意	10	10	10	10

A66. 您对村委会干部的 工作和服务满意吗?	频次	百分比	有效百分比	累计百分比
比较满意	78	78	78	88
一般	8	8	8	96
不满意	4	4	4	100
总　计	100	100	100	

六　"美丽宜居乡村"建设中的不足和加快发展的建议

（一）"美丽宜居乡村"建设中的不足

表 10 - 61 显示，被访者中认为"美丽宜居乡村"建设中的不足是供水的占 37%，道路建设的占 10%，村容村貌的占 6%，村里很少征求村民的意见的占 8%，环境卫生的占 2%，公共服务的占 2%，供电的占 5%，生活污水处理的占 20%，生活垃圾处理的占 4%，产业发展的占 5%，畜禽养殖污染的占 1%。可见，主要的不足是供水和生活污水处理问题。

表 10 - 61　"美丽宜居乡村"建设中的不足

单位：次，%

A34. 您认为"美丽宜居乡村" 建设中不足的是哪方面?	频次	百分比	有效百分比	累计百分比
道路建设	10	10	10	10
村容村貌	6	6	6	16
村里很少征求村民的意见	8	8	8	24
环境卫生	2	2	2	26
公共服务	2	2	2	28
供水	37	37	37	65
供电	5	5	5	70
生活污水处理	20	20	20	90
生活垃圾处理	4	4	4	94
产业发展	5	5	5	99
畜禽养殖污染	1	1	1	100
总　计	100	100	100	

（二）"美丽宜居乡村"建设中最大的困难

表 10－62 显示，被访者中认为"美丽宜居乡村"建设最大的困难是资金不足的占 48%，规划不合理的占 13%，技术不足的占 20%，人员不足的占 2%，村民观念滞后的占 17%。

表 10－62　"美丽宜居乡村"建设的困难

单位：次，%

A35. 您认为"美丽宜居乡村"建设最大的困难在哪里？	频次	百分比	有效百分比	累计百分比
1	48	48	48	48
2	13	13	13	61
3	20	20	20	81
4	2	2	2	83
5	17	17	17	100
总　计	100	100	100	

注：1. 资金不足；2. 规划不合理；3. 技术不足；4. 人员不足；5. 村民观念滞后。

（三）"美丽宜居乡村"建设中最关心的问题和对未来的期望

表 10－63 显示，被访者中最关心的问题和对未来的期望是增加收入，提高生活水平的占 68%；提高村民素质，村风文明的占 10%；孩子上学的占 6%；生态环境更加优美、获得资金支持、看病的医疗保险的各占 4%；基础设施更加完善、就业的各占 2%。占比最高的是增加收入，提高生活水平。

表 10－63　最关心的问题和对未来的期望

单位：次，%

A37. "美丽宜居乡村"建设中，您最关心的问题和对未来的期望是什么？	频次	百分比	有效百分比	累计百分比
增加收入，提高生活水平	68	68	68	68
基础设施更加完善	2	2	2	70

续表

A37. "美丽宜居乡村"建设中,您最关心的问题和对未来的期望是什么?	频次	百分比	有效百分比	累计百分比
生态环境更加优美	4	4	4	74
提高村民素质,村风文明	10	10	10	84
获得资金支持	4	4	4	88
孩子上学	6	6	6	94
就业	2	2	2	96
看病的医疗保险	4	4	4	100
总　　计	100	100	100	

（四）加快本村经济发展的措施

表 10 - 64 显示,被访者中认为加快本村经济发展的措施是鼓励村民创业,并提供创业资金支持的占 54%;发展绿色有机食品的生产的占 17%;招商引资,鼓励企业投资本村,带动经济发展的占 12%;促进本村特色产品规模生产,打造特色品牌的占 11%;发展"农家乐"等休闲旅游业的占 6%。

表 10 - 64　加快本村经济发展的措施

单位：次，%

A59. 您认为加快本村经济发展的措施是什么?	频次	百分比	有效百分比	累计百分比
1	17	17	17	17
2	6	6	6	23
3	11	11	11	34
4	54	54	54	88
5	12	12	12	100
总　　计	100	100	100	

注：1. 发展绿色有机食品的生产；2. 发展"农家乐"等休闲旅游业；3. 促进本村特色产品规模生产,打造特色品牌；4. 鼓励村民创业,并提供创业资金支持；5. 招商引资,鼓励企业投资本村,带动经济发展。

小　结

新坪村是 2013 年定西岷县、漳县发生 6.6 级地震后，在甘肃省内异地安置，搬迁至靖远县原五大坪农场而新设立的移民村。新坪村在灾后重建和"美丽宜居乡村"建设中，村庄规划有序，布局整齐，村容村貌干净整洁。村民住房以砖混房和砖瓦房居多，庭院前沿路边统一绿化美化，垃圾投进垃圾收集箱和公共垃圾处理区，生活污水主要通过下水道排到屋外，人居环境良好。被访者中对生活基础设施建设、生态环境建设、社会文化建设、公共服务、民主政治建设满意和比较满意的总体上占多数，对供水和厕所使用不满意率高。被访者中对所参加的"美丽宜居乡村"建设最满意的是公共服务改善，其次是基础设施建设。新坪村"美丽宜居乡村"建设中不足的主要是供水、生活污水处理问题。水质混浊，需澄清后才能使用，影响村民生活；生活污水处理设施还不够完善。关于"美丽宜居乡村"的"美"最应该体现在哪里，选项中占比较高的依次是人居环境美、生态环境美与产业经济发展好，说明"美丽宜居乡村"建设在突出人居环境和生态环境建设的同时，发展经济依旧是乡村建设的主题。被访者中不知道"美丽宜居乡村"建设内容、建设项目、建设规划的占比在 70% 及以上，远远高于知道和听说过的占比；认为村里的建设项目大部分能够按照"美丽宜居乡村"建设规划执行的占 40%，不知道的占 46%；了解村里的"美丽宜居乡村"建设规划的占 14%，不了解的占 86%。这说明村民对"美丽宜居乡村"建设的认知度偏低。被访者中认为"美丽宜居乡村"建设应该由政府主导、村民参与的占 94%。这说明新坪村在灾后重建过程中，政府的主导性强，村民的依赖性强。被访者中认为"美丽宜居乡村"建设与自己、自己的家庭有关系的占 84%；40% 的村民愿意参与到"美丽宜居乡村"建设项目中，54% 的村民比较愿意参与到"美丽宜居乡村"建设项目中，说明村民参与"美丽宜居乡村"建设的意愿比较强。被访者中参与了"美丽宜居乡村"建设项目的占 83%，说明村民参与度比较高。村民参加较多的项目是修路和房屋改造，其次是垃圾处理和改水。

新坪村主导产业为特色农业种植和劳务输出。农业生产以种植大棚蔬菜、玉米、枸杞为主；年劳务输出收入有 400 多万元。家庭人均年收入集中在 2001～4000 元，村民收入差距不大，收入普遍偏低。"美丽宜居乡村"建设中最大的困难是资金不足。68%的被访者最关心的问题和对未来的期望是增加收入，提高生活水平。54%的被访者认为加快本村经济发展的措施是鼓励村民创业，并提供创业资金支持。一定时期内脱贫致富仍是本村的主要任务。新坪村要在"美丽宜居乡村"建设中，发挥优势，做强特色，带领村民增加收入。

第十一章　老庄村"美丽宜居乡村"建设调查

一　基本情况

老庄村位于黄铎堡镇西北 2 公里处，全村面积 11.46 平方公里，耕地面积 6800 亩，退耕地面积 3700 亩。老庄村是一个纯回族村，2019 年有村民小组 7 个，855 户 3297 名村民。

调查人员采用的是入户发放调查问卷的形式，并针对问卷中村民不懂的地方及时给予解释，以保证样本的有效性。此次调查问卷共发放 100 份，最终收回 100 份。在 100 份调查问卷中，男性 54 人，占样本总量的 54%；女性 46 人，占样本总量的 46%。老庄村属于回族聚居地，100 名调查对象均是回族。此次调查对象的年龄分布：在 18 ~ 30 岁的占 24%，在 30 ~ 40 岁的占 22%，在 40 ~ 60 岁的占 36%，在 60 岁及以上的占 18%。此次调查对象的文化水平不一，文盲占 44%，小学学历占 24%，初中学历占 14%，高中或中专学历占 10%，大专学历占 2%，本科及以上学历占 6%。

二　"美丽宜居乡村"建设情况

（一）经济建设

表 11 - 1 显示，被访者中务农的占 63%，无业的占 6%，兼业的占 12%，在读学生的占 9%，自营活动和教师的各占 2%，当地打工的占 6%。

表 11 - 2 显示，被访者中家庭人均年收入在 2000 元及以下的占 27%，在 2001 ~ 4000 元的占 18%，在 4001 ~ 6000 元的占 22%，在 6001 ~ 8000 元的占 12%，在 8000 元以上的占 21%。

表11-1　职业状况

单位：次，%

A5. 您目前从事的职业是？	频次	百分比	有效百分比	累计百分比
无业	6	6	6	6
务农	63	63	63	69
兼业	12	12	12	81
当地打工	6	6	6	87
自营活动	2	2	2	89
教师	2	2	2	91
在读学生	9	9	9	100
总　计	100	100	100	

表11-2　家庭人均年收入

单位：次，%

A6. 您家庭去年（2018年）人均年收入能达到多少？	频次	百分比	有效百分比	累计百分比
2000元及以下	27	27	27	27
2001~4000元	18	18	18	45
4001~6000元	22	22	22	67
6001~8000元	12	12	12	79
8000元以上	21	21	21	100
总　计	100	100	100	

表11-3显示，被访者中以种植业产出为主要收入来源的占38%，以养殖业产出为主要收入来源的占32%，以外出打工所得（泥水工、环卫等职业）为主要收入来源的占22%，以兼业（种植和打工）、政府补贴、个体商户（做买卖）和其他为主要收入来源的各占2%。

表11-3　家庭主要收入来源

单位：次，%

A7. 您家庭主要收入来源是？	频次	百分比	有效百分比	累计百分比
种植业产出	38	38	38	38
养殖业产出	32	32	32	70
外出打工所得（泥水工、环卫等职业）	22	22	22	92
兼业（种植和打工）	2	2	2	94

续表

A7. 您家庭主要收入来源是?	频次	百分比	有效百分比	累计百分比
政府补贴	2	2	2	96
个体商户（做买卖）	2	2	2	98
其他	2	2	2	100
总　计	100	100	100	

从职业状况、家庭人均年收入和家庭主要收入来源可以看出，老庄村的主导产业为种植业、养殖业和打工，村民家庭收入主要来自种植业产出、养殖业产出和外出打工所得（泥水工、环卫等职业）。老庄村不属于贫困村，但尚有少量生活困难群众。

（二）人居环境建设

表11－4显示，被访者中住房为砖瓦房的占84%，砖混房的占3%，混凝土平房的占13%。

表11－4　住房类型

单位：次，%

A51. 您的住房是?	频次	百分比	有效百分比	累计百分比
砖瓦房	84	84	84	84
砖混房	3	3	3	87
混凝土平房	13	13	13	100
总　计	100	100	100	

表11－5显示，被访者中家庭庭院有绿化美化的占79%，没有绿化美化的占21%。

表11－5　庭院是否有绿化美化

单位：次，%

A52. 您家的庭院有绿化美化吗?	频次	百分比	有效百分比	累计百分比
有	79	79	79	79
没有	21	21	21	100
总　计	100	100	100	

表 11 −6 显示，被访者中生活燃料使用电的占 86%，煤的占 7%，柴火的占 5%，气的占 2%。

表 11 −6   生活燃料使用

单位：次，%

A55. 您家里使用的生活燃料是？	频次	百分比	有效百分比	累计百分比
煤	7	7	7	7
气	2	2	2	9
电	86	86	86	95
柴火	5	5	5	100
总　计	100	100	100	

表 11 −7 显示，被访者中使用房屋外土厕所的占 91%，房屋外冲水厕所的占 5%，房屋内冲水马桶的占 2%，蹲便器冲水厕所的占 2%。

表 11 −7   厕所使用情况

单位：次，%

A56. 您家使用的厕所是？	频次	百分比	有效百分比	累计百分比
蹲便器冲水厕所	2	2	2	2
房屋内冲水马桶	2	2	2	4
房屋外冲水厕所	5	5	5	9
房屋外土厕所	91	91	91	100
总　计	100	100	100	

以上数据显示，老庄村住房大多是砖瓦房和混凝土平房，房子的安全性和舒适度是有保证的，住房有着"美丽宜居乡村"的模样。79%的村民家庭庭院有绿化美化。86%的村民使用电，少部分使用煤、气、柴火。91%的村民家中的厕所是房屋外土厕所，极少数的村民使用冲水厕所。

（三）生态环境建设

表 11 −8 显示，被访者中生活污水泼到院子里的占 53%，通过下水道排到屋外的占 13%，浇到田地里的占 4%，其他的占 30%。

表 11 - 8 生活污水处理方式

单位：次，%

A39. 您家里生活污水的处理方式是？	频次	百分比	有效百分比	累计百分比
泼到院子里	53	53	53	53
浇到田地里	4	4	4	57
通过下水道排到屋外	13	13	13	70
其他	30	30	30	100
总 计	100	100	100	

表 11 - 9 显示，被访者中将生活垃圾扔到路边、沟道里或家门外空地里的占 47%，投进公共垃圾处理区的占 22%，投进垃圾收集箱的占 19%，扔到田地里的占 2%，其他的占 10%。

表 11 - 9 生活垃圾处理方式

单位：次，%

A40. 您家的生活垃圾怎样处理？	频次	百分比	有效百分比	累计百分比
投进垃圾收集箱	19	19	19	19
投进公共垃圾处理区	22	22	22	41
扔到路边、沟道里或家门外空地里	47	47	47	88
扔到田地里	2	2	2	90
其他	10	10	10	100
总 计	100	100	100	

表 11 - 10 显示，被访者中家里不用薄膜的占 54%，混同生活垃圾扔进垃圾箱的占 13%，卖给收废品的占 12%，交给薄膜收集站统一处理的占 8%，直接丢弃在田地里的占 7%，从田地取出后随意弃置的占 6%。

表 11 – 10　农用薄膜处理方式

单位：次，%

A42. 您家农业生产用的薄膜怎样处理？	频次	百分比	有效百分比	累计百分比
混同生活垃圾扔进垃圾箱	13	13	13	13
直接丢弃在田地里	7	7	7	20
从田地取出后随意弃置	6	6	6	26
交给薄膜收集站统一处理	8	8	8	34
卖给收废品的	12	12	12	46
家里不用薄膜	54	54	54	100
总　计	100	100	100	

以上数据表明，老庄村没有统一的排水系统，污水处理方式自然多样，生活垃圾处理方式也是自然多样。农业生产用的薄膜处理方式多样，回收率不高。

（四）社会文化建设

表 11 – 11 显示，被访者中经常做的日常文化娱乐活动是看电视的占39%，玩手机的占22%，参加祷告、礼拜等宗教仪式活动的占14%，串门聊天的占10%，打球等体育活动的占7%，看书或看报的占6%，跳舞等健身活动（包括广场舞）的占2%。

表 11 – 11　日常文化娱乐活动

单位：次，%

A67. 您最经常做的日常文化娱乐活动是什么？	频次	百分比	有效百分比	累计百分比
看电视	39	39	39	39
看书或看报	6	6	6	45
玩手机	22	22	22	67
跳舞等健身活动（包括广场舞）	2	2	2	69
打球等体育活动	7	7	7	76
参加祷告、礼拜等宗教仪式活动	14	14	14	90
串门聊天	10	10	10	100
总　计	100	100	100	

表 11 – 12 显示，被访者中认为本村很少开展公共文化活动的占 57%，本村只在某些节日开展公共文化活动的占 16%，本村从未开展公共文化活动的占 25%，本村经常开展公共文化活动而且内容丰富多样的占 2%。

表 11 – 12 公共文化活动

单位：次，%

A68. 本村经常开展各种 公共文化活动吗？	频次	百分比	有效百分比	累计百分比
本村很少开展公共文化活动	57	57	57	57
本村只在某些节日开展公共文化 活动	16	16	16	73
本村从未开展公共文化活动	25	25	25	98
本村经常开展公共文化活动而且 内容丰富多样	2	2	2	100
总　计	100	100	100	

表 11 – 13 显示，被访者中在日常生活和工作中没有遇到过矛盾纠纷的占 73%，遇到家族内矛盾的占 6%，家庭婚姻矛盾的占 6%，债务纠纷的占 4%，邻里矛盾的占 3%，和村干部闹矛盾的占 3%，农村土地权属纠纷的占 2%，征地差钱补偿安置纠纷的占 2%，其他的占 1%。

表 11 – 13 日常矛盾纠纷

单位：次，%

A71. 在日常生活和工作中， 您遇到过哪些矛盾纠纷？	频次	百分比	有效百分比	累计百分比
家庭婚姻矛盾	6	6	6	6
邻里矛盾	3	3	3	9
债务纠纷	4	4	4	13
农村土地权属纠纷	2	2	2	15
征地差钱补偿安置纠纷	2	2	2	17
和村干部闹矛盾	3	3	3	20
家族内矛盾	6	6	6	26
没有遇到过	73	73	73	99

A71. 在日常生活和工作中，您遇到过哪些矛盾纠纷？	频次	百分比	有效百分比	累计百分比
其他	1	1	1	100
总　计	100	100	100	

表11－14显示，被访者中对邻里信任的占51%，比较信任的占47%，一般的占2%。

表11－14　村民之间的信任度

单位：次，%

A72. 您对邻里的信任程度如何？	频次	百分比	有效百分比	累计百分比
信任	51	51	51	51
比较信任	47	47	47	98
一般	2	2	2	100
总　计	100	100	100	

由以上数据可知，村民最经常做的日常文化娱乐活动依次是看电视，玩手机，参加祷告、礼拜等宗教仪式活动和串门聊天，村民的娱乐方式还是以看电视、玩手机为主。被访者中认为本村很少开展公共文化活动的占57%，本村从未开展公共文化活动的占25%，本村只在某些节日开展公共文化活动的占16%，说明村里很少开展公共文化活动。73%的村民表示没有遇到过矛盾纠纷，而类似家庭婚姻矛盾、债务纠纷、家族内矛盾等发生的情况很少，村民之间的信任度高。通过农民讲习所的培训学习，本村民风变得更淳朴，村民变得更勤劳朴实。群众邻里和谐，齐心协力创造更好的明天。

（五）民主政治建设

表11－15显示，被访者中认为村里的重大事项是经过村民代表讨论后决定的占20%，认为有的事项是经过村民代表讨论后决定的占53%，认为不是经过村民代表讨论后决定的占7%，不知道的占20%。

表 11 - 15　村里重大事项是否经过村民代表讨论后决定

单位：次，%

A64. 您所在社区（村）里的重大事项是否经过村民代表讨论后决定？	频次	百分比	有效百分比	累计百分比
是	20	20	20	20
有的事项是	53	53	53	73
不是	7	7	7	80
不知道	20	20	20	100
总　计	100	100	100	

表 11 - 16 显示，被访者中认为"美丽宜居乡村"建设规划的制定有征求过村民意见的占 53%，认为没有征求过村民意见的占 9%，不知道的占 38%。

表 11 - 16　"美丽宜居乡村"建设规划是否征求过村民意见

单位：次，%

A25. 您村里的"美丽宜居乡村"建设规划有征求过村民的意见吗？	频次	百分比	有效百分比	累计百分比
有	53	53	53	53
没有	9	9	9	62
不知道	38	38	38	100
总　计	100	100	100	

表 11 - 17 显示，被访者中愿意为村里的发展出谋划策的占 87%，不愿意的占 6%，不关心的占 7%。

表 11 - 17　是否愿意为村里的发展出谋划策

单位：次，%

A63. 您愿意为村里的发展出谋划策吗？	频次	百分比	有效百分比	累计百分比
愿意	87	87	87	87

A63. 您愿意为村里的 发展出谋划策吗？	频次	百分比	有效百分比	累计百分比
不愿意	6	6	6	93
不关心	7	7	7	100
总　计	100	100	100	

在"美丽宜居乡村"建设中，老庄村进一步完善基础设施建设，建有标准党员活动室 1 所、文化室 1 所、卫生室 1 所、小学 1 所、幼儿园 1 所。老庄村属于非贫困村，现有建档立卡户 197 户 755 名村民。改造危房危窑 235 栋，对居住在危房中且交通不便、饮水困难的 46 户建档立卡户进行就近集中安置，极大地解决了群众的住房安全问题。硬化道路 11.8 公里，解决了群众出行困难的问题。在"美丽宜居乡村"建设中，老庄村逐步形成了村庄发展的特色和优势。

1. 构建种植、养殖、屠宰一条龙产业链

老庄村耕地面积 6800 亩，退耕地面积 3700 亩，种植玉米 6500 亩、枸杞 300 亩。牛存栏 2534 头，羊存栏 3432 只，主导产业是种植业和养殖业。依托现有的产业资源，构建种植、养殖、屠宰一条龙产业链。打造循环经济，种植玉米和枸杞，为养殖牛羊提供饲料、肥料；种植玉米和枸杞也有助于发展绿色有机食品的生产。生产绿色有机食品可以提高附加值，增加收入，还可以提供就业机会，扩大本村的劳务产业，增加收入。扶持种植、养殖大户，提供创业资金，鼓励村民创业。

2. 利用须弥山旅游区发展休闲农业

老庄村对种植的玉米、枸杞合理规划，打造观光农业区。利用靠近须弥山旅游区的地域优势，打造经果林采摘园、建设农家乐，发展休闲农业，在增加收入的同时，美化村庄，提升农民生活品质。

三　村民对"美丽宜居乡村"建设的认知度

（一）对"美丽宜居乡村"建设内涵的认知

表 11-18 显示，被访者中认为"美丽宜居乡村"的"美"最应该体现在生态环境美的占 33%，认为"美丽宜居乡村"的"美"最应该体现在产

业经济发展好的占26%，认为"美丽宜居乡村"的"美"最应该体现在人居环境美的占21%，认为"美丽宜居乡村"的"美"最应该体现在思想观念美的占14%，认为"美丽宜居乡村"的"美"最应该体现在公共服务好的占6%。

表11－18　对"美丽宜居乡村"中"美"的认知

单位：次，%

A31. 您认为"美丽宜居乡村"的"美"最应该体现在哪里？	频次	百分比	有效百分比	累计百分比
人居环境美	21	21	21	21
生态环境美	33	33	33	54
思想观念美	14	14	14	68
公共服务好	6	6	6	74
产业经济发展好	26	26	26	100
总　计	100	100	100	

（二）对"美丽宜居乡村"建设政策的认知

表11－19显示，被访者中知道"美丽宜居乡村"建设政策的占21%，听说过"美丽宜居乡村"建设政策的占40%，不知道"美丽宜居乡村"建设政策的占37%，不关心这一政策的占2%。

表11－19　是否知道"美丽宜居乡村"建设政策

单位：次，%

A10. 您知道"美丽宜居乡村"建设的政策吗？	频次	百分比	有效百分比	累计百分比
知道	21	21	21	21
听说过	40	40	40	61
不知道	37	37	37	98
不关心	2	2	2	100
总　计	100	100	100	

表11－20显示，被访者中认为"美丽宜居乡村"建设与自己、自己的家庭有关系的占93%，认为没有关系的占7%。

表 11-20 "美丽宜居乡村"建设与您、您家是否有关系

单位：次，%

A15."美丽宜居乡村"建设与您、您家有关系吗?	频次	百分比	有效百分比	累计百分比
有	93	93	93	93
没有	7	7	7	100
总　计	100	100	100	

（三）对"美丽宜居乡村"建设内容的认知

表 11-21 显示，被访者中知道"美丽宜居乡村"建设内容的占 17%，听说过的占 34%，不知道的占 47%，不关心的占 2%。

表 11-21 对"美丽宜居乡村"建设内容的认知

单位：次，%

A12.您知道"美丽宜居乡村"建设的内容吗?	频次	百分比	有效百分比	累计百分比
知道	17	17	17	17
听说过	34	34	34	51
不知道	47	47	47	98
不关心	2	2	2	100
总　计	100	100	100	

（四）对"美丽宜居乡村"建设项目的认知

表 11-22 显示，被访者中知道"美丽宜居乡村"建设项目的占 16%，听说过的占 29%，不知道的占 53%，不关心的占 2%。

表 11-22 对"美丽宜居乡村"建设项目的认知

单位：次，%

A13.您知道"美丽宜居乡村"建设的项目吗?	频次	百分比	有效百分比	累计百分比
知道	16	16	16	16
听说过	29	29	29	45

A13. 您知道"美丽宜居乡村"建设的项目吗?	频次	百分比	有效百分比	累计百分比
不知道	53	53	53	98
不关心	2	2	2	100
总 计	100	100	100	

（五）对"美丽宜居乡村"建设规划的认知

表 11 - 23 显示，被访者中认为村里有"美丽宜居乡村"建设规划的占 47%，认为没有的占 11%，不知道的占 42%。

表 11 - 23 村里是否有"美丽宜居乡村"建设规划

单位：次，%

A22. 您村里有"美丽宜居乡村"建设规划吗?	频次	百分比	有效百分比	累计百分比
有	47	47	47	47
没有	11	11	11	58
不知道	42	42	42	100
总 计	100	100	100	

表 11 - 24 显示，被访者中了解"美丽宜居乡村"建设规划的占 37%，不了解"美丽宜居乡村"建设规划的占 63%。

表 11 - 24 是否了解村里的"美丽宜居乡村"建设规划

单位：次，%

A23. 您了解村里的"美丽宜居乡村"建设规划吗?	频次	百分比	有效百分比	累计百分比
了解	37	37	37	37
不了解	63	63	63	100
总 计	100	100	100	

表 11 - 25 显示，被访者中认为村里的"美丽宜居乡村"建设规划合理的占 19%，比较合理的占 49%，不太合理的占 2%，不知道的占 30%。

表 11 - 25　村里的"美丽宜居乡村"建设规划是否合理

单位：次，%

A26. 您觉得村里的"美丽宜居乡村"建设规划科学合理吗？	频次	百分比	有效百分比	累计百分比
合理	19	19	19	19
比较合理	49	49	49	68
不太合理	2	2	2	70
不知道	30	30	30	100
总　计	100	100	100	

表 11 - 26 显示，被访者中认为村里的建设项目能够按照"美丽宜居乡村"建设规划执行的占 16%，认为大部分能够按照规划执行的占 45%，小部分能够按照规划执行的占 7%，不能的占 2%，不知道的占 30%。

表 11 - 26　村里的建设项目能否按照"美丽宜居乡村"建设规划执行

单位：次，%

A27. 您觉得村里的建设项目能够按照"美丽宜居乡村"建设规划执行吗？	频次	百分比	有效百分比	累计百分比
能够	16	16	16	16
大部分能够	45	45	45	61
小部分能够	7	7	7	68
不能	2	2	2	70
不知道	30	30	30	100
总　计	100	100	100	

（六）对"美丽宜居乡村"建设主体的认知

表 11 - 27 显示，被访者中认为"美丽宜居乡村"建设应该由政府主导、村民参与的占 85%，认为"美丽宜居乡村"建设应该由政府主导的占 8%，认为"美丽宜居乡村"建设应该由村民主导、政府参与的占 7%。

表 11－27 对"美丽宜居乡村"建设主体的认知

单位：次，%

A36. 您认为"美丽宜居乡村"建设应该由谁来主导？	频次	百分比	有效百分比	累计百分比
政府	8	8	8	8
政府主导、村民参与	85	85	85	93
村民主导、政府参与	7	7	7	100
总　计	100	100	100	

对"美丽宜居乡村"建设认知度的考察分三个层面，一是对"美丽宜居乡村"建设内涵的认知，二是对"美丽宜居乡村"建设政策、内容、项目、规划知道与否的认知，三是对"美丽宜居乡村"建设规划、主体认知的程度。生态环境美、产业经济发展好、人居环境美、思想观念美、公共服务好都是"美丽宜居乡村"的题中应有之义。被访者中认为"美丽宜居乡村"的"美"最应该体现在生态环境美，这与国家"美丽宜居乡村"建设的内涵要求是一致的，也说明"美丽宜居乡村"建设的政策契合了村民对美好生活的需求；排在第二位的是产业经济发展好，说明本村发展经济增加收入的需求度高。对"美丽宜居乡村"建设政策、建设内容、建设项目听说过的占比高于知道的占比，而且不知道的占比相对高。不知道"美丽宜居乡村"建设政策的占37%，不知道"美丽宜居乡村"建设内容的占47%，不知道"美丽宜居乡村"建设项目的占53%，不知道村里是否有"美丽宜居乡村"建设规划的占42%，不了解"美丽宜居乡村"建设规划的占63%，不知道建设项目能否按照"美丽宜居乡村"建设规划执行的占30%；认为"美丽宜居乡村"建设与自己、自己的家庭有关系的占93%，认为无关的占比低。这说明村民对"美丽宜居乡村"建设的认知度偏低。被访者中认为村里的"美丽宜居乡村"建设规划合理的占19%，比较合理的占49%；认为建设项目能够按照"美丽宜居乡村"建设规划执行的占16%，认为大部分能够按照规划执行的占45%；认为"美丽宜居乡村"建设应该由政府主导、村民参与的占85%，可见，绝大多数村民还是相信政府的，希望由政府主导建设"美丽宜居乡村"，自己积极配合并且参与。

四 村民对"美丽宜居乡村"建设的参与度

（一）村民参与"美丽宜居乡村"建设的意愿

表 11-28 显示，被访者中认为所有人都愿意参与"美丽宜居乡村"建设项目的占 22%，认为大部分愿意的占 70%，认为小部分愿意的占 6%，认为不愿意的占 2%。

表 11-28 村民是否愿意参与"美丽宜居乡村"建设项目

单位：次，%

A14. 据您所知，村民愿意参与"美丽宜居乡村"建设项目吗？	频次	百分比	有效百分比	累计百分比
所有人都愿意	22	22	22	22
大部分愿意	70	70	70	92
小部分愿意	6	6	6	98
不愿意	2	2	2	100
总　计	100	100	100	

表 11-29 显示，被访者中愿意参与"美丽宜居乡村"建设项目的占 40%，比较愿意的占 53%，不愿意的占 2%，不关心的占 5%。

表 11-29 您是否愿意参与"美丽宜居乡村"建设项目

单位：次，%

A28. 您愿意参与到"美丽宜居乡村"建设项目中吗？	频次	百分比	有效百分比	累计百分比
愿意	40	40	40	40
比较愿意	53	53	53	93
不愿意	2	2	2	95
不关心	5	5	5	100
总　计	100	100	100	

（二）村民是否参与"美丽宜居乡村"建设规划

表 11-30 显示，被访者中参与了村里的"美丽宜居乡村"建设规划的

占 57%，没有参与的占 43%。

表 11 - 30 是否参与村里的"美丽宜居乡村"建设规划

单位：次，%

A24. 您参与村里的"美丽宜居乡村"建设规划了吗？	频次	百分比	有效百分比	累计百分比
参与了	57	57	57	57
没有参与	43	43	43	100
总　计	100	100	100	

（三）村民是否参与"美丽宜居乡村"建设项目

表 11 - 31 显示，被访者中参与了"美丽宜居乡村"建设项目的占 85%，没有参与的占 15%。

表 11 - 31 是否参与"美丽宜居乡村"建设项目

单位：次，%

A17. 您家参与"美丽宜居乡村"建设项目了吗？	频次	百分比	有效百分比	累计百分比
参与了	85	85	85	85
没有参与	15	15	15	100
总　计	100	100	100	

表 11 - 32 显示，被访者中认为很有能力参与到"美丽宜居乡村"建设项目中的占 8%，比较有能力的占 31%，有点能力的占 42%，没有能力的占 19%。

表 11 - 32 是否有能力参与到"美丽宜居乡村"建设项目中

单位：次，%

A29. 您有能力参与到"美丽宜居乡村"建设项目中吗？	频次	百分比	有效百分比	累计百分比
很有能力	8	8	8	8
比较有能力	31	31	31	39

续表

A29. 您有能力参与到"美丽宜居乡村"建设项目中吗?	频次	百分比	有效百分比	累计百分比
有点能力	42	42	42	81
没有能力	19	19	19	100
总　计	100	100	100	

表 11 – 33 显示,在"美丽宜居乡村"建设中,被访者中能出劳力的占
57%,能出资金的占 5%,能既出劳力又出资金的占 15%,能出谋划策的占
6%,什么也出不了的占 17%。

表 11 – 33　能以什么方式参与到"美丽宜居乡村"建设项目中

单位:次,%

A30. 您能以什么方式参与到"美丽宜居乡村"建设项目中?	频次	百分比	有效百分比	累计百分比
出劳力	57	57	57	57
出资金	5	5	5	62
既出劳力又出资金	15	15	15	77
出谋划策	6	6	6	83
什么也出不了	17	17	17	100
总　计	100	100	100	

表 11 – 34 显示,被访者中参与项目占比较高的依次是修路、房屋改造、
改圈、环境卫生整治、环境绿化美化。

表 11 – 34　参与的"美丽宜居乡村"建设项目

单位:次,%

A18. 您家参与了"美丽宜居乡村"建设的哪些项目?	频次	百分比	有效百分比	累计百分比
1	21	21	21	21
1、2、4、6、7、8、9、10	11	11	11	32
1、2、3、6、9、10	7	7	7	39
1、2、6	6	6	6	45
1、2、7、8、10	4	4	4	49

续表

A18. 您家参与了"美丽宜居乡村"建设的哪些项目？	频次	百分比	有效百分比	累计百分比
1、3、9	3	3	3	52
1、4、7、9	5	5	5	57
1、4、9、10	2	2	2	59
6	13	13	13	72
2	18	18	18	90
2、6、8、9	8	8	8	98
4、9	2	2	2	100
总　计	100	100	100	

注：1. 修路；2. 房屋改造；3. 改水；4. 改厕；6. 改圈；7. 庭院改造；8. 垃圾处理；9. 环境卫生整治；10. 环境绿化美化。

表 11 – 35 显示，被访者中没有参加"美丽宜居乡村"建设的其他项目是因为项目政策没有覆盖到的占 37%，不了解政策的占 45%，没有条件参加的占 14%，政策宣传不够的占 4%。

表 11 – 35　为什么没有参加"美丽宜居乡村"建设的其他项目

单位：次，%

A20. 为什么您家没有参加"美丽宜居乡村"建设的其他项目？	频次	百分比	有效百分比	累计百分比
项目政策没有覆盖到	37	37	37	37
没有条件参加	14	14	14	51
不了解政策	45	45	45	96
政策宣传不够	4	4	4	100
总　计	100	100	100	

在参与度的调查中，主要考察了村民对"美丽宜居乡村"建设项目和"美丽宜居乡村"建设规划的参加意愿、能力和参加情况。由以上数据可知，90% 以上的村民愿意和比较愿意参与到"美丽宜居乡村"建设项目中，只有小部分人不愿意参与。被访者中参与了村里的"美丽宜居乡村"建设规划的占 57%，没有参与村里的"美丽宜居乡村"建设规划的占 43%；参与了"美丽宜居乡村"建设项目的占 85%，没有参与的占 15%；认为自己有点能

力参与到"美丽宜居乡村"建设项目中的占42%,认为自己比较有能力参与到"美丽宜居乡村"建设项目中的占31%,认为自己没有能力参与到"美丽宜居乡村"建设项目中的占19%,认为自己很有能力参与到"美丽宜居乡村"建设项目中的占8%;"美丽宜居乡村"建设项目中,愿意出劳力的占57%,愿意既出劳力又出资金的占15%,认为自己什么也出不了的占17%,愿意为"美丽宜居乡村"建设出谋划策的占6%,愿意出资金的占5%。总之村民们总想力所能及地为"美丽宜居乡村"的建设出一份力。村民参与"美丽宜居乡村"建设的项目主要集中在修路、房屋改造、改圈和环境卫生整治等人居环境整治方面。被访者中没有参加其他项目的原因是项目政策没有覆盖到的占37%,不了解政策的占45%,没有条件参加的占14%,政策宣传不够的占4%。

五 村民对"美丽宜居乡村"建设的满意度

(一)对"美丽宜居乡村"建设项目的满意度

表11-36显示,被访者中对所参加的"美丽宜居乡村"建设项目满意的占43%,比较满意的占51%,不满意的占6%。

表11-36 对所参加的"美丽宜居乡村"建设项目的满意度

单位:次,%

A19. 您对所参加的"美丽宜居乡村"建设项目满意吗?	频次	百分比	有效百分比	累计百分比
满意	43	43	43	43
比较满意	51	51	51	94
不满意	6	6	6	100
总 计	100	100	100	

表11-37显示,被访者中对本村"美丽宜居乡村"建设中最满意的是基础设施建设的占43%,村庄环境的绿化美化亮化的占22%,村民素质提高的占12%,文化生活丰富的占9%,产业发展的占8%,公共服务改善的占4%,公共设施增加的占2%。可见,"美丽宜居乡村"建设最满意的依次是基础设施建设、村庄环境的绿化美化亮化、村民素质提高、文化生活丰富、产业发展、公共服务改善、公共设施增加。

表 11 - 37 对本村"美丽宜居乡村"建设哪些方面最满意

单位：次，%

A32. 您对本村"美丽宜居乡村"建设的哪些方面最满意？	频次	百分比	有效百分比	累计百分比
产业发展	8	8	8	8
基础设施建设	43	43	43	51
文化生活丰富	9	9	9	60
村庄环境的绿化美化亮化	22	22	22	82
村民素质提高	12	12	12	94
公共服务改善	4	4	4	98
公共设施增加	2	2	2	100
总　计	100	100	100	

（二）对生活基础设施建设的满意度

表 11 - 38 显示，被访者中对居住条件满意的占 54%，比较满意的占 44%，不满意的占 2%。

表 11 - 38 居住条件满意度

单位：次，%

A53. 您对现在的居住条件满意吗？	频次	百分比	有效百分比	累计百分比
满意	54	54	54	54
比较满意	44	44	44	98
不满意	2	2	2	100
总　计	100	100	100	

表 11 - 39 显示，被访者中对供水满意的占 26%，比较满意的占 38%，一般的占 14%，不满意的占 22%。

表 11 - 39 供水满意度

单位：次，%

A80. 您对供水满意吗？	频次	百分比	有效百分比	累计百分比
满意	26	26	26	26
比较满意	38	38	38	64

续表

A80. 您对供水满意吗?	频次	百分比	有效百分比	累计百分比
一般	14	14	14	78
不满意	22	22	22	100
总　计	100	100	100	

表 11 - 40 显示,被访者中对供电满意的占 56%,比较满意的占 40%,一般的占 4%。

表 11 - 40　供电满意度

单位:次,%

A50. 您对供电满意吗?	频次	百分比	有效百分比	累计百分比
满意	56	56	56	56
比较满意	40	40	40	96
一般	4	4	4	100
总　计	100	100	100	

表 11 - 41 显示,被访者中对厕所使用满意的占 30%,比较满意的占 17%,一般的占 21%,不满意的占 32%。

表 11 - 41　厕所使用满意度

单位:次,%

A57. 您对厕所使用满意吗?	频次	百分比	有效百分比	累计百分比
满意	30	30	30	30
比较满意	17	17	17	47
一般	21	21	21	68
不满意	32	32	32	100
总　计	100	100	100	

表 11 - 42 显示,被访者中对公路的质量及养护满意的占 34%,比较满意的占 56%,一般的占 10%。

表 11 - 42 公路的质量及养护满意度

单位：次，%

A48. 您对公路的质量及养护满意吗？	频次	百分比	有效百分比	累计百分比
满意	34	34	34	34
比较满意	56	56	56	90
一般	10	10	10	100
总　计	100	100	100	

表 11 - 43 显示，被访者中对出行条件满意的占 43%，比较满意的占 53%，一般的占 4%。

表 11 - 43 出行条件满意度

单位：次，%

A47. 您对出行条件满意吗？	频次	百分比	有效百分比	累计百分比
满意	43	43	43	43
比较满意	53	53	53	96
一般	4	4	4	100
总　计	100	100	100	

表 11 - 44 显示，被访者中对公共交通满意的占 53%，比较满意的占 41%，一般的占 4%，不满意的占 2%。

表 11 - 44 公共交通满意度

单位：次，%

A49. 您对公共交通满意吗？	频次	百分比	有效百分比	累计百分比
满意	53	53	53	53
比较满意	41	41	41	94
一般	4	4	4	98
不满意	2	2	2	100
总　计	100	100	100	

表 11 - 45 显示，被访者中对通信满意的占 63%，比较满意的占 35%，一般的占 2%。

表 11 - 45　对通信满意度

单位：次，%

A54. 您对通信满意吗？ （打电话、使用微信、 收寄邮件、快递等）	频次	百分比	有效百分比	累计百分比
满意	63	63	63	63
比较满意	35	35	35	98
一般	2	2	2	100
总　计	100	100	100	

对生活基础设施建设的满意度从居住条件、供水、供电、厕所使用、公路的质量及养护、出行条件、公共交通、通信八个方面分满意、比较满意、一般、不满意四个层级考察。由数据可知，被访者中对居住条件、供电、公共交通、通信满意的占比高，对供水、公路的质量及养护、出行条件比较满意的占比高，对供电、公路的质量及养护、出行条件、通信没有不满意的，不满意率最高的是厕所使用。

（三）对生态环境建设的满意度

表 11 - 46 显示，被访者中对空气质量满意的占 35%，比较满意的占 61%，不满意的占 4%。

表 11 - 46　空气质量满意度

单位：次，%

A38. 您对村里的空气 质量满意吗？	频次	百分比	有效百分比	累计百分比
满意	35	35	35	35
比较满意	61	61	61	96
不满意	4	4	4	100
总　计	100	100	100	

表 11 - 47 显示，被访者中对生活垃圾处理满意的占 20%，比较满意的占 27%，一般的占 43%，不满意的占 10%。

表 11 - 47　生活垃圾处理满意度

单位：次，%

A41a. 您对村里生活垃圾的处理满意吗？	频次	百分比	有效百分比	累计百分比
满意	20	20	20	20
比较满意	27	27	27	47
一般	43	43	43	90
不满意	10	10	10	100
总　计	100	100	100	

表 11 - 48 显示，被访者中对村庄绿化美化亮化效果满意的占 16%，比较满意的占 47%，一般的占 37%。

表 11 - 48　村庄绿化美化亮化效果满意度

单位：次，%

A45. 您对本村的绿化美化亮化效果满意吗？	频次	百分比	有效百分比	累计百分比
满意	16	16	16	16
比较满意	47	47	47	63
一般	37	37	37	100
总　计	100	100	100	

表 11 - 49 显示，被访者中对本村及周边的生态环境满意的占 28%，比较满意的占 32%，一般的占 30%，不满意的占 10%。

表 11 - 49　本村及周边的生态环境满意度

单位：次，%

A46. 您对本村及周边的生态环境满意吗？	频次	百分比	有效百分比	累计百分比
满意	28	28	28	28
比较满意	32	32	32	60
一般	30	30	30	90
不满意	10	10	10	100
总　计	100	100	100	

对生态环境建设的满意度从空气质量、生活垃圾处理、村庄绿化美化亮化效果、本村及周边的生态环境四个方面分满意、比较满意、一般、不满意四个层级考察。被访者中对这四个方面比较满意的占比均高于满意，对生活垃圾处理、村庄绿化美化亮化效果、本村及周边的生态环境一般的占比较高，对村里生活垃圾处理、本村及周边的生态环境不满意率达到 10%。总体上看，本村没有工业污染，村庄空间开阔，空气质量良好，但生态环境建设提升的空间还很大。

（四）对社会文化建设的满意度

表 11－50 显示，被访者中对文化生活满意的占 14%，比较满意的占 42%，一般的占 44%。

表 11－50 文化生活的满意度

单位：次，%

A69. 您对村庄的文化生活满意吗？	频次	百分比	有效百分比	累计百分比
满意	14	14	14	14
比较满意	42	42	42	56
一般	44	44	44	100
总　计	100	100	100	

表 11－51 显示，被访者中对文化体育基础设施满意的占 12%，比较满意的占 33%，一般的占 55%。

表 11－51 文化体育基础设施的满意度

单位：次，%

A70. 您对现有的文化体育基础设施满意吗？	频次	百分比	有效百分比	累计百分比
满意	12	12	12	12
比较满意	33	33	33	45
一般	55	55	55	100
总　计	100	100	100	

表 11－52 显示，被访者中对邻里信任的占 19%，比较信任的占 74%，一般的占 6%，不信任的占 1%。

表 11 - 52 村民之间的信任度

单位: 次, %

A72. 您对邻里的信任程度如何?	频次	百分比	有效百分比	累计百分比
信任	19	19	19	19
比较信任	74	74	74	93
一般	6	6	6	99
不信任	1	1	1	100
总 计	100	100	100	

表 11 - 53 显示, 被访者中对村里的社会治安满意的占 14%, 比较满意的占 71%, 一般的占 15%。

表 11 - 53 社会治安满意度

单位: 次, %

A73. 您对村里的社会治安满意吗?	频次	百分比	有效百分比	累计百分比
满意	14	14	14	14
比较满意	71	71	71	85
一般	15	15	15	100
总 计	100	100	100	

对社会文化建设的满意度从文化生活、文化体育基础设施、村民之间的信任度、社会治安四个方面分满意（信任）、比较满意（比较信任）、一般、不满意（不信任）四个层级考察。数据显示, 被访者中对文化生活、文化体育基础设施、社会治安满意的占比不高并且对邻里信任的占比不高, 对文化生活、文化体育基础设施虽然没有不满意, 但一般的占比高于比较满意, 也高于满意; 对邻里、社会治安比较信任（比较满意）的占比高于满意（信任）和一般。

（五）对公共服务的满意度

表 11 - 54 显示, 被访者中对村里学校教育满意的占 35%, 比较满意的占 53%, 一般的占 12%。

表11-54 对村里学校教育的满意度

单位：次，%

A74. 您对村里的学校教育满意吗?	频次	百分比	有效百分比	累计百分比
满意	35	35	35	35
比较满意	53	53	53	88
一般	12	12	12	100
总　计	100	100	100	

表11-55显示，被访者中对村里提供的各种技能培训活动满意的占34%，比较满意的占52%，一般的占14%。

表11-55 对技能培训活动的满意度

单位：次，%

A78. 您对村里提供的各种技能培训活动满意吗?	频次	百分比	有效百分比	累计百分比
满意	34	34	34	34
比较满意	52	52	52	86
一般	14	14	14	100
总　计	100	100	100	

表11-56显示，被访者中对村里医疗卫生条件满意的占34%，比较满意的占56%，一般的占8%，不满意的占2%。

表11-56 对村里医疗卫生条件的满意度

单位：次，%

A75. 您对村里的医疗卫生条件满意吗?	频次	百分比	有效百分比	累计百分比
满意	34	34	34	34
比较满意	56	56	56	90
一般	8	8	8	98
不满意	2	2	2	100
总　计	100	100	100	

表11-57显示，被访者中对新型农村合作医疗保险政策满意的占51%，

比较满意的占45%，不满意的占4%。

表 11-57 对新型农村合作医疗保险政策的满意度

单位：次，%

A76. 对新型农村合作医疗保险政策满意吗?	频次	百分比	有效百分比	累计百分比
满意	51	51	51	51
比较满意	45	45	45	96
不满意	4	4	4	100
总 计	100	100	100	

表 11-58 显示，被访者中对养老保险政策满意的占52%，比较满意的占44%，一般的占4%。

表 11-58 对养老保险政策的满意度

单位：次，%

A77. 您对养老保险政策满意吗?	频次	百分比	有效百分比	累计百分比
满意	52	52	52	52
比较满意	44	44	44	96
一般	4	4	4	100
总 计	100	100	100	

表 11-59 显示，被访者中对社会保障政策满意的占60%，比较满意的占22%，一般的占10%，不满意的占8%。

表 11-59 对社会保障政策的满意度

单位：次，%

A79. 您对目前社会保障政策满意吗?	频次	百分比	有效百分比	累计百分比
满意	60	60	60	60
比较满意	22	22	22	82
一般	10	10	10	92
不满意	8	8	8	100
总 计	100	100	100	

对公共服务的满意度从学校教育、技能培训、医疗卫生条件、医疗保险、养老保险、社会保障六个方面分满意、比较满意、一般、不满意四个层级考察。以上数据显示，被访者中对学校教育、技能培训、医疗卫生条件比较满意的占比高于满意和一般；对医疗保险、养老保险和社会保障满意的占比高于比较满意和一般。可见，学校教育、技能培训、医疗卫生条件进一步提升的空间较大。

（六）对民主政治建设的满意度

表11－60显示，被访者中对村里民主政治建设满意的占18%，比较满意的占72%，一般的占10%。

表11－60　对村里民主政治建设的满意度

单位：次，%

A65. 您对村里的民主政治建设满意吗?	频次	百分比	有效百分比	累计百分比
满意	18	18	18	18
比较满意	72	72	72	90
一般	10	10	10	100
总　计	100	100	100	

表11－61显示，被访者中对村委会干部的工作和服务满意的占26%，比较满意的占66%，一般的占5%，不满意的占3%。

表11－61　对村委会干部的工作和服务的满意度

单位：次，%

A66. 您对村委会干部的工作和服务满意吗?	频次	百分比	有效百分比	累计百分比
满意	26	26	26	26
比较满意	66	66	66	92
一般	5	5	5	97
不满意	3	3	3	100
总　计	100	100	100	

对民主政治建设的满意度从民主政治建设、村委会干部的工作和服务两

个方面分满意、比较满意、一般、不满意四个层级考察。数据显示，对于本村的民主政治建设、村委会干部的工作和服务比较满意的占比高于满意和一般，不满意率低。

六 "美丽宜居乡村"建设中的不足和加快发展的建议

（一）"美丽宜居乡村"建设中的不足

表 11 - 62 显示，被访者中认为"美丽宜居乡村"建设中有不足的占 78%，没有不足的占 22%。

表 11 - 62 "美丽宜居乡村"建设中是否有不足

单位：次，%

A33. 您认为"美丽宜居乡村"建设中有不足的方面吗？	频次	百分比	有效百分比	累计百分比
有	78	78	78	78
没有	22	22	22	100
总 计	100	100	100	

表 11 - 63 显示，被访者中认为"美丽宜居乡村"建设中的不足占比高的依次是生活污水处理、供水、生活垃圾处理、环境卫生和产业发展。

表 11 - 63 "美丽宜居乡村"建设中有哪些不足

单位：次，%

A34. 您认为"美丽宜居乡村"建设中不足的是哪方面？	频次	百分比	有效百分比	累计百分比
道路建设	2	2	2	2
生活垃圾处理	11	11	11	13
供电	2	2	2	15
生活污水处理	25	25	25	40
供水	23	23	23	63
产业发展	9	9	9	72
文化建设	6	6	6	78
物业服务	6	6	6	84

续表

A34. 您认为"美丽宜居乡村"建设中不足的是哪方面?	频次	百分比	有效百分比	累计百分比
村容村貌	4	4	4	88
畜禽养殖污染	2	2	2	90
环境卫生	10	10	10	100
总　计	100	100	100	

（二）"美丽宜居乡村"建设中最大的困难

表 11-64 显示，被访者中认为"美丽宜居乡村"建设最大的困难是资金不足的占 62%，村民观念滞后的占 20%，规划不合理的占 6%，技术不足的占 6%，人员不足的占 4%，其他的占 2%。

表 11-64　"美丽宜居乡村"建设的困难

单位：次，%

A35. 您认为"美丽宜居乡村"建设最大的困难在哪里?	频次	百分比	有效百分比	累计百分比
资金不足	62	62	62	62
规划不合理	6	6	6	68
技术不足	6	6	6	74
人员不足	4	4	4	78
村民观念滞后	20	20	20	98
其他	2	2	2	100
总　计	100	100	100	

（三）"美丽宜居乡村"建设中最关心的问题和对未来的期望

表 11-65 显示，被访者中在"美丽宜居乡村"建设中最关心的问题和对未来的期望是孩子上学的占 26%；增加收入，提高生活水平的占 21%；基础设施更加完善的占 16%；生态环境更加优美的占 13%；提高村民素质，村风文明的占 12%；获得资金支持的占 4%；其余的各占 2%。

表 11 - 65　村民最关心的问题和对未来的期望

单位：次，%

A37. 在"美丽宜居乡村"建设中，您最关心的问题和对未来的期望是什么？	频次	百分比	有效百分比	累计百分比
增加收入，提高生活水平	21	21	21	21
基础设施更加完善	16	16	16	37
生态环境更加优美	13	13	13	50
村务民主公开	2	2	2	52
提高村民素质，村风文明	12	12	12	64
村里文化生活更加丰富	2	2	2	66
获得资金支持	4	4	4	70
孩子上学	26	26	26	96
就业	2	2	2	98
看病的医疗保险	2	2	2	100
总　计	100	100	100	

（四）加快本村经济发展的措施

表 11 - 66 显示，关于加快本村经济发展的措施，被访者中认为是鼓励村民创业，并提供创业资金支持的占 41%；发展绿色有机食品的生产的占 18%；招商引资，鼓励企业投资本村，带动经济发展的占 17%；发展"农家乐"等休闲旅游业的占 12%；促进本村特色产品规模生产，打造特色品牌的占 12%。

表 11 - 66　加快本村经济发展的措施

单位：次，%

A59. 您认为加快本村经济发展的措施是什么？	频次	百分比	有效百分比	累计百分比
1	18	18	18	18
2	12	12	12	30
3	12	12	12	42

续表

A59. 您认为加快本村经济 发展的措施是什么？	频次	百分比	有效百分比	累计百分比
4	41	41	41	83
5	17	17	17	100
总　计	100	100	100	

注：1. 发展绿色有机食品的生产；2. 发展"农家乐"等休闲旅游业；3. 促进本村特色产品规模生产，打造特色品牌；4. 鼓励村民创业，并提供创业资金支持；5. 招商引资，鼓励企业投资本村，带动经济发展。

小　结

在"美丽宜居乡村"建设中，老庄村依托现有的产业资源，构建种植、养殖、屠宰一条龙产业链，打造循环经济；扶持种植、养殖大户，提供创业资金，鼓励村民创业；利用靠近须弥山旅游区的地域优势，合理规划玉米、枸杞种植，打造经果林采摘园、建设农家乐，发展休闲农业，在增加收入的同时，美化村庄，提升农民生活品质。老庄村主要经济收入来源是种植业产出、养殖业产出、外出打工所得（泥水工、环卫等职业）。2018 年村民人均可支配收入达到 11004 元。在"美丽宜居乡村"建设中，老庄村进一步完善基础设施建设，新建了党员活动室、文化室、卫生室、小学和幼儿园；改造危房危窑 235 栋，对居住在危房中且交通不便、饮水困难的群众进行就近集中安置，极大地解决了群众的住房安全问题；硬化道路，解决了群众出行困难问题。

被访者中认为"美丽宜居乡村"的"美"最应该体现在生态环境美的占33%，说明被访者的认知与"美丽宜居乡村"建设的要求是一致的；与其他被访村庄不同，排在第二位的是产业经济发展好，占26%；排在第三位的是人居环境美，占21%。这说明在被访者的认知中，村庄经济发展要优先于人居环境的改善。村民对"美丽宜居乡村"建设的认知度偏低。被访者中对"美丽宜居乡村"建设政策、建设内容、建设项目听说过的占比高于知道的占比，而且不知道的占比较高。村民参与"美丽宜居乡村"建设项目和建设规划的意愿强烈，参与"美丽宜居乡村"建设的项目主要集中在修路、房屋改造、改圈和环境卫生整治等人居环境整治方面。被访者中没有参与其他项目的原因主要是不了解政策和项目政策没有覆盖到。"美丽宜居乡村"建设中被访者最满意的依次是基础设施建设、村庄环境的绿化美化亮化、村民素质提高、文化生活丰富、产业发展、公共服务改善、公共设施增加。在生活基础设施建设中被访者对居住条件、供电、公共交通、通信满意的占比高，不满意率最高的是厕所使用。老庄村没有工业污染，村庄空间开阔，空气质量良好，但生态环境建设四个方面比较满意的占比均高于满意，提升的空间还很大。村民最经常做的文化娱乐活动依次是看电视，玩手机，参加祷告、礼拜等宗教仪式活动和串门聊天；本村很少开展公共文化活动；被访者中对文化生活、文化体育基础设施虽然没有不满意，但认为一般的占比高于比较满意，也高于满意；村民之间的信任度高；被访者中对社会治安比较满意的占比高。学校教育、技能培训活动、医疗卫生条件等公共服务进一步提升的空间较大。"美丽宜居乡村"建设中突出的问题集中在产业发展、供水、生活垃圾处理、生活污水处理、环境卫生方面。被访者中认为"美丽宜居乡村"建设的最大困难是资金不足。在村民心目中，老庄村资金有限，限制了有些项目的规划与建设，同时老庄村地处偏远，村民的思想观念较城市落后与保守，也会限制有些项目的开发。笔者也认为这是本村"美丽宜居乡村"建设的最大阻力。展望未来，村民们也有所期盼。更多村民最关心的还是孩子上学问题，能让下一代更好地接受教育；其次就是增加收入，提高生活水平；再者就是基础设施更加完善，生态环境更加优美，提高村民素质，村风文明。如何加快本村的经济发展？较多被访者认为要鼓励村民创业，并提供创业资金支持。

第十二章　马家营村"美丽宜居乡村"建设调查

一　基本情况

马家营村位于青海省海东市乐都区向东 15 千米的虎狼沟口，距 109 国道线 500 米。它南依巍巍花抱山，北临滔滔湟水河，与蜚声中外的柳湾彩陶遗址隔河相望，对面是西坪遗址，东靠洪水坪村，村落东西两面夹山。虎狼沟河水自南向北，蜿蜒从村子西侧流入湟水河。2019 年全村共有 3 个自然社，170 户 569 人，村民以汉族为主，占总人数的 96%，其他少数民族占 4%，如土家族。马家营村近似于一个长方形，农家院落井然有序地排列在沟口方圆 1 千米的土地上。

本次"美丽宜居乡村"建设情况调研共发放调查问卷 100 份，通过入户走访面谈的方式进行问卷各项指标的调查，共收回调查问卷 100 份，回收率为 100%，其中有效问卷 100 份，问卷有效率为 100%。村民的参与度、配合度和投入度极高。男性占样本的 42%，女性占 58%。样本中村民在 18～30 岁的占 16%，在 30～40 岁的占 20%，在 40～60 岁的占 44%，在 60 岁及以上的占 20%。样本中文化程度为文盲的占 18%，小学的占 30%，初中的占 28%，高中或中专的占 18%，大专及以上的占 6%。

二　"美丽宜居乡村"建设情况

（一）经济建设

图 12－1 显示，被访者中务农的占 44%，当地打工的占 14%，外地打工的占 4%，兼业的占 10%，在读学生的占 12%，销售人员的占 2%，无业的占 4%，乡村干部的占 2%，其余的各占 2%。

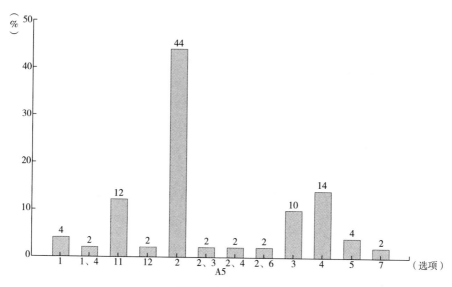

图 12 - 1　职业状况

注：1. 无业；2. 务农；3. 兼业；4. 当地打工；5. 外地打工；6. 自营活动；7. 乡村干部；11. 在读学生；12. 销售人员。

图 12 - 2 显示，被访者中家庭主要收入来源为外出打工所得（泥水工、环卫等职业）的占 38%，种植业产出的占 12%，兼业（种植和打工）的占 8%，种植业产出和外出打工所得（泥水工、环卫等职业）的占 16%，种植业产出、外出打工所得（泥水工、环卫等职业）和政府补贴的占 10%，种植业产出和政府补贴的占 4%，外出打工所得（泥水工、环卫等职业）和兼业（种植和打工）的占 2%，外出打工所得（泥水工、环卫等职业）和政府补贴的占 4%，兼业（种植和打工）和政府补贴的占 2%，喂养牲畜的占 2%，手工的占 2%。

表 12 - 1 显示，被访者中 2018 年家庭人均年收入在 2000 元及以下的占 12%，在 2001~4000 元的占 37%，在 4001~6000 元的占 25%，在 6001~8000 元的占 16%，在 8000 元以上的占 10%。

表 12 -1　家庭人均年收入

单位：次，%

A6. 您家庭去年（2018 年）人均年收入能达到多少？	频次	百分比	有效百分比	累计百分比
2000 元及以下	12	12	12	12
2001~4000 元	37	37	37	49

续表

A6. 您家庭去年（2018 年）人均年收入能达到多少？	频次	百分比	有效百分比	累计百分比
4001～6000 元	25	25	25	74
6001～8000 元	16	16	16	90
8000 元以上	10	10	10	100
总　计	100	100	100	

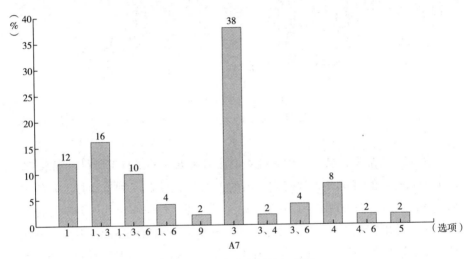

图 12－2　家庭主要收入来源

注：1. 种植业产出；3. 外出打工所得（泥水工、环卫等职业）；4. 兼业（种植和打工）；5. 手工；6. 政府补贴；9. 喂养牲畜。

调查数据显示，马家营村的主导产业是种植业和务工。在"美丽宜居乡村"建设中，优化经济结构，构筑以设施循环农牧业、劳务输出为主的产业板块，全村重点种植大豆、洋芋、玉米、白菜、苗木等，种植业、养殖业均衡发展。村民的家庭主要收入来源是种植业产出和外出打工所得（泥水工、环卫等职业）。若以人均年收入在 4000 元及以下为低收入，在 4001～8000 元为中等收入，在 8000 元以上为高收入，那么马家营村低收入者占 49%，中等收入者占 41%，高收入者占 10%。

（二）人居环境建设

表 12－2 显示，被访者中住房为砖瓦房的占 42%，砖混房的占 22%，混

凝土平房的占32%，楼房的占4%。

表12-2　住房类型

单位：次，%

A51. 您的住房是？	频次	百分比	有效百分比	累计百分比
砖瓦房	42	42	42	42
砖混房	22	22	22	64
混凝土平房	32	32	32	96
楼房	4	4	4	100
总　计	100	100	100	

表12-3显示，被访者中家庭庭院有绿化美化的占93%，家庭庭院没有绿化美化的占7%。

表12-3　庭院是否有绿化美化

单位：次，%

A52. 您家的庭院有绿化美化吗？	频次	百分比	有效百分比	累计百分比
有	93	93	93	93
没有	7	7	7	100
总　计	100	100	100	

表12-4显示，被访者中生活燃料使用煤的占33%，柴火的占28%，电的占21%，煤和电的占4%，煤、电、柴火的占2%，气的占4%，电和柴火的占4%。生活燃料主要是煤、柴火、电。

表12-4　生活燃料使用情况

单位：次，%

A55. 您家里使用的生活燃料是？	频次	百分比	有效百分比	累计百分比
1	33	33	33	33
1、3	4	4	4	37
1、3、4	2	2	2	39

续表

A55. 您家里使用的生活燃料是?	频次	百分比	有效百分比	累计百分比
1、4	4	4	4	43
2	4	4	4	47
3	21	21	21	68
3、4	4	4	4	72
4	28	28	28	100
总 计	100	100	100	

注: 1. 煤; 2. 气; 3. 电; 4. 柴火。

表 12 - 5 显示,被访者中家里使用房屋外土厕所的占 86%,使用蹲便器冲水厕所的占 2%,使用房屋外冲水厕所的占 12%。

表 12 - 5　厕所使用

单位:次,%

A56. 您家里使用的厕所是?	频次	百分比	有效百分比	累计百分比
蹲便器冲水厕所	2	2	2	2
房屋外冲水厕所	12	12	12	14
房屋外土厕所	86	86	86	100
总 计	100	100	100	

自 2014 年马家营村实施"美丽宜居乡村"建设以来,通过农村旧危房、奖励性住房建设改造,推广建造卫生厕所,至 2019 年,全村 170 户已建卫生旱厕 144 所,室内冲水式厕所 18 所。村里配备垃圾收集箱,村道硬化,修建了小广场,安装了健身器材,绿化美化工程等项目极大地改善了人居环境。

（三）生态环境建设

表 12 - 6 显示,被访者中家里生活污水泼到院子里的占 33%,通过下水道排到屋外的占 28%,浇到田地里的占 19%,其他的占 20%。

表 12 – 6　生活污水处理方式

单位：次，%

A39. 您家里生活污水的处理方式是？	频次	百分比	有效百分比	累计百分比
泼到院子里	33	33	33	33
浇到田地里	19	19	19	52
通过下水道排到屋外	28	28	28	80
其他	20	20	20	100
总　计	100	100	100	

表 12 – 7 显示，被访者中将生活垃圾投进垃圾收集箱的占 54%，投进公共垃圾处理区的占 38%，扔到路边、沟道里或家门外空地里的占 4%，其他的占 4%。

表 12 – 7　生活垃圾处理方式

单位：次，%

A40. 您家里的生活垃圾怎样处理？	频次	百分比	有效百分比	累计百分比
投进垃圾收集箱	54	54	54	54
投进公共垃圾处理区	38	38	38	92
扔到路边、沟道里或家门外空地里	4	4	4	96
其他	4	4	4	100
总　计	100	100	100	

表 12 – 8 显示，被访者中将农业生产用薄膜混同生活垃圾扔进垃圾箱的占 5%，直接丢弃在田地里的占 2%，从田地取出后随意弃置的占 2%，交给薄膜收集站统一处理的占 72%，卖给收废品的占 13%，家里不用薄膜的占 6%。

表 12 – 8 农业生产用薄膜处理方式

单位：次，%

A42. 您家农业生产用薄膜怎样处理？	频次	百分比	有效百分比	累计百分比
1	5	5	5	5
2	2	2	2	7
3	2	2	2	9
4	72	72	72	81
5	13	13	13	94
6	6	6	6	100
总　计	100	100	100	

注：1. 混同生活垃圾扔进垃圾箱；2. 直接丢弃在田地里；3. 从田地取出后随意弃置；4. 交给薄膜收集站统一处理；5. 卖给收废品的；6. 家里不用薄膜。

　　马家营村村内无排污管道和污水处理厂、无污水处理站，群众生活污水多以泼洒的方式或倒入渗水井进行处理，生活污水处理率达到 90%，对生活环境没有造成大的污染。访谈中发现马家营村的生活污水处理设施和方式还需要改善，村里的污水处理系统不健全，52% 的村民家的生活污水只能泼到院子里或者浇到田地里，长久下去对环境会造成很大的影响。相比之下，马家营村的生活垃圾的处理效果较好，不仅村民自家设有垃圾收集箱，村子里也有公共垃圾处理区。有一部分村民对农业生产用薄膜做了正确的处理。开展"美丽宜居乡村"建设以来，马家营村积极引导农民科学使用地膜，防止白色污染，常年种植地膜洋芋 165 亩，每亩地膜用量约 7 公斤，发放地膜1155 公斤，收回地膜 935.6 公斤，农业地膜回收率达 81%。马家营村农作物种植主要是洋芋、玉米、油菜等，农作物秸秆主要是用于生活燃料、饲料和出售，大大提高了农作物秸秆利用率，农作物秸秆综合利用率为 90%。牲畜粪便经堆积发酵后作为肥料，用于农作物肥料，使畜禽养殖废弃物粪便综合利用率达 85%。马家营村利用高效、低残毒农药品种，推广配方施肥技术和有机肥、复混专用肥，推广使用高效、低毒、低残留的农药，推广无公害蔬菜种植技术，保障农产品质量安全，主要有机、绿色及无公害农产品种植面积比重达 71%。在"美丽宜居乡村"建设中，马家营村全力搞好绿化工作，植树造林成效显著，村庄绿化覆盖率达到 35%。

　　马家营村没有工业生产，没有工业废弃物的排放。马家营村扩大清洁能源建设，全面实行了村内电网改造，鼓励农民使用太阳灶和电能。清洁能源的推广，增强了广大群众的环保意识。村内仅靠烧柴做饭的农户逐渐减少，减少了烟尘污染，生态环境得到了有效的保护，群众的生活质量显著提高。所以，从整体上来看，马家营村的乡村生态环境和环境安全的建设效果较好。通过"美丽宜居乡村"建设工作，村民的思想观念也发生了很大的变化，树立起了保护环境、讲究卫生、文明向上的村风，文明的生活方式被群众所接受。

（四）社会文化建设

图12-3显示，被访者中关于村民最经常做的日常文化娱乐活动这一问题，图中所有选项中的内容都有，但其中有几项占比较高，有20%的村民最经常做的日常文化娱乐活动是看电视，有16%的村民最经常做的日常文化娱乐活动是玩手机，有8%的村民最经常做的日常文化娱乐活动是跳舞等健身活动（包括广场舞）。

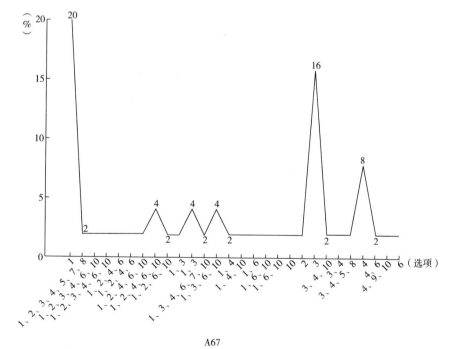

A67

图 12-3 村民日常文化娱乐活动

注：1. 看电视；2. 看书或看报；3. 玩手机；4. 跳舞等健身活动（包括广场舞）；5. 看戏或看电影；6. 打牌或下棋；7. 打球等体育运动；8. KTV 唱歌；9. 参加祷告、礼拜等宗教仪式活动；10. 串门聊天。

图12-4显示，被访者中有26%的村民表示本村很少开展公共文化活

动,有66%的村民表示本村只在某些节日开展公共文化活动,有8%的村民表示本村经常开展公共文化活动而且内容丰富多样。

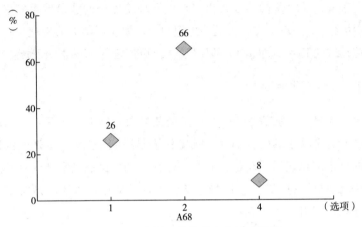

图 12 - 4　本村开展公共文化活动情况

注：1. 本村很少开展公共文化活动；2. 本村只在某些节日开展公共文化活动；4. 本村经常开展公共文化活动而且内容丰富多样。

图 12 - 5 显示,被访者中在日常生活和工作中没有遇到过矛盾纠纷的占70%,家庭婚姻矛盾的占8%,工作纠纷的占4%,其他的占2%,债务纠纷的占4%,和村干部闹矛盾的占2%,家族内矛盾的占4%。

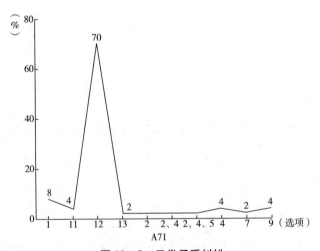

图 12 - 5　日常矛盾纠纷

1. 家庭婚姻矛盾；2. 邻里矛盾；4. 债务纠纷；5. 农村土地权属纠纷；7. 和村干部闹矛盾；9. 家族内矛盾；11. 工作纠纷；12. 没有遇到过；13. 其他。

以上数据显示，村民经常做的日常文化娱乐活动主要是看电视、玩手机、跳舞等健身活动（包括广场舞）。66%的村民认为本村只在某些节日开展公共文化活动，比如火龙节。70%的村民在日常生活和工作中没有遇到过矛盾纠纷。

（五）民主政治建设

表12-9显示，被访者中认为村里的"美丽宜居乡村"建设规划有征求过村民意见的占59%，没有征求过村民意见的占15%，不知道是否征求过村民意见的占26%。

表12-9　村里的"美丽宜居乡村"建设规划是否征求过村民的意见

单位：次，%

A25. 您村里的"美丽宜居乡村"建设规划征求过村民的意见吗？	频次	百分比	有效百分比	累计百分比
有	59	59	59	59
没有	15	15	15	74
不知道	26	26	26	100
总　计	100	100	100	

表12-10显示，被访者中认为村里的重大事项是经过村民代表讨论后决定的占55%，村里有的事项是经过村民代表讨论后决定的占30%，村里的重大事项不是经过村民代表讨论后决定的占4%，不知道的占11%。

表12-10　村里重大事项的决策

单位：次，%

A64. 您村里的重大事项是否经过村民代表讨论后决定？	频次	百分比	有效百分比	累计百分比
是	55	55	55	55
有的事项是	30	30	30	85
不是	4	4	4	89
不知道	11	11	11	100
总　计	100	100	100	

表12-11显示，被访者中愿意为村里的发展出谋划策的占80%，不愿意为村里的发展出谋划策的占10%，不关心的占10%。

表12-11 是否愿意为村里的发展出谋划策

单位：次，%

A63. 您愿意为村里的 发展出谋划策吗?	频次	百分比	有效百分比	累计百分比
愿意	80	80	80	80
不愿意	10	10	10	90
不关心	10	10	10	100
总 计	100	100	100	

自2014年马家营村实施"美丽宜居乡村"建设以来，优化经济结构，推广无公害蔬菜种植技术，提升产业层次，构筑以设施循环农牧业、劳务输出为主的产业板块，村民收入稳步增长。通过农村旧危房改造、奖励性住房建设，推广建造卫生厕所，设置垃圾收集箱，安装户户通电视，改装了大容量变压器，推广电能和太阳能等清洁能源，村道硬化，修建了小广场，安装了健身器材等，极大地改善了人居环境。妥善处理地膜，防止白色污染，把农作物秸秆用于生活燃料、饲料和出售，大大提高了农作物秸秆利用率。实施绿化美化工程，植树造林成效显著，村庄绿化覆盖率达到35%，生态环境良好。通过"美丽宜居乡村"建设工作，村民的思想观念发生了很大的变化，树立起了保护环境、讲究卫生、文明向上的村风，现代文明的生活方式被群众所接受。在"美丽宜居乡村"建设中，马家营村的自然资源优势、生态农业优势和民俗文化特色逐渐凸显，为今后的发展奠定了基础。

1. 自然资源优势

马家营村地理位置优越，交通线路多且方便，自然生态资源众多。马家营村依村东护山而居，在马家营村和李家壕村之间恰好有个山堡，这个山堡将南北走向的护山分为两段，放眼望去，酷似二龙戏珠之势。马家营村依据有利的地形和地势，合理利用丰富的自然资源，建设"一条龙"服务的娱乐性旅游景区，景区旅游项目包括自然风景观赏区和娱乐项目区，景区的娱乐项目有骑马、射箭、滑雪等，与位于洪水镇东端的老鸦峡景区的鲁班亭、菊花石等自然景观和娘娘庙、延福寺等人文景观构成内容丰富的旅游区。

2. 生态农业优势

通过实地的调查以及和本村村民交谈可以看出，在"美丽宜居乡村"建设项目实施以后，马家营村的生态环境发生了很大的变化，生态环境更加的安全、绿色、养生，马家营村可以利用良好的生态资源，培育绿色农业基地，引进新技术、新品种，种植和生产绿色有机食品，建立有机食品加工厂、有机食品种植园，发展观光农业、自助蔬菜瓜果采摘园和特色农家乐，促进农业产业化经营，建设高效、优质、特色的绿色生态农业和生态旅游业，形成循环的生态农业产业链，不仅给马家营村带来经济收益，还能为马家营村的大部分村民提供就业岗位，吸引外出务工的村民回乡，为家乡发展做出贡献。

3. 独特的民俗文化优势

马家营村民间民俗文化丰富，可以充分利用民俗文化资源，发展特色文化旅游。耍火龙是乐都区洪水镇马家营村元宵节独具特色的习俗。耍火龙的习俗从元末明初开始，已有600多年的历史。马家营村于正月十五前后会组织开展气势壮观、规模宏大的火龙舞。舞火龙、跳火堆，寓意一年四季风调雨顺、吉祥安康。马家营村的火把节已经被评为省级非物质文化遗产。为将这一凝聚人心的习俗传承下去并发扬光大，耍火龙的习俗已更名为火龙节并申报国家级非物质文化遗产。

三　村民对"美丽宜居乡村"建设的认知度

（一）对"美丽宜居乡村"建设内涵的认知

表12-12显示，关于"美丽宜居乡村"的"美"最应该体现在哪里，29%的被访者认为"美丽宜居乡村"的"美"最应该体现在人居环境美，23%的被访者认为"美丽宜居乡村"的"美"最应该体现在生态环境美。占比较高的依次是人居环境美、生态环境美，体现了"美丽宜居乡村"建设的内涵。

表12-12　对"美丽宜居乡村"中"美"的认知

单位：次，%

A31. 您认为"美丽宜居乡村"的"美"最应该体现在哪里？	频次	百分比	有效百分比	累计百分比
1	29	29	29	29
1、2	2	2	2	31
1、2、3、4	5	5	5	36

续表

A31. 您认为"美丽宜居乡村"的"美"最应该体现在哪里?	频次	百分比	有效百分比	累计百分比
1、2、3、4、5	11	11	11	47
3	4	4	4	51
1、2、4	2	2	2	53
1、2、5	2	2	2	55
1、3	2	2	2	57
2	23	23	23	80
4	12	12	12	92
5	8	8	8	100
总　计	100	100	100	

注：1. 人居环境美；2. 生态环境美；3. 思想观念美；4. 公共服务好；5. 产业经济发展好。

（二）对"美丽宜居乡村"建设政策的认知

表 12 – 13 显示，被访者中 97% 的村民认为"美丽宜居乡村"建设与自己、自己的家庭有关系，3% 的村民认为与自己、自己的家庭没有关系。

表 12 – 13　"美丽宜居乡村"建设与您、您家是否有关系

单位：次，%

A15. 您认为"美丽宜居乡村"建设与您、您家有没有关系?	频次	百分比	有效百分比	累计百分比
有	97	97	97	97
没有	3	3	3	100
总　计	100	100	100	

表 12 – 14 显示，被访者中知道"美丽宜居乡村"建设政策的占 20%，听说过的占 55%，不知道的占 23%，不关心的占 2%。

表 12 – 14　是否知道"美丽宜居乡村"建设政策

单位：次，%

A10. 您知道"美丽宜居乡村"建设的政策吗？	频次	百分比	有效百分比	累计百分比
知道	20	20	20	20
听说过	55	55	55	75
不知道	23	23	23	98
不关心	2	2	2	100
总　计	100	100	100	

表 12 – 15 显示，被访者中通过跟邻居、朋友聊天了解该政策的占 50%，通过政府以及所在的乡镇村里的宣传了解该政策的占 28%，通过政府以及所在的乡镇村里的宣传和通过跟邻居、朋友聊天了解该政策的占 12%，通过政府以及所在的乡镇村里的宣传和通过电视、报刊了解该政策的占 2%，通过电视、报刊了解该政策的占 8%。

表 12 – 15　"美丽宜居乡村"建设政策获取途径

单位：次，%

A11. 您是怎么知道"美丽宜居乡村"建设政策的？	频次	百分比	有效百分比	累计百分比
1	28	28	28	28
1、2	2	2	2	30
1、3	12	12	12	42
2	8	8	8	50
3	50	50	50	100
总　计	100	100	100	

注：1. 通过政府以及所在的乡镇村里的宣传；2. 通过电视、报刊；3. 通过跟邻居、朋友聊天。

（三）对"美丽宜居乡村"建设内容的认知

表 12 – 16 显示，被访者中知道"美丽宜居乡村"建设内容的占 20%，听说过"美丽宜居乡村"建设内容的占 54%，不知道"美丽宜居乡村"建

设内容的占26%。

表 12 –16 　是否知道"美丽宜居乡村"建设内容

单位：次，%

A12. 您知道"美丽宜居乡村"建设的内容吗？	频次	百分比	有效百分比	累计百分比
知道	20	20	20	20
听说过	54	54	54	74
不知道	26	26	26	100
总　计	100	100	100	

（四）对"美丽宜居乡村"建设项目的认知

表 12 –17 显示，被访者中知道"美丽宜居乡村"建设项目的占 22%，听说过的占 48%，不知道的占 28%，不关心的占 2%。

表 12 –17 　是否知道"美丽宜居乡村"建设项目

单位：次，%

A13. 您知道"美丽宜居乡村"建设的项目吗？	频次	百分比	有效百分比	累计百分比
知道	22	22	22	22
听说过	48	48	48	70
不知道	28	28	28	98
不关心	2	2	2	100
总　计	100	100	100	

（五）对"美丽宜居乡村"建设规划的认知

表 12 –18 显示，被访者中认为村里有"美丽宜居乡村"建设规划的占 76%，没有的占 6%，不知道的占 18%。

表 12 – 18　村里是否有"美丽宜居乡村"建设规划

单位：次，%

A22. 您村里有"美丽宜居乡村"建设规划吗？	频次	百分比	有效百分比	累计百分比
有	76	76	76	76
没有	6	6	6	82
不知道	18	18	18	100
总　计	100	100	100	

表 12 – 19 显示，被访者中了解村里的"美丽宜居乡村"建设规划的占 53%，不了解村里的"美丽宜居乡村"建设规划的占 47%。

表 12 – 19　是否了解村里的"美丽宜居乡村"建设规划

单位：次，%

A23. 您了解村里的"美丽宜居乡村"建设规划吗？	频次	百分比	有效百分比	累计百分比
了解	53	53	53	53
不了解	47	47	47	100
总　计	100	100	100	

表 12 – 20 显示，被访者中认为村里的"美丽宜居乡村"建设规划科学合理的占 18%，比较合理的占 72%，不太合理的占 2%，不知道的占 8%。

表 12 – 20　村里的"美丽宜居乡村"建设规划是否科学合理

单位：次，%

A26. 您觉得村里的"美丽宜居乡村"建设规划科学合理吗？	频次	百分比	有效百分比	累计百分比
合理	18	18	18	18
比较合理	72	72	72	90
不太合理	2	2	2	92
不知道	8	8	8	100
总　计	100	100	100	

表 12 – 21 显示，被访者中认为村里的建设项目能够按照"美丽宜居乡村"建设规划执行的占 18%，认为大部分能够按照"美丽宜居乡村"建设

规划执行的占50%，认为只有小部分能够按照"美丽宜居乡村"建设规划执行的占18%，不知道的占14%。

表12－21　村里的建设项目能否按照"美丽宜居乡村"建设规划执行

单位：次，%

A27. 您觉得村里的建设项目能按照"美丽宜居乡村"建设规划执行吗？	频次	百分比	有效百分比	累计百分比
能够	18	18	18	18
大部分能够	50	50	50	68
小部分能够	18	18	18	86
不知道	14	14	14	100
总　计	100	100	100	

（六）对"美丽宜居乡村"建设主体的认知

表12－22显示，被访者中认为"美丽宜居乡村"建设应该由政府主导的占26%，应该由村民主导的占4%，应该由政府主导、村民参与的占68%，应该由村民主导、政府参与的占2%。

表12－22　对"美丽宜居乡村"建设主体的认知

单位：次，%

A36. 您认为"美丽宜居乡村"建设应该由谁来主导？	频次	百分比	有效百分比	累计百分比
政府	26	26	26	26
村民	4	4	4	30
政府主导、村民参与	68	68	68	98
村民主导、政府参与	2	2	2	100
总　计	100	100	100	

对"美丽宜居乡村"建设认知度的考察分三个层面，一是对"美丽宜居乡村"建设内涵的认知，二是对"美丽宜居乡村"建设政策、内容、项目、规划知道与否的认知，三是对"美丽宜居乡村"建设规划、主体认知的程度。关于"美丽宜居乡村"的"美"最应该体现在哪里，选项中占比较高的依次是人居环境美、生态环境美，体现了"美丽宜居乡村"建设的内涵。被访者中知道和听说过"美丽宜居乡村"建设政策、建设内容、建设项目的占

70%及以上，不知道的占20%以上；了解建设规划的占53%，不了解的占47%。被访者中了解该政策的方式主要是通过跟邻居、朋友聊天和通过政府以及所在的乡镇村里的宣传。被访者中不知道"美丽宜居乡村"建设项目是否按照"美丽宜居乡村"建设规划执行的占14%，不知道村里的"美丽宜居乡村"建设规划是否科学合理的占8%，认为"美丽宜居乡村"建设应该由政府主导、村民参与的占68%，由政府主导的占26%，可见，马家营村整体对"美丽宜居乡村"建设的认知度较高。由此可以看出村民们对"美丽宜居乡村"建设政策的关心以及对本村"美丽宜居乡村"的建设有着很大的期望，尤其对政府的依赖和期望很高。村民们的关心和支持，以及积极配合政府的各项工作，对"美丽宜居乡村"建设项目的顺利开展有很大的促进作用，能使"美丽宜居乡村"建设项目取得更好的效果。

四　村民对"美丽宜居乡村"建设的参与度

（一）村民参与"美丽宜居乡村"建设的意愿

表12-23显示，关于村民是否愿意参与"美丽宜居乡村"建设项目，被访者中认为所有人都愿意参与的占23%，认为大部分愿意参与的占64%，认为小部分愿意参与的占11%，认为不愿意参与的占2%。

表12-23　村民是否愿意参与"美丽宜居乡村"建设项目

单位：次，%

A14. 据您所知，村民愿意参与"美丽宜居乡村"建设项目吗？	频次	百分比	有效百分比	累计百分比
所有人都愿意	23	23	23	23
大部分愿意	64	64	64	87
小部分愿意	11	11	11	98
不愿意	2	2	2	100
总　计	100	100	100	

表12-24显示，关于是否愿意参与到"美丽宜居乡村"建设项目中，被访者中愿意的占72%，比较愿意的占17%，一般的占10%，不关心的占1%。

表 12 - 24   是否愿意参与到"美丽宜居乡村"建设项目中

单位：次，%

A28. 您愿意参与到"美丽宜居乡村"建设项目中吗？	频次	百分比	有效百分比	累计百分比
愿意	72	72	72	72
比较愿意	17	17	17	89
一般	10	10	10	99
不关心	1	1	1	100
总　计	100	100	100	

（二）村民是否参与"美丽宜居乡村"建设规划

表 12 - 25 显示，被访者中参与了"美丽宜居乡村"建设规划的占 72%，没有参与的占 28%。

表 12 - 25   是否参与村里的"美丽宜居乡村"建设规划

单位：次，%

A24. 您参与村里的"美丽宜居乡村"建设规划了吗？	频次	百分比	有效百分比	累计百分比
参与了	72	72	72	72
没有参与	28	28	28	100
总　计	100	100	100	

（三）村民是否参与"美丽宜居乡村"建设项目

表 12 - 26 显示，被访者家中参与了"美丽宜居乡村"建设项目的占 85%，没有参与的占 15%。

表 12 - 26   是否参与"美丽宜居乡村"建设项目

单位：次，%

A17. 您家参与"美丽宜居乡村"建设项目了吗？	频次	百分比	有效百分比	累计百分比
参与了	85	85	85	85
没有参与	15	15	15	100
总　计	100	100	100	

表 12-27 显示，被访者中认为很有能力参与"美丽宜居乡村"建设项目的占 16%，认为比较有能力参与"美丽宜居乡村"建设项目的占 20%，认为有点能力参与"美丽宜居乡村"建设项目的占 53%，认为没有能力参与"美丽宜居乡村"建设项目的占 11%。

表 12-27 是否有能力参与"美丽宜居乡村"建设项目

单位：次，%

A29. 您有能力参与到"美丽宜居乡村"建设项目中吗？	频次	百分比	有效百分比	累计百分比
很有能力	16	16	16	16
比较有能力	20	20	20	36
有点能力	53	53	53	89
没有能力	11	11	11	100
总　计	100	100	100	

表 12-28 显示，在参与"美丽宜居乡村"建设中，被访者中能出劳力的占 54%，能出资金的占 5%，能既出劳力又出资金的占 16%，能出谋划策的占 10%，什么也出不了的占 4%，能出劳力还能出谋划策的占 11%。

表 12-28 能以什么方式参与"美丽宜居乡村"建设项目

单位：次，%

A30. 您能以什么方式参与到"美丽宜居乡村"建设项目中？	频次	百分比	有效百分比	累计百分比
1	54	54	54	54
1、4	11	11	11	65
2	5	5	5	70
3	16	16	16	86
4	10	10	10	96
5	4	4	4	100
总　计	100	100	100	

注：1. 出劳力；2. 出资金；3. 既出劳力又出资金；4. 出谋划策；5. 什么也出不了。

表 12-29 显示，被访者家中参与了"美丽宜居乡村"建设所有项目的占 15%，参与了修路、房屋改造、庭院改造、垃圾处理、环境卫生整治、环境绿

化美化的占 17%，参与了房屋改造、庭院改造、垃圾处理、环境卫生整治、环境绿化美化的占 14%，参与了修路、房屋改造、改水、垃圾处理、环境卫生整治、环境绿化美化的占 11%，参与了修路、房屋改造、改厕、垃圾处理的占 8%，参与了房屋改造的占 8%，参与了修路、改厕、环境卫生整治的占 6%，参与了改水、改厕、环境卫生整治、环境绿化美化的占 6%，参与了修路、房屋改造的占 4%，参与了修路、改厕、垃圾处理、环境绿化美化的占 4%，参与了修路、改水、垃圾处理、环境卫生整治的占 2%，参与了环境卫生整治、环境绿化美化的占 2%，参与了环境绿化美化的占 3%。可以看出，参与比较多的项目依次是房屋改造、环境卫生整治、环境绿化美化、垃圾处理等项目。

表 12 - 29　参与的"美丽宜居乡村"建设项目

单位：次，%

A18. 您家参与了"美丽宜居乡村"建设的哪些项目？	频次	百分比	有效百分比	累计百分比
1、2	4	4	4	4
1、2、3、4、5、6、7、8、9、10	15	15	15	19
1、2、3、8、9、10	11	11	11	30
1、2、4、8	8	8	8	38
1、2、7、8、9、10	17	17	17	55
1、3、8、9	2	2	2	57
1、4、8、10	4	4	4	61
1、4、9	6	6	6	67
10	3	3	3	70
2	8	8	8	78
2、7、8、9、10	14	14	14	92
3、4、9、10	6	6	6	98
9、10	2	2	2	100
总　计	100	100	100	

注：1. 修路；2. 房屋改造；3. 改水；4. 改厕；5. 改厨房；6. 改圈；7. 庭院改造；8. 垃圾处理；9. 环境卫生整治；10. 环境绿化美化。

表 12 - 30 显示，在被访者中，关于为什么没有参加"美丽宜居乡村"建设的其他项目，因为项目政策没有覆盖到的占 23%，项目政策没有覆盖到、没有条件参加的占 2%，没有条件参加的占 11%，没有条件参加、不了解政策的占 2%，不了解政策的占 60%，政策宣传不够的占 2%。

表 12 - 30 为什么没有参加"美丽宜居乡村"建设的其他项目

单位：次，%

A20. 为什么您家没有参加"美丽宜居乡村"建设的其他项目？	频次	百分比	有效百分比	累计百分比
1	23	23	23	23
1、2	2	2	2	25
2	11	11	11	36
2、3	2	2	2	38
3	60	60	60	98
4	2	2	2	100
总　计	100	100	100	

注：1. 项目政策没有覆盖到；2. 没有条件参加；3. 不了解政策；4. 政策宣传不够。

在参与度的调查中，主要考察了被访者参与"美丽宜居乡村"建设项目和参与"美丽宜居乡村"建设规划的意愿、能力和情况。被访者中认为所有人都愿意参与"美丽宜居乡村"建设项目的占 23%，认为大部分愿意参与"美丽宜居乡村"建设项目的占 64%；被访者中愿意参与"美丽宜居乡村"建设项目的占 72%，比较愿意参与"美丽宜居乡村"建设项目的占 17%。被访者中认为很有能力参与"美丽宜居乡村"建设项目的占 16%，认为比较有能力参与"美丽宜居乡村"建设项目的占 20%，认为有点能力参与"美丽宜居乡村"建设项目的占 53%，认为没有能力参与"美丽宜居乡村"建设项目的占 11%；能出劳力的占 54%，能出资金的占 5%，能既出劳力又出资金的占 16%，能出谋划策的占 10%，什么也出不了的占 4%，能出劳力还能出谋划策的占 11%，说明大部分村民能够通过出劳力、出资金、出谋划策等方式积极地参与到"美丽宜居乡村"建设的项目中去。被访者家中参与了"美丽宜居乡村"建设项目的占 85%，被访者参与了"美丽宜居乡村"建设规划的占 72%，参与比较多的项目依次是房屋改造、环境卫生整治、环境绿化美化、垃圾处理等项目。但是，仍有少部分人因为项目政策没有覆盖到、没有条件参加、不了解政策或者政策宣传不够等而没有参加到"美丽宜居乡村"建设的项目中去。

五　村民对"美丽宜居乡村"建设的满意度

（一）对"美丽宜居乡村"建设项目的满意度

表 12 - 31 显示，被访者中对所参加的"美丽宜居乡村"建设项目满意

的占50%，比较满意的占32%，一般的占16%，不满意的占2%。

表 12 - 31　对"美丽宜居乡村"建设项目的满意度

单位：次，%

A19. 您对所参加的"美丽宜居乡村"建设项目满意吗？	频次	百分比	有效百分比	累计百分比
满意	50	50	50	50
比较满意	32	32	32	82
一般	16	16	16	98
不满意	2	2	2	100
总　计	100	100	100	

表 12 - 32 显示，被访者中对本村"美丽宜居乡村"建设最满意的依次是基础设施建设、公共服务改善、村庄环境的绿化美化亮化、人居环境改善、文化生活丰富和村民素质提高、村容整洁、产业发展、政治民主。

表 12 - 32　对"美丽宜居乡村"建设哪些方面最满意

单位：次，%

A32. 您对本村"美丽宜居乡村"建设的哪些方面最满意？	频次	百分比	有效百分比	累计百分比
1	6	6	6	6
2	21	21	21	27
3	10	10	10	37
4	4	4	4	41
5	13	13	13	54
6	10	10	10	64
7	16	16	16	80
8	8	8	8	88
9	12	12	12	100
总　计	100	100	100	

注：1. 产业发展；2. 基础设施建设；3. 文化生活丰富；4. 政治民主；5. 村庄环境的绿化美化亮化；6. 村民素质提高；7. 公共服务改善；8. 村容整洁；9. 人居环境改善。

（二）对生活基础设施建设的满意度

表 12 - 33 显示，被访者中对本村的供水满意的占19%，比较满意的占

21%，一般的占12%，不满意的占48%。

表12-33 供水满意度

单位：次，%

A80. 您对供水满意吗？	频次	百分比	有效百分比	累计百分比
满意	19	19	19	19
比较满意	21	21	21	40
一般	12	12	12	52
不满意	48	48	48	100
总 计	100	100	100	

表12-34显示，被访者中对供电满意的占59%，比较满意的占27%，一般的占8%，不满意的占6%。

表12-34 供电满意度

单位：次，%

A50. 您对供电满意吗？	频次	百分比	有效百分比	累计百分比
满意	59	59	59	59
比较满意	27	27	27	86
一般	8	8	8	94
不满意	6	6	6	100
总 计	100	100	100	

表12-35显示，被访者中对居住条件满意的占65%，比较满意的占23%，一般的占8%，不满意的占4%。

表12-35 居住条件满意度

单位：次，%

A53. 您对现在的居住条件满意吗？	频次	百分比	有效百分比	累计百分比
满意	65	65	65	65
比较满意	23	23	23	88
一般	8	8	8	96
不满意	4	4	4	100
总 计	100	100	100	

表12-36 显示，被访者中对本村的出行条件满意的占30%，比较满意的占27%，一般的占32%，不满意的占11%。

表12-36 出行条件满意度

单位：次，%

A47. 您对出行条件满意吗?	频次	百分比	有效百分比	累计百分比
满意	30	30	30	30
比较满意	27	27	27	57
一般	32	32	32	89
不满意	11	11	11	100
总　计	100	100	100	

表12-37 显示，被访者中对本村公路的质量以及养护满意的占32%，比较满意的占37%，一般的占26%，不满意的占5%。

表12-37 对公路的质量以及养护的满意度

单位：次，%

A48. 您对公路的质量以及养护满意吗?	频次	百分比	有效百分比	累计百分比
满意	32	32	32	32
比较满意	37	37	37	69
一般	26	26	26	95
不满意	5	5	5	100
总　计	100	100	100	

表12-38 显示，被访者中对本村的公共交通满意的占35%，比较满意的占32%，一般的占22%，不满意的占11%。

表12-38 公共交通满意度

单位：次，%

A49. 您对公共交通满意吗?	频次	百分比	有效百分比	累计百分比
满意	35	35	35	35
比较满意	32	32	32	67
一般	22	22	22	89
不满意	11	11	11	100
总　计	100	100	100	

表 12－39 显示，被访者中对通信满意的占 41%，比较满意的占 43%，一般的占 16%。

表 12－39　通信满意度

单位：次，%

A54. 您对通信满意吗？（打电话、使用微信、收寄邮件、快递等）	频次	百分比	有效百分比	累计百分比
满意	41	41	41	41
比较满意	43	43	43	84
一般	16	16	16	100
总　计	100	100	100	

表 12－40 显示，被访者中对家里的厕所使用满意的占 53%，比较满意的占 21%，一般的占 14%，不满意的占 12%。

表 12－40　厕所使用满意度

单位：次，%

A57. 您对厕所使用满意吗？	频次	百分比	有效百分比	累计百分比
满意	53	53	53	53
比较满意	21	21	21	74
一般	14	14	14	88
不满意	12	12	12	100
总　计	100	100	100	

对生活基础设施建设满意度的考察分四个层次：满意、比较满意、一般、不满意。在供水、供电、居住条件、厕所使用、公路的质量以及养护、出行条件、公共交通、通信等生活基础设施建设上，满意度较高的依次是居住条件、供电、厕所使用、通信、公共交通、公路的质量以及养护、出行条件、供水；不满意率最高的是供水。马家营村的基础设施建设整体上是比较完善的。对于出行条件，大部分村民认为出行条件比较便利，"美丽宜居乡村"建设规划中对马家营村的公路以及乡间小路都进行了修缮和养护，有利于村民和车辆的顺利通行。马家营村的公共交通是否便利，村民们也有不同的意见，一部分村民认为村里的公共交通不是很方便，通过实地调查，我们也看到了，村民们如果要乘坐公共交通设施就必须步行一段路程，到乡镇指

定的地点去乘车。对于一些年龄较大的村民来说，外出乘车还不是很便利。马家营村的电力设施建设很健全，村民们一致反映村里的供电很稳定，网络信号也很通畅，因此村里的通信很方便。经过"美丽宜居乡村"建设规划以后，马家营村的房屋基本上进行了改造，由原来的土坯房改为砖混房等，家中的庭院也做了相应的改建，村民们对目前的居住条件满意率高。根据村民们的个人意愿，一部分村民家中的厕所也进行了改造，但只是占少数，绝大部分村民家里的厕所还是传统的土厕所，也有一些村民表示，土厕所虽然已经使用习惯了，但是对自家环境和村里的环境卫生影响很大，例如气味大、难清理等问题。乡村的基础设施在不断地完善，逐步地去改善村民们原来生活中的许多不便利。马家营村的村民积极地参与"美丽宜居乡村"建设项目，"美丽宜居乡村"建设效果是显著的，村民们对生活基础设施建设的满意度比较高。

（三）对生态环境建设的满意度

表 12－41 显示，被访者中对村里的空气质量满意的占 63%，比较满意的占 27%，一般的占 6%，不满意的占 4%。

表 12－41　空气质量满意度

单位：次，%

A38. 您对村里的空气质量满意吗?	频次	百分比	有效百分比	累计百分比
满意	63	63	63	63
比较满意	27	27	27	90
一般	6	6	6	96
不满意	4	4	4	100
总　计	100	100	100	

表 12－42 显示，被访者中对本村的绿化美化亮化效果满意的占 62%，比较满意的占 16%，一般的占 18%，不满意的占 4%。

表 12－42　对本村的绿化美化亮化效果的满意度

单位：次，%

A45. 您对本村的绿化美化亮化效果满意吗?	频次	百分比	有效百分比	累计百分比
满意	62	62	62	62

A45. 您对本村的绿化美化亮化效果满意吗？	频次	百分比	有效百分比	累计百分比
比较满意	16	16	16	78
一般	18	18	18	96
不满意	4	4	4	100
总 计	100	100	100	

表 12-43 显示，被访者中对本村及周边生态环境满意的占 57%，比较满意的占 20%，一般的占 23%。

表 12-43 对本村及周边生态环境的满意度

单位：次，%

A46. 您对本村及周边的生态环境满意吗？	频次	百分比	有效百分比	累计百分比
满意	57	57	57	57
比较满意	20	20	20	77
一般	23	23	23	100
总 计	100	100	100	

表 12-44 显示，被访者中对村里生活垃圾处理满意的占 56%，比较满意的占 29%，一般的占 8%，不满意的占 7%。

表 12-44 对生活垃圾处理的满意度

单位：次，%

A41a. 您对村里生活垃圾的处理满意吗？	频次	百分比	有效百分比	累计百分比
满意	56	56	56	56
比较满意	29	29	29	85
一般	8	8	8	93
不满意	7	7	7	100
总 计	100	100	100	

表 12-45 显示，被访者中对村里生活污水处理满意的占 42%，比较满意的占 27%，一般的占 21%，不满意的占 10%。

表12-45 对生活污水处理的满意度

单位：次，%

A41b. 您对生活污水的 处理满意吗？	频次	百分比	有效百分比	累计百分比
满意	42	42	42	42
比较满意	27	27	27	69
一般	21	21	21	90
不满意	10	10	10	100
总　计	100	100	100	

对生态环境建设满意度的考察从空气质量、生活垃圾处理、生活污水处理、本村的绿化美化亮化效果、本村及周边生态环境五个方面分四个层次：满意、比较满意、一般、不满意。由数据可知，被访者中对空气质量、生活垃圾处理、生活污水处理、本村的绿化美化亮化效果、本村及周边生态环境的满意率高，不满意率很低甚至没有，说明马家营村的生态环境良好。

（四）对社会文化建设的满意度

表12-46显示，被访者中对本村业余文化生活满意的占52%，对本村业余文化生活比较满意的占25%，认为一般的占23%。

表12-46 对业余文化生活的满意度

单位：次，%

A69. 您对村庄的业余 文化生活满意吗？	频次	百分比	有效百分比	累计百分比
满意	52	52	52	52
比较满意	25	25	25	77
一般	23	23	23	100
总　计	100	100	100	

表12-47显示，被访者中对文化体育基础设施满意的占48%，比较满意的占29%，一般的占23%。

表 12 –47　对文化体育基础设施的满意度

单位：次，%

A70. 您对现有的文化体育基础设施满意吗？	频次	百分比	有效百分比	累计百分比
满意	48	48	48	48
比较满意	29	29	29	77
一般	23	23	23	100
总　计	100	100	100	

表 12 – 48 显示，被访者中对村里社会治安满意的占 63%，比较满意的占 28%，一般的占 9%。

表 12 –48　对社会治安的满意度

单位：次，%

A73. 您对村里的社会治安满意吗？	频次	百分比	有效百分比	累计百分比
满意	63	63	63	63
比较满意	28	28	28	91
一般	9	9	9	100
总　计	100	100	100	

图 12 –6 显示，被访者中对邻里信任的占 42%，比较信任的占 46%，一般的占 12%。

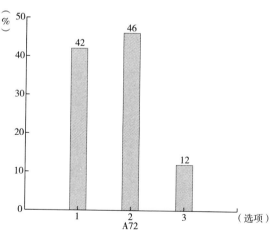

图 12 –6　村民之间的信任度

注：1. 信任；2. 比较信任；3. 一般。

对本村社会文化建设的满意度考察从业余文化生活、文化体育基础设施、社会治安、村民之间的信任度四个方面分四个层次：满意（信任）、比较满意（比较信任）、一般、不满意（不信任）。由数据可知，被访者中对业余文化生活、文化体育基础设施、社会治安的满意度高，村民之间的信任度高，相处融洽，生活氛围和谐安定。但是有少部分村民认为该村的文化体育基础设施建设还不够完善，导致村民们的日常文化活动形式较为单一。

（五）对公共服务的满意度

表 12 - 49 显示，被访者中对村里的学校教育满意的占 24%，比较满意的占 19%，一般的占 49%，不满意的占 8%。

表 12 - 49　对学校教育的满意度

单位：次，%

A74. 您对村里的学校 教育满意吗？	频次	百分比	有效百分比	累计百分比
满意	24	24	24	24
比较满意	19	19	19	43
一般	49	49	49	92
不满意	8	8	8	100
总　计	100	100	100	

表 12 - 50 显示，被访者中对村里提供的各种技能培训活动满意的占 40%，比较满意的占 7%，一般的占 43%，不满意的占 10%。

表 12 - 50　对村里提供的各种技能培训活动的满意度

单位：次，%

A78. 您对村里提供的各种 技能培训活动满意吗？	频次	百分比	有效百分比	累计百分比
满意	40	40	40	40
比较满意	7	7	7	47
一般	43	43	43	90
不满意	10	10	10	100
总　计	100	100	100	

表 12－51 显示，被访者中对村里的医疗卫生条件满意的占 30%，比较满意的占 21%，一般的占 26%，不满意的占 23%。

表 12－51 对村里医疗卫生条件的满意度

单位：次，%

A75. 您对村里的医疗卫生条件满意吗？	频次	百分比	有效百分比	累计百分比
满意	30	30	30	30
比较满意	21	21	21	51
一般	26	26	26	77
不满意	23	23	23	100
总　计	100	100	100	

表 12－52 显示，被访者中对新型农村合作医疗保险政策满意的占 60%，比较满意的占 27%，一般的占 13%。

表 12－52 对新型农村合作医疗保险政策的满意度

单位：次，%

A76. 您对新型农村合作医疗保险政策满意吗？	频次	百分比	有效百分比	累计百分比
满意	60	60	60	60
比较满意	27	27	27	87
一般	13	13	13	100
总　计	100	100	100	

表 12－53 显示，被访者中对养老保险政策满意的占 79%，比较满意的占 12%，一般的占 9%。

表 12－53 对养老保险政策的满意度

单位：次，%

A77. 您对养老保险政策满意吗？	频次	百分比	有效百分比	累计百分比
满意	79	79	79	79
比较满意	12	12	12	91

续表

A77. 您对养老保险政策满意吗?	频次	百分比	有效百分比	累计百分比
一般	9	9	9	100
总　计	100	100	100	

表 12 - 54 显示, 被访者中对社会保障政策满意的占 64%, 比较满意的占 15%, 一般的占 11%, 不满意的占 10%。

表 12 - 54　对社会保障政策的满意度

单位: 次, %

A79. 您对目前社会保障政策满意吗?	频次	百分比	有效百分比	累计百分比
满意	64	64	64	64
比较满意	15	15	15	79
一般	11	11	11	90
不满意	10	10	10	100
总　计	100	100	100	

对本村公共服务满意度的考察从学校教育、技能培训、医疗卫生条件、医疗保险、养老保险、社会保障六个方面分四个层次: 满意、比较满意、一般、不满意。由数据可知, 被访者中对医疗保险、养老保险、社会保障的满意度高, 对学校教育、技能培训、医疗卫生条件、社会保障有少量的不满意。这说明公共服务总体尚好, 但还存在一些问题, 尤其是学校教育和医疗卫生条件问题, 满意的占比都较低。马家营村目前有一所幼儿园, 没有小学、中学, 因此一些孩子需要去镇上、县上上学, 由于学校离家较远, 学生的出行安全、经济费用都是问题。除此之外, 马家营村的医疗卫生条件需要改善, 村民反映, 村里的卫生院时开时关, 基本的医疗设施不健全, 缺少医护人员和常规的药品, 因此, 村民看病不太方便。

(六) 对民主政治建设的满意度

表 12 - 55 显示, 被访者中对村里民主政治建设满意的占 56%, 比较满意的占 23%, 一般的占 17%, 不满意的占 4%。

表 12 - 55　对村里民主政治建设的满意度

单位：次，%

A65. 您对村里的民主政治建设满意吗？	频次	百分比	有效百分比	累计百分比
满意	56	56	56	56
比较满意	23	23	23	79
一般	17	17	17	96
不满意	4	4	4	100
总　计	100	100	100	

表 12 - 56 显示，被访者中对村委会干部的工作和服务满意的占 54%，比较满意的占 31%，一般的占 13%，不满意的占 2%。

表 12 - 56　对村委会干部的工作和服务的满意度

单位：次，%

A66. 您对村委会干部的工作和服务满意吗？	频次	百分比	有效百分比	累计百分比
满意	54	54	54	54
比较满意	31	31	31	85
一般	13	13	13	98
不满意	2	2	2	100
总　计	100	100	100	

对本村民主政治建设满意度的考察从对村里民主政治建设、村委会干部的工作和服务两个方面分四个层次：满意、比较满意、一般、不满意。由数据可知，被访者中对村里民主政治建设、村委会干部的工作和服务的满意度高，不满意度很低。在实地调查和与本村村民的访谈中了解到，马家营村的村务、政务以及许多重大事项基本上是经过村民代表讨论后决定的，但是有许多村民表示有些事关自己的重大事项应该与每一户村民商量讨论，而不仅仅是与村民代表讨论。因此对于村里民主政治建设的满意度村民们有不同的态度，有些参与讨论的村民代表对村里的民主政治建设表示很满意，但是有些没有参与其中的村民则表示不满意。

六 "美丽宜居乡村"建设中的不足和加快发展的建议

(一)"美丽宜居乡村"建设中的不足

表 12 - 57 显示,被访者中认为"美丽宜居乡村"建设不足的方面依次是供水,供电,生活污水处理,生活垃圾处理,产业发展,道路建设、通信设施、物业服务,村里很少征求村民的意见,环境卫生和畜禽养殖污染,村容村貌,公共服务。最突出的问题是供水。

表 12 - 57 "美丽宜居乡村"建设中有哪些不足

单位:次,%

A34. 您认为"美丽宜居乡村"建设中不足的是哪方面?	频次	百分比	有效百分比	累计百分比
1	2	2	2	2
1、2、5、6、11	6	6	6	8
1、5	2	2	2	10
13	2	2	2	12
13、14	2	2	2	14
2	38	38	38	52
2、13	4	4	4	56
2、15	2	2	2	58
2、3	6	6	6	64
2、3、10	2	2	2	66
2、3、4、5、6	4	4	4	70
2、3、4、7、9	6	6	6	76
2、3、5、6	2	2	2	78
2、3、5、9	2	2	2	80
2、3、7	2	2	2	82
2、3、7、14	2	2	2	84
2、3、9	2	2	2	86
2、5	2	2	2	88
5	6	6	6	94
5、7、10	2	2	2	96

续表

A34. 您认为"美丽宜居乡村"建设中不足的是哪方面？	频次	百分比	有效百分比	累计百分比
6	2	2	2	98
6、14	2	2	2	100
总　计	100	100	100	

注：1. 道路建设；2. 供水；3. 供电；4. 通信设施；5. 生活污水处理；6. 生活垃圾处理；7. 产业发展；9. 物业服务；10. 村容村貌；11. 畜禽养殖污染；13. 村里很少征求村民的意见；14. 环境卫生；15. 公共服务。

（二）"美丽宜居乡村"建设中最大的困难

表 12 - 58 显示，被访者中认为"美丽宜居乡村"建设最大的困难依次是资金不足、技术不足、村民观念滞后、人员不足、规划不合理，其中占比最高的是资金不足。

表 12 - 58　"美丽宜居乡村"建设的困难

单位：次，%

A35. 您认为"美丽宜居乡村"建设最大的困难在哪？	频次	百分比	有效百分比	累计百分比
1	54	54	54	54
1、2	2	2	2	56
1、2、3	2	2	2	58
1、2、3、4、5	2	2	2	60
1、3	2	2	2	62
1、3、4	6	6	6	68
1、3、4	4	4	4	72
2	4	4	4	76
3	8	8	8	84
4	2	2	2	86
5	14	14	14	100
总　计	100	100	100	

注：1. 资金不足；2. 规划不合理；3. 技术不足；4. 人员不足；5. 村民观念滞后。

（三）"美丽宜居乡村"建设中最关心的问题和对未来的期望

表 12－59 显示，被访者中最关心的问题和对未来的期望依次是增加收入，提高生活水平；孩子上学；就业；基础设施更加完善；获得资金支持；生态环境更加优美；看病的医疗保险；村里文化生活更加丰富；提高村民素质，村风文明；村务民主公开。其中占比最高的是增加收入，提高生活水平。

表 12－59　最关心的问题和对未来的期望

单位：次，%

A37. 在"美丽宜居乡村"建设中，您最关心的问题和对未来的期望是什么？	频次	百分比	有效百分比	累计百分比
1	14	14	14	14
1、2、3、5、6、7、8、9	2	2	2	16
1、2、3、6、8、9、10	4	4	4	20
1、2、3、8、9、10	2	2	2	22
1、2、7	4	4	4	26
1、2、7、8、10	2	2	2	28
1、2、8、9	10	10	10	38
1、4、5、7、8、9、10	2	2	2	40
1、5、6	3	3	3	43
1、5、7	2	2	2	45
1、6、8、9	2	2	2	47
1、7、8、9	10	10	10	57
10	4	4	4	61
2	4	4	4	65
2、3	2	2	2	67
3	4	4	4	71
3、10	2	2	2	73
3、6	3	3	3	76
4、5、6、8、9、10	2	2	2	78
5	6	6	6	84
6	2	2	2	86

A37. 在"美丽宜居乡村"建设中，您最关心的问题和对未来的期望是什么？	频次	百分比	有效百分比	累计百分比
7、9	2	2	2	88
8	8	8	8	96
9	4	4	4	100
总　计	100	100	100	

注：1. 增加收入，提高生活水平；2. 基础设施更加完善；3. 生态环境更加优美；4. 村务民主公开；5. 提高村民素质，村风文明；6. 村里文化生活更加丰富；7. 获得资金支持；8. 孩子上学；9. 就业；10. 看病的医疗保险。

（四）加快本村经济发展的措施

表12-60显示，被访者中认为加快本村经济发展的措施是发展"农家乐"等休闲旅游业的占47%；发展绿色有机食品的生产的占29%；鼓励村民创业，并提供创业资金支持的占10%；招商引资，鼓励企业投资本村，带动经济发展的占8%；促进本村特色产品规模生产，打造特色品牌的占6%。

表12-60　加快本村经济发展的措施

单位：次，%

A59. 您认为加快本村经济发展的措施是什么？	频次	百分比	有效百分比	累计百分比
1	29	29	29	29
2	47	47	47	76
3	6	6	6	82
4	10	10	10	92
5	8	8	8	100
总　计	100	100	100	

注：1. 发展绿色有机食品的生产；2. 发展"农家乐"等休闲旅游业；3. 促进本村特色产品规模生产，打造特色品牌；4. 鼓励村民创业，并提供创业资金支持；5. 招商引资，鼓励企业投资本村，带动经济发展。

小　结

自2014年马家营村实施"美丽宜居乡村"建设以来，在经济建设上，着力于优化经济结构，推广无公害蔬菜种植技术，提升产业层次，构筑以设施循环农牧业、劳务输出为主的产业板块，引导村民收入稳步增长。若以人均年收入在 4000 元及以下为低收入，在 4001～8000 元为中等收入，在 8000 元以上为高收入，那么马家营村低收入者占 49%，中等收入者占 41%，高收入者占 10%。在人居环境整治上，通过农村旧危房改造、奖励性住房建设，推广建造卫生厕所，设置垃圾收集箱，安装户户通电视，改装了大容量变压器，推广电能和太阳能等清洁能源，村道硬化，修建了小广场，安装了健身器材等，极大地改善了人居环境。在生态环境建设上，妥善处理地膜，防止白色污染，把农作物秸秆用于生活燃料、饲料和出售，大大提高了农作物秸秆利用率。实施绿化美化工程，植树造林成效显著，村庄绿化覆盖率达到 35%，生态环境良好。通过"美丽宜居乡村"建设，村民的思想观念也发生了很大的变化，树立起了保护环境、讲究卫生、文明向上的村风，现代文明的生活方式被群众所接受。在"美丽宜居乡村"建设中，马家营村的自然资源优势、生态农业优势和民俗文化特色逐渐凸显，为今后的发展打下了良好的基础。

从"美丽宜居乡村"建设内涵的认知，"美丽宜居乡村"建设政策、内容、项目、规划知道与否的认知，"美丽宜居乡村"建设规划、主体认知的程度三个层面考察了村民对"美丽宜居乡村"建设的认知度。关于"美丽宜居乡村"的"美"的内涵，选项中占比较高的依次是人居环境美、生态环境美，体现了"美丽宜居乡村"建设的内涵。马家营村整体对"美丽宜居乡村"建设的认知度较高，村民们对本村"美丽宜居乡村"建设抱有很大的期望，尤其对政府的依赖和期望很高。

在参与度的调查中，主要考察了被访者参与"美丽宜居乡村"建设项目和参与"美丽宜居乡村"建设规划的意愿、能力和情况。大部分村民能够通过出劳力、出资金、出谋划策等方式积极地参与到"美丽宜居乡村"建设的项目中去。被访者参加比较多的项目依次是房屋改造、环境卫生整治、环境绿化美化、垃圾处理等项目。但是，仍有少部分人因为项目政策没有覆盖到、没有条件参加、不了解政策或者政策宣传不够等而没有参加到"美丽宜居乡村"建设的项目中去。村民对"美丽宜居乡村"建设满意度的考察分四个层次：满意、比较满意、一般、不满意。被访者中对参加的"美丽宜居乡村"建设项目满意的占 50%，比较满意的占 32%。被访者中对本村"美丽宜居乡村"建设最满意的依次是基础设施建设、公共服务改善、村庄环境的绿化美化亮化、人居环境改善、文化生活丰富、村民素质提高、村容整洁、产业发展、政治民主。马家营村在"美丽宜居乡村"建设中不足的方面主要是村里的供水问题,给村民的日常生活造成了不便。最大的困难是资金不足,最关心的问题是增加收入,提高生活水平。村民认为加快本村经济发展的首要措施是发展"农家乐"等休闲旅游业,其次是发展绿色有机食品的生产。在"美丽宜居乡村"建设中,马家营村仍需进一步整合资源优势,突出特色,加快发展。

第十三章 中堡村"美丽宜居乡村"建设调查

一 基本情况

中堡村隶属甘肃省靖远县北湾镇，2019 年村民共 1569 户 7024 人，9 个村民小组。本次调查随机入户抽取的样本中，男性占 50%，女性占 50%。被访者中，年龄在 18～30 岁的占 26%，在 30～40 岁的占 28%，在 40～60 岁的占 22%，在 60 岁及以上的占 24%。被访者中为文盲的占 26%，小学学历的占 6%，初中学历的占 24%，高中或中专学历的占 20%，大专学历的占 8%，本科及以上学历的占 16%。被访者中受教育程度参差不齐，年龄在 40 岁及以上被访者的受教育程度集中于文盲和初中阶段，年龄在 18～40 岁被访者的受教育程度集中于高中和本科阶段。被访者中学历呈现分化现象，一方面是文盲占有相当比重，另一方面是高中及以上学历占比较大。由此可以看出本村老人整体学历不高，但是非常重视下一代人的教育培养。

二 "美丽宜居乡村"建设情况

(一) 经济建设

表 13－1 显示，被访者中务农的占 28%，无业的占 15%，兼业的占 19%，在读学生的占 16%，自营活动的占 10%，当地打工的占 8%，外地打工和其他的各占 2%。

表 13－2 显示，被访者中以种植业产出为主要收入来源的占 34%，以外出打工所得（泥水工、环卫等职业）为主要收入来源的占 28%，以个体商户（做买卖）为主要收入来源的占 16%，以政府补贴为主要收入来源的占 6%，以种植业产出、养殖业产出、外出打工所得（泥水工、环卫等职业）、兼业

表 13 – 1　职业状况

单位：次，%

A5. 您目前从事的职业是?	频次	百分比	有效百分比	累计百分比
无业	15	15	15	15
务农	28	28	28	43
兼业	19	19	19	62
当地打工	8	8	8	70
外地打工	2	2	2	72
自营活动	10	10	10	82
在读学生	16	16	16	98
其他	2	2	2	100
总　计	100	100	100	

（种植和打工）为主要收入来源的占 2%，以种植业产出、政府补贴为主要收入来源的占 2%，以种植业产出和喂养牲畜为主要收入来源的占 2%，以养殖业产出和外出打工所得（泥水工、环卫等职业）为主要收入来源的占 2%，以养殖业产出和个体商户（做买卖）为主要收入来源的占 2%，以外出打工所得（泥水工、环卫等职业）、个体商户（做买卖）和喂养牲畜为主要收入来源的占 2%，以兼业（种植和打工）和喂养牲畜为主要收入来源的占 2%，以手工为主要收入来源的占 2%。

表 13 – 2　家庭主要收入来源

单位：次，%

A7. 您家庭主要收入来源是?	频次	百分比	有效百分比	累计百分比
1	34	34	34	34
1、2、3、4	2	2	2	36
1、6	2	2	2	38
1、9	2	2	2	40
2、3	2	2	2	42
2、7	2	2	2	44
3	28	28	28	72
3、7、9	2	2	2	74
4、9	2	2	2	76
5	2	2	2	78

A7. 您家庭主要收入来源是?	频次	百分比	有效百分比	累计百分比
6	6	6	6	84
7	16	16	16	100
总　计	100	100	100	

注：1. 种植业产出；2. 养殖业产出；3. 外出打工所得（泥水工、环卫等职业）；4. 兼业（种植和打工）；5. 手工；6. 政府补贴；7. 个体商户（做买卖）；9. 喂养牲畜。

表13-3显示，被访者中2018年家庭人均年收入在2000元及以下的占20%，在2001～4000元的占31%，在4001～6000元的占22%，在6001～8000元的占13%，在8000元以上的占14%。

表13-3　家庭人均年收入

单位：次，%

A6. 去年（2018年）您家庭人均年收入能达到多少？	频次	百分比	有效百分比	累计百分比
2000元及以下	20	20	20	20
2001～4000元	31	31	31	51
4001～6000元	22	22	22	73
6001～8000元	13	13	13	86
8000元以上	14	14	14	100
总　计	100	100	100	

中堡村的主导产业为特色农业种植（果蔬业）、一般农业种植、劳务输出和养殖业（畜牧业），农产品主要有黄瓜、土豆、青椒、茄子、西红柿、豆角等。在"美丽宜居乡村"建设中，中堡村大力发展了蔬菜大棚产业和养殖业，扩大规模、提高质量，推动反季节黄瓜扩大销路，养猪、养羊得到了前所未有的发展。村民目前从业的职业主要是务农、兼业和在读学生，家庭收入以种植业产出、外出打工所得（泥水工、环卫等职业）、个体商户（做买卖）为主。家庭人均年收入若以4000元及以下为低收入、以4001～8000元为中等收入、以8000元以上为高收入，那么属于低收入群体的占比高，达到51%，中等收入群体的占比达35%，高收入群体的占比达14%。因此，提高收入仍是本村经济建设的主要任务。

（二）人居环境建设

表 13 - 4 显示，被访者中住房为砖瓦房的占 24%，砖混房的占 30%，混凝土平房的占 43%，楼房的占 3%。

表 13 - 4 住房类型

单位：次，%

A51. 您的住房是?	频次	百分比	有效百分比	累计百分比
砖瓦房	24	24	24	24
砖混房	30	30	30	54
混凝土平房	43	43	43	97
楼房	3	3	3	100
总 计	100	100	100	

表 13 - 5 显示，被访者家中庭院有绿化美化的占 73%，庭院没有绿化美化的占 27%。

表 13 - 5 庭院是否有绿化美化

单位：次，%

A52. 您家的庭院有绿化美化吗?	频次	百分比	有效百分比	累计百分比
有	73	73	73	73
没有	27	27	27	100
总 计	100	100	100	

表 13 - 6 显示，被访者家中使用煤做生活燃料的占 9%，使用煤、电的占 12%，使用气、电的占 4%，使用电的占 67%，使用电、柴火的占 5%，使用柴火的占 3%。

表 13 - 6 生活燃料使用情况

单位：次，%

A55. 您家里使用的生活燃料是?	频次	百分比	有效百分比	累计百分比
1	9	9	9	9
1、3	12	12	12	21

A55. 您家里使用的生活燃料是?	频次	百分比	有效百分比	累计百分比
2、3	4	4	4	25
3	67	67	67	92
3、4	5	5	5	97
4	3	3	3	100
总　计	100	100	100	

注: 1. 煤; 2. 气; 3. 电; 4. 柴火。

表 13 - 7 显示, 被访者中家里使用蹲便器冲水厕所的占 2%, 房屋内冲水马桶的占 4%, 房屋外土厕所的占 94%。

表 13 - 7　厕所使用

单位: 次, %

A56. 您家使用的厕所是?	频次	百分比	有效百分比	累计百分比
蹲便器冲水厕所	2	2	2	2
房屋内冲水马桶	4	4	4	6
房屋外土厕所	94	94	94	100
总　计	100	100	100	

中堡村混凝土平房居多, 生活燃料使用以电为主, 大多数村民使用的是房屋外土厕所, 大多数庭院有绿化美化, 人居环境较好。

(三) 生态环境建设

表 13 - 8 显示, 被访者中家里生活污水处理方式是泼到院子里的占 49%, 通过下水道排到屋外的占 26%, 浇到田地里的占 17%, 以其他方式处理的占 6%, 以泼到院子里、通过下水道排到屋外的占 2%。调查数据显示: 村民家里生活污水处理以泼到院子里为主要方式, 其次是通过下水道排到屋外和浇到田地里。经走访了解到, 本村没有安装排水系统, 村民生产生活所产生的污水无法集中处理, 雨天路面容易积水, 且污水随意处理影响本村的空气质量和卫生环境。

表 13 - 8   生活污水处理方式

单位：次，%

A39. 您家里生活污水的处理方式是？	频次	百分比	有效百分比	累计百分比
1	49	49	49	49
1、3	2	2	2	51
2	17	17	17	68
3	26	26	26	94
4	6	6	6	100
总　计	100	100	100	

注：1. 泼到院子里；2. 浇到田地里；3. 通过下水道排到屋外；4. 其他。

表 13 - 9 显示，被访者中家里生活垃圾的处理方式是投进垃圾收集箱的占 52%，投进公共垃圾处理区的占 32%，扔到路边、沟道里或家门外空地里的占 8%，投进垃圾收集箱、投进公共垃圾处理区的占 2%，其他的占 6%。

表 13 - 9   生活垃圾处理方式

单位：次，%

A40. 您家里的生活垃圾怎样处理？	频次	百分比	有效百分比	累计百分比
1	52	52	52	52
1、2	2	2	2	54
2	32	32	32	86
3	8	8	8	94
5	6	6	6	100
总　计	100	100	100	

注：1. 投进垃圾收集箱；2. 投进公共垃圾处理区；3. 扔到路边、沟道里或家门外空地里；5. 其他。

表 13 - 10 显示，被访者中农用薄膜交给薄膜收集站统一处理的占 67%，混同生活垃圾扔进垃圾箱的占 9%，卖给收废品的占 12%，从田地取出后随意弃置的占 4%，家里不用薄膜的占 8%。

表 13 – 10　农用薄膜处理方式

单位：次，%

A42. 您家的农用薄膜 怎样处理？	频次	百分比	有效百分比	累计百分比
混同生活垃圾扔进垃圾箱	9	9	9	9
从田地取出后随意弃置	4	4	4	13
交给薄膜收集站统一处理	67	67	67	80
卖给收废品的	12	12	12	92
家里不用薄膜	8	8	8	100
总　计	100	100	100	

（四）社会文化建设

表 13 – 11 显示，被访者中最经常做的日常文化娱乐活动为串门聊天的占 24%，看电视的占 10%，玩手机的占 26%，看电视和串门聊天的占 2%，看电视、玩手机的占 6%，看电视、看书或看报、玩手机的占 6%，看电视、看书或看报、玩手机、串门聊天的占 2%，看电视、玩手机、串门聊天的占 3%，看电视、玩手机、打球等体育运动、串门聊天的占 5%，看电视、看书或看报、跳舞等健身活动（包括广场舞）的占 5%，玩手机、串门聊天的占 2%，跳舞等健身活动（包括广场舞）的占 3%，打球等体育运动的占 4%，参加祷告、礼拜等宗教仪式活动和串门聊天的占 2%。

表 13 – 11　村民日常文化娱乐活动

单位：次，%

A67. 您最经常做的日常 文化娱乐活动是什么？	频次	百分比	有效百分比	累计百分比
1	10	10	10	10
1、10	2	2	2	12
1、2、3	6	6	6	18
1、2、3、10	2	2	2	20
1、2、4	5	5	5	25
1、3	6	6	6	31
1、3、10	3	3	3	34

续表

A67. 您最经常做的日常 文化娱乐活动是什么？	频次	百分比	有效百分比	累计百分比
1、3、7、10	5	5	5	39
10	24	24	24	63
3	26	26	26	89
3、10	2	2	2	91
4	3	3	3	94
7	4	4	4	98
9、10	2	2	2	100
总　计	100	100	100	

注：1. 看电视；2. 看书或看报；3. 玩手机；4. 跳舞等健身活动（包括广场舞）；7. 打球等体育运动；9. 参加祷告、礼拜等宗教仪式活动；10. 串门聊天。

表 13-12 显示，被访者中认为本村很少开展公共文化活动的占 28%，认为本村只在某些节日开展公共文化活动的占 58%，认为本村经常开展公共文化活动而且内容丰富多样的占 14%。

表 13-12　本村开展公共文化活动情况

单位：次，%

A68. 本村经常开展各种 公共文化活动吗？	频次	百分比	有效百分比	累计百分比
本村很少开展公共文化活动	28	28	28	28
本村只在某些节日开展公共文化活动	58	58	58	86
本村经常开展公共文化活动而且内容丰富多样	14	14	14	100
总　计	100	100	100	

表 13-13 显示，被访者中没有遇到过矛盾纠纷的占 58%，遇到家庭婚姻矛盾的占 9%，债务纠纷的占 6%，农村土地权属纠纷的占 8%，农村土地权属纠纷、家族内矛盾的占 2%，征地差钱补偿安置纠纷的占 2%，家族内矛盾的占 6%，家庭婚姻矛盾、农村土地权属纠纷的占 2%，邻里矛盾的占 4%，家庭婚姻矛盾、邻里矛盾、农村土地权属纠纷、家族内矛盾的占 3%。

表 13 – 13　日常矛盾纠纷

单位：次，%

A71. 在日常生活和工作中您 遇到过哪些矛盾纠纷？	频次	百分比	有效百分比	累计百分比
1	9	9	9	9
1、2、5、9	3	3	3	12
1、5	2	2	2	14
12	58	58	58	72
2	4	4	4	76
4	6	6	6	82
5	8	8	8	90
5、9	2	2	2	92
6	2	2	2	94
9	6	6	6	100
总　计	100	100	100	

注：1. 家庭婚姻矛盾；2. 邻里矛盾；4. 债务纠纷；5. 农村土地权属纠纷；6. 征地差钱补偿安置纠纷；9. 家族内矛盾；12. 没有遇到过。

表 13 – 14 显示，被访者中对邻里信任的占 47%，比较信任的占 51%，一般的占 2%。

表 13 – 14　村民之间的信任度

单位：次，%

A72. 您对邻里的信任程度如何？	频次	百分比	有效百分比	累计百分比
信任	47	47	47	47
比较信任	51	51	51	98
一般	2	2	2	100
总　计	100	100	100	

调查数据显示：大多数被访者认为本村只在某些节日开展公共文化活动，村民生活娱乐活动多样化，多是串门聊天、看电视、玩手机。在日常生活和工作中多数人没有遇到过矛盾纠纷，少数人遇到家庭婚姻矛盾、农村土

地权属纠纷。该村村民之间的信任度是比较高的,矛盾纠纷也较少,没有遇到过矛盾纠纷的占有很大的比重,说明该村的社会关系是良好的。

(五)民主政治建设

表13-15显示,被访者中认为村里的"美丽宜居乡村"建设规划有征求过村民意见的占43%,没有征求过村民意见的占15%,不知道的占42%。

表13-15 村里的"美丽宜居乡村"建设规划是否征求过村民意见

单位:次,%

A25. 您村里的"美丽宜居乡村"建设规划有征求过村民的意见吗?	频次	百分比	有效百分比	累计百分比
有	43	43	43	43
没有	15	15	15	58
不知道	42	42	42	100
总 计	100	100	100	

表13-16显示,被访者中认为村内的重大事项是经过村民代表讨论后决定的占18%,有的事项是经过村民代表讨论后决定的占41%,村内的重大事项不是经过村民代表讨论后决定的占3%,不知道的占38%。

表13-16 村内的重大事项是否经过村民代表讨论后决定

单位:次,%

A64. 您村内的重大事项是否经过村民代表讨论后决定?	频次	百分比	有效百分比	累计百分比
是	18	18	18	18
有的事项是	41	41	41	59
不是	3	3	3	62
不知道	38	38	38	100
总 计	100	100	100	

表13-17显示,被访者中愿意为村里的发展出谋划策的占84%,不愿意为村里的发展出谋划策的占2%,不关心的占12%,无计可施的占2%。

表 13 –17 是否愿意为村里的发展出谋划策

单位：次，%

A63. 您愿意为村里的 发展出谋划策吗？	频次	百分比	有效百分比	累计百分比
愿意	84	84	84	84
不愿意	2	2	2	86
不关心	12	12	12	98
无计可施	2	2	2	100
总　计	100	100	100	

　　调查数据显示：该村在实施"美丽宜居乡村"建设规划中征求村民意见相对缺乏，对村内重大事项是否经过村民代表讨论后决定根本不知道的占38%，这会导致村民对"美丽宜居乡村"建设认识不清和不积极参与的情况，不利于村民主体性的发挥。因此，该村应充分发挥基层民主政治的作用，使村民积极参与到政治生活当中，更有利于"美丽宜居乡村"建设的推进。

　　在"美丽宜居乡村"建设中，中堡村狠抓产业建设，新任村委会带领村民大力发展蔬菜大棚产业和养殖业，特色农业种植（果蔬业）、劳务输出和养殖业得以加强，村民稳步增收。清理乱搭乱建，人居环境干净整洁，生态环境改善。在日常生活和工作中多数人没有遇到过矛盾纠纷，少数人遇到家庭婚姻矛盾、农村土地权属纠纷。村民之间的信任度比较高，矛盾纠纷也较少，没有遇到过矛盾纠纷的占有很大的比重，社会关系和谐。在"美丽宜居乡村"建设中，中堡村的特色和优势逐步凸显，强化特色和优势，必将加快中堡村的发展。

　　1. 中堡村的文化教育底蕴深厚，村民有一定的自我发展能力

　　中堡村属于原驻地老村庄，村庄集体经济基础好，发展能力较强，村庄境内有靖远瑞丰饲料厂、白银沃田磷肥厂、靖远金龙食品加工厂。村庄文化积淀相对较为深厚，村民有一定的自我发展能力，自营者占一定比例，这是本村的优势。在加快本村经济发展措施的调查中，31%的村民认为应鼓励村民创业，并提供创业资金支持。所以，鼓励、支持村民创业，发挥本村能人、强人带头作用，能人、强人先富起来，优先为本村提供就业和发展的机会，可以带动村民共同富裕。

　　2. 发展绿色农业

　　中堡村以传统的种植养殖业为主导产业。中堡村主要农产品为黄瓜、土

豆、青椒、茄子、西红柿、豆角等。在加快本村经济发展措施的调查中,认为加快本村经济发展的措施是发展绿色有机食品的生产的占14%;认为加快本村经济发展的措施是促进本村特色产品规模生产,打造特色品牌的占27%。近年来该村在新一任村干部的带领下大力发展了蔬菜大棚产业,扩大规模、提高质量,对本村黄瓜的扩大销路起到了推动作用;对养殖业起到了引导作用,养猪、养羊得到了前所未有的发展,有效地增加了村民的收入。未来在村委会的带领下,在现有蔬菜大棚规模发展的基础上,加大绿色有机农产品的生产,打造绿色有机农产品的品牌,应是村民增收的有效途径。

3. 利用地域旅游资源,发展农家休闲旅游

中堡村位于黄河沿岸,风景优美,有红色文化遗址。依托自然资源、绿色农业资源和红色文化资源,发展乡村休闲旅游业,一方面为村民提供休闲娱乐之地,另一方面也可吸引游客,增加收入,有效地带动本村的"美丽宜居乡村"建设。站在修建好的高塔上,可以俯瞰中堡村风光。黄河蜿蜒而过,山水自成一色。黄河岸边垂钓中心、休闲园林已建成,乡村休闲旅游的建设已经初具雏形。

三 村民对"美丽宜居乡村"建设的认知度

(一)对"美丽宜居乡村"建设内涵的认知

如表13-18所示,被访者中认为"美丽宜居乡村"的"美"最应该体现在人居环境美的占40%,认为"美丽宜居乡村"的"美"最应该体现在生态环境美的占19%,认为"美丽宜居乡村"的"美"最应该体现在思想观念美的占17%,认为"美丽宜居乡村"的"美"最应该体现在产业经济发展好的占14%,认为"美丽宜居乡村"的"美"最应该体现在公共服务好的占10%。

表13-18 对"美丽宜居乡村"中"美"的认知

单位:次,%

A31. 您认为"美丽宜居乡村"的"美"最应该体现在哪里?	频次	百分比	有效百分比	累计百分比
人居环境美	40	40	40	40
生态环境美	19	19	19	59
思想观念美	17	17	17	76

续表

A31. 您认为"美丽宜居乡村"的"美"最应该体现在哪里?	频次	百分比	有效百分比	累计百分比
公共服务好	10	10	10	86
产业经济发展好	14	14	14	100
总　计	100	100	100	

(二) 对"美丽宜居乡村"建设政策的认知

表 13 – 19 显示,被访者中认为"美丽宜居乡村"建设与自己、自己的家庭有关系的占83%,认为"美丽宜居乡村"建设与自己、自己的家庭没有关系的占17%。

表 13 – 19　"美丽宜居乡村"建设与您、您家是否有关系

单位:次,%

A15. 您认为"美丽宜居乡村"建设与您、您家有没有关系?	频次	百分比	有效百分比	累计百分比
有	83	83	83	83
没有	17	17	17	100
总　计	100	100	100	

表 13 – 20 显示,被访者中听说过"美丽宜居乡村"建设政策的占47%,不知道"美丽宜居乡村"建设政策的占29%,知道"美丽宜居乡村"建设政策的占20%,不关心"美丽宜居乡村"建设政策的占4%。

表 13 – 20　是否知道"美丽宜居乡村"建设政策

单位:次,%

A10. 您知道"美丽宜居乡村"建设的政策吗?	频次	百分比	有效百分比	累计百分比
知道	20	20	20	20
听说过	47	47	47	67
不知道	29	29	29	96
不关心	4	4	4	100
总　计	100	100	100	

（三）对"美丽宜居乡村"建设内容的认知

表 13－21 显示，被访者中不知道"美丽宜居乡村"建设内容的占 44%，听说过"美丽宜居乡村"建设内容的占 38%，知道"美丽宜居乡村"建设内容的占 13%，不关心"美丽宜居乡村"建设内容的占 5%。

表 13－21　对"美丽宜居乡村"建设内容的认知

单位：次，%

A12. 您知道"美丽宜居乡村"建设的内容吗？	频次	百分比	有效百分比	累计百分比
知道	13	13	13	13
听说过	38	38	38	51
不知道	44	44	44	95
不关心	5	5	5	100
总　计	100	100	100	

（四）对"美丽宜居乡村"建设项目的认知

表 13－22 显示，被访者中知道"美丽宜居乡村"建设项目的占 18%，听说过"美丽宜居乡村"建设项目的占 33%，不知道"美丽宜居乡村"建设项目的占 41%，不关心"美丽宜居乡村"建设项目的占 8%。

表 13－22　是否知道"美丽宜居乡村"建设项目

单位：次，%

A13. 您知道"美丽宜居乡村"建设的项目吗？	频次	百分比	有效百分比	累计百分比
知道	18	18	18	18
听说过	33	33	33	51
不知道	41	41	41	92
不关心	8	8	8	100
总　计	100	100	100	

（五）对"美丽宜居乡村"建设规划的认知

表 13 - 23 显示，被访者中认为村里有"美丽宜居乡村"建设规划的占 38%，认为村里没有"美丽宜居乡村"建设规划的占 12%，不知道村里是否有"美丽宜居乡村"建设规划的占 50%。

表 13 - 23　村里是否有"美丽宜居乡村"建设规划

单位：次，%

A22. 您村里有"美丽宜居乡村"建设规划吗？	频次	百分比	有效百分比	累计百分比
有	38	38	38	38
没有	12	12	12	50
不知道	50	50	50	100
总　计	100	100	100	

表 13 - 24 显示，被访者中了解村里的"美丽宜居乡村"建设规划的占 37%，不了解村里的"美丽宜居乡村"建设规划的占 63%。

表 13 - 24　是否了解村里的"美丽宜居乡村"建设规划

单位：次，%

A23. 您了解村里的"美丽宜居乡村"建设规划吗？	频次	百分比	有效百分比	累计百分比
了解	37	37	37	37
不了解	63	63	63	100
总　计	100	100	100	

表 13 - 25 显示，被访者中认为本村"美丽宜居乡村"建设规划比较合理的占 40%，认为本村"美丽宜居乡村"建设规划合理的占 12%，认为本村"美丽宜居乡村"建设规划很不合理的占 2%，认为本村"美丽宜居乡村"建设规划不太合理的占 8%，不知道本村"美丽宜居乡村"建设规划是否科学合理的占 38%。

表13-25 村里的"美丽宜居乡村"建设规划是否科学合理

单位：次，%

A26. 您觉得村里的"美丽宜居乡村"建设规划科学合理吗？	频次	百分比	有效百分比	累计百分比
合理	12	12	12	12
比较合理	40	40	40	52
不太合理	8	8	8	60
很不合理	2	2	2	62
不知道	38	38	38	100
总　计	100	100	100	

表13-26显示，被访者中认为本村的建设项目能够按照"美丽宜居乡村"建设规划执行的占10%，认为本村的建设项目大部分能够按照"美丽宜居乡村"建设规划执行的占42%，认为本村的建设项目小部分能够按照"美丽宜居乡村"建设规划执行的占10%，认为本村的建设项目不能按照"美丽宜居乡村"建设规划执行的占2%，不知道本村的建设项目是否能按照"美丽宜居乡村"建设规划执行的占36%。

表13-26 "美丽宜居乡村"建设项目能否按照建设规划执行

单位：次，%

A27. 您觉得村里的建设项目能够按照"美丽宜居乡村"建设规划执行吗？	频次	百分比	有效百分比	累计百分比
能够	10	10	10	10
大部分能够	42	42	42	52
小部分能够	10	10	10	62
不能	2	2	2	64
不知道	36	36	36	100
总　计	100	100	100	

（六）对"美丽宜居乡村"建设主体的认知

表13-27显示，被访者中认为"美丽宜居乡村"建设应该由政府主导的占7%，认为"美丽宜居乡村"建设应该由政府主导、村民参与的占

89%，认为"美丽宜居乡村"建设应该由村民主导、政府参与的占4%。

表 13－27　对"美丽宜居乡村"建设主体的认知

单位：次，%

A36. 您认为"美丽宜居乡村"建设应该由谁来主导？	频次	百分比	有效百分比	累计百分比
政府	7	7	7	7
政府主导、村民参与	89	89	89	96
村民主导、政府参与	4	4	4	100
总　计	100	100	100	

在对"美丽宜居乡村"建设的认知上，村民认为"美丽宜居乡村"的"美"最应该体现在人居环境美、生态环境美，这与"美丽宜居乡村"建设强调人居环境和生态环境的要求是一致的。被访者中知道以及听说过"美丽宜居乡村"建设政策的人数虽然占比较高，但是不知道以及不关心"美丽宜居乡村"建设的人数也占有相当大的一部分；不知道"美丽宜居乡村"建设项目、建设内容、建设规划的人数占比将近一半，同时还存在对"美丽宜居乡村"建设项目、建设内容不关心的群体；不了解"美丽宜居乡村"建设规划的人占大多数；认为"美丽宜居乡村"建设应由政府主导、村民参与的人数占比较大。调查数据显示，一方面村委会应该创新建设"美丽宜居乡村"的宣传方案，相关责任人应加强与村民的联络沟通，结合本村实际情况，制定相应的宣传方案；另一方面反映出村民在"美丽宜居乡村"建设中主体性不强，因此要激发群众以主人翁的态度参与"美丽宜居乡村"建设。

四　村民对"美丽宜居乡村"建设的参与度

（一）村民参与"美丽宜居乡村"建设的意愿

表 13－28 显示，被访者中愿意参与到"美丽宜居乡村"建设项目中的占24%，比较愿意参与到"美丽宜居乡村"建设项目中的占60%，不关心"美丽宜居乡村"建设项目的占14%，不愿意参与到"美丽宜居乡村"建设项目中的占2%。

表13-28 是否愿意参与"美丽宜居乡村"建设项目

单位：次，%

A28.您愿意参与到"美丽宜居乡村"建设项目中吗？	频次	百分比	有效百分比	累计百分比
愿意	24	24	24	24
比较愿意	60	60	60	84
不愿意	2	2	2	86
不关心	14	14	14	100
总　计	100	100	100	

表13-29显示，被访者中认为所有人都愿意参与到"美丽宜居乡村"建设项目中的占12%，认为大部分愿意参与到"美丽宜居乡村"建设项目中的占78%，认为只有小部分愿意参与到"美丽宜居乡村"建设项目中的占10%。

表13-29 认为村民是否愿意参与"美丽宜居乡村"建设项目

单位：次，%

A14.据您所知，村民愿意参与"美丽宜居乡村"建设项目吗？	频次	百分比	有效百分比	累计百分比
所有人都愿意	12	12	12	12
大部分愿意	78	78	78	90
小部分愿意	10	10	10	100
总　计	100	100	100	

（二）村民是否参与"美丽宜居乡村"建设规划

表13-30显示，被访者中参与了村里的"美丽宜居乡村"建设规划的占40%，没有参与村里的"美丽宜居乡村"建设规划的占58%，不清楚有没有参与村里的"美丽宜居乡村"建设规划的占2%。

表 13 - 30 　是否参与"美丽宜居乡村"建设规划

单位：次，%

A24. 您参与村里的"美丽宜居乡村"建设规划了吗？	频次	百分比	有效百分比	累计百分比
参与了	40	40	40	40
没有参与	58	58	58	98
不清楚	2	2	2	100
总　计	100	100	100	

（三）村民是否参与"美丽宜居乡村"建设项目

表 13 - 31 显示，被访者家参与了"美丽宜居乡村"建设项目的占 73%，没有参与"美丽宜居乡村"建设项目的占 27%。

表 13 - 31 　是否参与了"美丽宜居乡村"建设项目

单位：次，%

A17. 您家参与"美丽宜居乡村"建设项目了吗？	频次	百分比	有效百分比	累计百分比
参与了	73	73	73	73
没有参与	27	27	27	100
总　计	100	100	100	

表 13 - 32 显示，被访者中认为很有能力参与到"美丽宜居乡村"建设项目中的占 4%，比较有能力参与到"美丽宜居乡村"建设项目中的占 22%，有点能力参与到"美丽宜居乡村"建设项目中的占 38%，没有能力参与到"美丽宜居乡村"建设项目中的占 36%。

表 13 - 32 　是否有能力参与"美丽宜居乡村"建设项目

单位：次，%

A29. 您有能力参与到"美丽宜居乡村"建设项目中吗？	频次	百分比	有效百分比	累计百分比
很有能力	4	4	4	4
比较有能力	22	22	22	26

续表

A29. 您有能力参与到"美丽宜居乡村"建设项目中吗？	频次	百分比	有效百分比	累计百分比
有点能力	38	38	38	64
没有能力	36	36	36	100
总　计	100	100	100	

表 13 - 33 显示，被访者中能以出劳力的方式参与到"美丽宜居乡村"建设项目中的占32%，能以出资金的方式参与到"美丽宜居乡村"建设项目中的占8%，能以既出劳力又出资金的方式参与到"美丽宜居乡村"建设项目中的占16%，能为"美丽宜居乡村"建设项目出谋划策的占6%，什么也出不了的占38%。

表 13 - 33　参与"美丽宜居乡村"建设项目的方式

单位：次，%

A30. 您能以什么方式参与到"美丽宜居乡村"建设项目中？	频次	百分比	有效百分比	累计百分比
出劳力	32	32	32	32
出资金	8	8	8	40
既出劳力又出资金	16	16	16	56
出谋划策	6	6	6	62
什么也出不了	38	38	38	100
总　计	100	100	100	

表 13 - 34 显示，被访者中参与了"美丽宜居乡村"建设较多的项目依次是修路、垃圾处理、房屋改造、环境卫生整治、环境绿化美化。

表 13 - 34　参与"美丽宜居乡村"建设项目

单位：次，%

A18. 您家参与了"美丽宜居乡村"建设的哪些项目？	频次	百分比	有效百分比	累计百分比
1	32	32	32	32
1、10	4	4	4	36

A18. 您家参与了"美丽宜居乡村"建设的哪些项目？	频次	百分比	有效百分比	累计百分比
1、2、3、4、5、6、7、8、9、10	2	2	2	38
1、2、3、4、5、7、8、9、10	2	2	2	40
1、2、7、10	2	2	2	42
1、2、8、9	2	2	2	44
1、2、8、9、10	2	2	2	46
1、9	2	2	2	48
10	4	4	4	52
2	12	12	12	64
2、4、6、8	2	2	2	66
2、5、8	2	2	2	68
2、7、8、9	2	2	2	70
3、4、8	2	2	2	72
6、7、8、9、10	2	2	2	74
8	12	12	12	86
8、10	2	2	2	88
8、9	8	8	8	96
9	2	2	2	98
9、10	2	2	2	100
总　计	100	100	100	

注：1. 修路；2. 房屋改造；3. 改水；4. 改厕；5. 改厨房；6. 改圈；7. 庭院改造；8. 垃圾处理；9. 环境卫生整治；10. 环境绿化美化。

表 13-35 显示，被访者家中没有参加"美丽宜居乡村"建设项目是因为项目政策没有覆盖到的占 36%，没有条件参加的占 10%，不了解政策的占 50%，政策宣传不够的占 4%。

表 13 - 35　没有参加其他项目的原因

单位：次，%

A20. 为什么您家没有参加"美丽宜居乡村"建设的其他项目？	频次	百分比	有效百分比	累计百分比
项目政策没有覆盖到	36	36	36	36
没有条件参加	10	10	10	46
不了解政策	50	50	50	96
政策宣传不够	4	4	4	100
总　　计	100	100	100	

在参与"美丽宜居乡村"建设项目方面，认为所有人都愿意和大部分愿意参与到"美丽宜居乡村"建设项目中的人占很高的比例，共计占比为90%，这可以看出村民认为本村有90%的人愿意参与到"美丽宜居乡村"建设项目当中。比较愿意参与到"美丽宜居乡村"建设项目当中的人占比为60%；有24%的人愿意参与到"美丽宜居乡村"建设项目当中。在调查的过程中，我们发现不关心"美丽宜居乡村"建设的多为老年人，这与他们自身的知识水平和对"美丽宜居乡村"建设的认知水平密切相关。73%的村民家庭参与了"美丽宜居乡村"建设项目，但是存在27%的村民家庭没有参与"美丽宜居乡村"建设项目。这是因为一方面村民对"美丽宜居乡村"建设缺乏认识或者认识得不够全面，所以政府要通过村民喜闻乐见的方式，使"美丽宜居乡村"建设的意识和观念深入人心；另一方面"美丽宜居乡村"的建设不是一蹴而就的，村民接受"美丽宜居乡村"建设的规划和改造需要一个过程，让其在慢慢体会到"美丽宜居乡村"建设所带来的便利与实惠的过程中转化为"美丽宜居乡村"建设的巨大支持力。认为很有能力参与到"美丽宜居乡村"建设项目中的人为少数，占比为4%；认为比较有能力和有点能力参与到"美丽宜居乡村"建设项目中的人占较大比例，分别为22%和38%；认为没有能力参与到"美丽宜居乡村"建设项目中的人占比为36%。认为能以出劳力、出资金、既出劳力又出资金以及出谋划策的方式参与到"美丽宜居乡村"建设项目中的人共计占有62%的比例，认为什么也出不了的人占有38%的比例。通过数据可以看出，大部分村民愿意为"美丽宜居乡村"的建设群策群力，一部分村民认为自己什么也出不了的原因是受自身的经济能力所限以及没有了劳动能力，但主要原因是对"美丽宜居乡村"建设

项目了解不够，使其觉得自身无法发挥作用。村民参加"美丽宜居乡村"建设项目呈现多样化的特点，其中所涉及最多的是村民参与了"美丽宜居乡村"建设项目当中的修路、垃圾处理和房屋改造等。这体现了本村建设发展过程中道路的改造建设、垃圾处理和房屋改造效果明显，但是在改水、改厕等方面有不足之处。因此"美丽宜居乡村"建设的项目也应该因地制宜，制定合理的建设方案。"美丽宜居乡村"建设的项目切身关系到村民生活标准的提高，因此要注重最大限度地发挥村民参与的积极性，广泛听取民众意见，发挥民众力量，共同推动"美丽宜居乡村"的建设。

五 村民对"美丽宜居乡村"建设的满意度

（一）对"美丽宜居乡村"建设项目的满意度

表13-36显示，被访者中对所参加的"美丽宜居乡村"建设项目表现出满意的占24%，比较满意的占74%，不满意的占2%。调查数据显示：村民对本村"美丽宜居乡村"建设项目比较满意的占比较高，有将近1/4的人表现出满意。

表13-36 对所参加的"美丽宜居乡村"建设项目的满意度

单位：次，%

A19. 您对所参加的"美丽宜居乡村"建设项目满意吗？	频次	百分比	有效百分比	累计百分比
满意	24	24	24	24
比较满意	74	74	74	98
不满意	2	2	2	100
总　计	100	100	100	

表13-37显示，被访者中对本村"美丽宜居乡村"建设最满意的方面依次是公共服务改善；产业发展；文化生活丰富；基础设施建设、村庄环境的绿化美化亮化、村容整洁；村民素质提高；宣传。调查数据显示：村民对"美丽宜居乡村"建设项目当中的公共服务改善、产业发展、文化生活丰富方面的满意度较高。同时，随着"美丽宜居乡村"建设取得的成效日益显著，村民的需求方向也发生了转变。从以前对基础设施等硬件条件的需求转

化为对乡村文明文化等软件条件的需求，人们希望文化生活更加丰富，村民素质更上一层楼。

表 13 - 37 对本村"美丽宜居乡村"建设最满意的方面

单位：次，%

A32. 您对本村"美丽宜居乡村"建设的哪些方面最满意？	频次	百分比	有效百分比	累计百分比
1	18	18	18	18
1、2、3、4、5、6、7、8	2	2	2	20
1、3、4、5、6、7、8	2	2	2	22
2	12	12	12	34
2、3、5、6、7、8	2	2	2	36
2、3、8	2	2	2	38
3	10	10	10	48
3、7	2	2	2	50
5	10	10	10	60
5、6	2	2	2	62
6	6	6	6	68
7	22	22	22	90
8	10	10	10	100
总　计	100	100	100	

注：1. 产业发展；2. 基础设施建设；3. 文化生活丰富；4. 宣传；5. 村庄环境的绿化美化亮化；6. 村民素质提高；7. 公共服务改善；8. 村容整洁。

（二）对生活基础设施建设的满意度

表 13 - 38 显示，被访者中对供水满意的占 10%，比较满意的占 20%，一般的占 28%，不满意的占 42%。

表 13 - 38 供水满意度

单位：次，%

A80. 您对供水满意吗？	频次	百分比	有效百分比	累计百分比
满意	10	10	10	10
比较满意	20	20	20	30

续表

A80. 您对供水满意吗？	频次	百分比	有效百分比	累计百分比
一般	28	28	28	58
不满意	42	42	42	100
总　计	100	100	100	

表 13-39 显示，被访者中对供电满意的占 42%，对供电比较满意的占 32%，对供电表示一般的占 20%，对供电表示不满意的占 6%。

表 13-39　供电满意度

单位：次，%

A50. 您对供电满意吗？	频次	百分比	有效百分比	累计百分比
满意	42	42	42	42
比较满意	32	32	32	74
一般	20	20	20	94
不满意	6	6	6	100
总　计	100	100	100	

表 13-40 显示，被访者中对居住条件满意的占 32%，对居住条件比较满意的占 64%，认为居住条件一般的占 2%，对居住条件不满意的占 2%。

表 13-40　居住条件的满意度

单位：次，%

A53. 您对现在的居住条件满意吗？	频次	百分比	有效百分比	累计百分比
满意	32	32	32	32
比较满意	64	64	64	96
一般	2	2	2	98
不满意	2	2	2	100
总　计	100	100	100	

表 13-41 显示，被访者中对本村出行条件满意的占 44%，对本村出行条件比较满意的占 52%，认为本村出行条件一般的占 4%。

表 13 –41　出行条件的满意度

单位：次，%

A47. 您对出行条件满意吗？	频次	百分比	有效百分比	累计百分比
满意	44	44	44	44
比较满意	52	52	52	96
一般	4	4	4	100
总　计	100	100	100	

表 13 – 42 显示，被访者中对本村公路的质量以及养护满意的占 36%，比较满意的占 42%，一般的占 20%，不满意的占 2%。

表 13 –42　对公路的质量以及养护的满意度

单位：次，%

A48. 您对公路的质量以及养护满意吗？	频次	百分比	有效百分比	累计百分比
满意	36	36	36	36
比较满意	42	42	42	78
一般	20	20	20	98
不满意	2	2	2	100
总　计	100	100	100	

表 13 –43 显示，被访者中对本村公共交通满意的占 52%，比较满意的占 48%。

表 13 –43　公共交通满意度

单位：次，%

A49. 您对公共交通满意吗？	频次	百分比	有效百分比	累计百分比
满意	52	52	52	52
比较满意	48	48	48	100
总　计	100	100	100	

表 13 –44 显示，被访者中对通信满意的占 62%，比较满意的占 38%。

表 13 –44　通信满意度

单位：次，%

A54. 您对通信满意吗？（打电话、使用微信、收寄邮件、快递等）	频次	百分比	有效百分比	累计百分比
满意	62	62	62	62
比较满意	38	38	38	100
总　计	100	100	100	

表 13 –45 显示，被访者中对厕所使用满意的占 16%，比较满意的占 12%，一般的占 14%，不满意的占 58%。

表 13 –45　厕所使用满意度

单位：次，%

A57. 您对厕所使用满意吗？	频次	百分比	有效百分比	累计百分比
满意	16	16	16	16
比较满意	12	12	12	28
一般	14	14	14	42
不满意	58	58	58	100
总　计	100	100	100	

从调查数据可以看出，该村的供电、居住条件、出行条件、公路的质量以及养护、公共交通、通信是比较好的，村民的满意度较高。供水设施建设不足，不满意率达 42%；对厕所使用不满意的占比达到 58%。这也是乡村普遍存在的不足，需要加大投入彻底改善。

（三）对生态环境建设的满意度

表 13 –46 显示，被访者中对本村的空气质量满意的占 30%，比较满意的占 53%，不满意的占 17%。

表 13 –46　空气质量满意度

单位：次，%

A38. 您对本村的空气质量满意吗？	频次	百分比	有效百分比	累计百分比
满意	30	30	30	30

A38. 您对本村的空气质量满意吗?	频次	百分比	有效百分比	累计百分比
比较满意	53	53	53	83
不满意	17	17	17	100
总　计	100	100	100	

表13-47显示,被访者中对本村绿化美化亮化效果满意的占14%,比较满意的占63%,认为本村绿化美化亮化效果一般的占23%。

表 13-47　对本村绿化美化亮化效果的满意度

单位:次,%

A45. 您对本村的绿化美化亮化效果满意吗?	频次	百分比	有效百分比	累计百分比
满意	14	14	14	14
比较满意	63	63	63	77
一般	23	23	23	100
总　计	100	100	100	

表13-48显示,被访者中对本村生活污水处理满意的占24%,比较满意的占65%,一般的占9%,不满意的占2%。

表 13-48　对本村生活污水处理的满意度

单位:次,%

A41b. 您对本村的生活污水处理方式满意吗?	频次	百分比	有效百分比	累计百分比
满意	24	24	24	24
比较满意	65	65	65	89
一般	9	9	9	98
不满意	2	2	2	100
总　计	100	100	100	

表13-49显示,被访者中对本村生活垃圾处理满意的占24%,比较满意的占66%,认为本村生活垃圾处理一般的占8%,不满意的占2%。

表 13 - 49　对本村生活垃圾处理的满意度

单位：次，%

A41a. 您对本村的生活垃圾的 处理满意吗?	频次	百分比	有效百分比	累计百分比
满意	24	24	24	24
比较满意	66	66	66	90
一般	8	8	8	98
不满意	2	2	2	100
总　计	100	100	100	

表 13 - 50 显示，被访者中对本村及周边生态环境满意的占 24%，比较满意的占 60%，一般的占 16%。

表 13 - 50　对本村及周边生态环境的满意度

单位：次，%

A46. 您对本村及周边的 生态环境满意吗?	频次	百分比	有效百分比	累计百分比
满意	24	24	24	24
比较满意	60	60	60	84
一般	16	16	16	100
总　计	100	100	100	

对本村生态环境建设的满意度从空气质量、本村绿化美化亮化效果、生活污水处理、生活垃圾处理、本村及周边生态环境五个方面分满意、比较满意、一般、不满意四个层面考察。调查数据显示：这五个方面占比高的是比较满意层面，满意层面的占比大多高于一般层面，不满意层面的占比最低甚至没有。这说明村民对村庄的生态环境大体满意，但是尚有一定的提升空间。有一小部分村民对空气质量表示不满意，这是由于本村的家禽养殖较多，家禽未能从庭院中分离出去进行集体饲养，这是农村普遍存在的待解决的问题。村民认为本村的绿化美化亮化效果一般的原因是本村绿化范围较小，村民家门前周围的美化有所欠缺。本村设有垃圾收集箱和公共垃圾处理区，十分方便村民处理生产生活所带来的垃圾。但不足的是，本村对垃圾处理回收后期管理有所欠缺，有时会出现垃圾收集箱塞满而无人处理的情况。

（四）对社会文化建设的满意度

表 13 – 51 显示，被访者中对本村的文化生活满意的占 18%，比较满意的占 65%，认为本村的文化生活一般的占 17%。

表 13 – 51 村民对文化生活的满意度

单位：次，%

A69. 您对本村的文化生活满意吗？	频次	百分比	有效百分比	累计百分比
满意	18	18	18	18
比较满意	65	65	65	83
一般	17	17	17	100
总　计	100	100	100	

表 13 – 52 显示，被访者中对本村的文化体育基础设施满意的占 17%，比较满意的占 79%，认为本村的文化体育基础设施一般的占 4%。

表 13 – 52 村民对文化体育基础设施的满意度

单位：次，%

A70. 您对现有的文化体育基础设施满意吗？	频次	百分比	有效百分比	累计百分比
满意	17	17	17	17
比较满意	79	79	79	96
一般	4	4	4	100
总　计	100	100	100	

表 13 – 53 显示，被访者中对本村的社会治安满意的占 20%，比较满意的占 72%，认为本村的社会治安一般的占 8%。

表 13 – 53 村民对社会治安的满意度

单位：次，%

A73. 您对本村的社会治安满意吗？	频次	百分比	有效百分比	累计百分比
满意	20	20	20	20

续表

A73. 您对本村的社会治安满意吗?	频次	百分比	有效百分比	累计百分比
比较满意	72	72	72	92
一般	8	8	8	100
总　计	100	100	100	

对社会文化建设的满意度从文化生活、文化体育基础设施、社会治安三个方面分满意、比较满意、一般、不满意四个层面考察。调查数据显示,村民对文化生活、文化体育基础设施、社会治安比较满意的占比是最高的,其次是满意,最后是一般,没有不满意的,说明社会文化建设总体上比较好,但还需要开展形式多样的公共文化活动,提供充足的文化体育基础设施,提升村民的满意度。

(五) 对公共服务的满意度

表 13 – 54 显示,被访者中对学校教育满意的占 40%,比较满意的占 49%,认为学校教育一般的占 11%。

表 13 – 54　对学校教育的满意度

单位:次,%

A74. 您对村里的学校教育满意吗?	频次	百分比	有效百分比	累计百分比
满意	40	40	40	40
比较满意	49	49	49	89
一般	11	11	11	100
总　计	100	100	100	

表 13 – 55 显示,被访者中对本村的各种技能培训活动满意的占 44%,比较满意的占 38%,认为本村的各种技能培训活动一般的占 10%,不满意的占 8%。

表 13 – 55　对技能培训活动的满意度

单位:次,%

A78. 您对本村提供的各种技能培训活动满意吗?	频次	百分比	有效百分比	累计百分比
满意	44	44	44	44

续表

A78. 您对本村提供的各种技能培训活动满意吗?	频次	百分比	有效百分比	累计百分比
比较满意	38	38	38	82
一般	10	10	10	92
不满意	8	8	8	100
总　计	100	100	100	

表 13-56 显示,被访者中对医疗卫生条件满意的占 30%,比较满意的占 55%,认为本村的医疗卫生条件一般的占 13%,不满意的占 2%。

表 13-56　对医疗卫生条件的满意度

单位:次,%

A75. 您对村里的医疗卫生条件满意吗?	频次	百分比	有效百分比	累计百分比
满意	30	30	30	30
比较满意	55	55	55	85
一般	13	13	13	98
不满意	2	2	2	100
总　计	100	100	100	

表 13-57 显示,被访者中对新型农村合作医疗保险政策满意的占 64%,比较满意的占 31%,一般的占 5%。

表 13-57　对新型农村合作医疗保险政策的满意度

单位:次,%

A76. 您对新型农村合作医疗保险政策满意吗?	频次	百分比	有效百分比	累计百分比
满意	64	64	64	64
比较满意	31	31	31	95
一般	5	5	5	100
总　计	100	100	100	

表 13-58 显示,被访者中对养老保险政策满意的占 54%,比较满意的占 39%,认为本村的养老保险政策一般的占 7%。

表 13 - 58　对养老保险政策的满意度

单位：次，%

A77. 您对养老保险政策满意吗？	频次	百分比	有效百分比	累计百分比
满意	54	54	54	54
比较满意	39	39	39	93
一般	7	7	7	100
总　计	100	100	100	

表 13 - 59 显示，被访者中对社会保障政策满意的占 36%，比较满意的占 28%，一般的占 20%，不满意的占 16%。

表 13 - 59　对社会保障政策的满意度

单位：次，%

A79. 您对目前社会保障政策满意吗？	频次	百分比	有效百分比	累计百分比
满意	36	36	36	36
比较满意	28	28	28	64
一般	20	20	20	84
不满意	16	16	16	100
总　计	100	100	100	

对公共服务的满意度从学校教育、技能培训、医疗卫生条件、医疗保险、养老保险、社会保障六个方面分满意、比较满意、一般、不满意四个层面考察。调查数据显示：村民对本村的学校教育、医疗卫生条件比较满意的占比最高，对技能培训、医疗保险、养老保险、社会保障满意的占比最高，对技能培训和医疗卫生条件还有少量不满意，不满意率最高的是社会保障。因此，在"美丽宜居乡村"建设中，要加大供给技能培训、医疗卫生条件、社会保障政策等公共服务，提高服务质量，提高村民的满意度。

（六）对民主政治建设的满意度

表 13 - 60 显示，被访者中对村内的民主政治建设满意的占 10%，比较满意的占 68%，认为村里的民主政治建设一般的占 22%。

表 13 – 60　对村内民主政治建设的满意度

单位：次，%

A65. 您对村内的民主政治建设满意吗？	频次	百分比	有效百分比	累计百分比
满意	10	10	10	10
比较满意	68	68	68	78
一般	22	22	22	100
总　计	100	100	100	

表 13 – 61 显示，被访者中对村委会干部的工作和服务满意的占 12%，比较满意的占 66%，认为村委会干部的工作和服务一般的占 20%，不满意的占 2%。

表 13 – 61　对村委会干部的工作和服务的满意度

单位：次，%

A66. 您对村委会干部的工作和服务满意吗？	频次	百分比	有效百分比	累计百分比
满意	12	12	12	12
比较满意	66	66	66	78
一般	20	20	20	98
不满意	2	2	2	100
总　计	100	100	100	

对民主政治建设的满意度从村内民主政治建设的满意度、对村委会干部的工作和服务的满意度两方面考察。调查数据显示：村民总体上对村里的民主政治建设是比较满意的，但是满意的人数只占 10%，比较满意的人数占 68%；村民对村委会干部的工作和服务满意的占 12%，比较满意的占 66%，比较满意的占比最高，说明在"美丽宜居乡村"建设中，村委会干部的工作要更加公开透明，村委会干部还需注重村民的感受，增强服务意识，这是乡村发展的根本要求，也是该村发展的重要意义。

六　"美丽宜居乡村"建设中的不足和加快发展的建议

（一）"美丽宜居乡村"建设中的不足

表 13 – 62 显示，被访者中认为"美丽宜居乡村"建设中存在不足的方

面占比较高的依次是供水（占23%）、生活污水处理（占20%）、道路建设（占8%）和公共服务（占8%）、产业发展（占7%）、畜禽养殖污染（占4%）和供电（占4%），其余各占2%。

表13-62　"美丽宜居乡村"建设中存在的不足

单位：次，%

A34. 您认为"美丽宜居乡村"建设中不足的是哪方面?	频次	百分比	有效百分比	累计百分比
1	8	8	8	8
11	4	4	4	12
14	2	2	2	14
15	8	8	8	22
2	23	23	23	45
2、11	2	2	2	47
2、5	2	2	2	49
2、5、11	2	2	2	51
2、5、7、8、13	2	2	2	53
3	4	4	4	57
5	20	20	20	77
5、10	2	2	2	79
5、6、11	2	2	2	81
5、6、15	2	2	2	83
5、6、7、14	2	2	2	85
5、6、8、14、15	2	2	2	87
5、7、10	2	2	2	89
6	2	2	2	91
7	7	7	7	98
8、12、14	2	2	2	100
总　计	100	100	100	

注：1. 道路建设；2. 供水；3. 供电；5. 生活污水处理；6. 生活垃圾处理；7. 产业发展；8. 文化建设；10. 村容村貌；11. 畜禽养殖污染；12. 工业污染；13. 村里很少征求村民的意见；14. 环境卫生；15. 公共服务。

（二）"美丽宜居乡村"建设中最大的困难

表13-63显示，被访者中认为"美丽宜居乡村"建设最大的困难占比

较高的依次是资金不足（占62%）、村民观念滞后（占14%）、技术不足（占10%）、规划不合理（占8%），其余各占2%。

表13-63 "美丽宜居乡村"建设最大的困难

单位：次，%

A35. 您认为"美丽宜居乡村"建设最大的困难在哪里？	频次	百分比	有效百分比	累计百分比
1	62	62	62	62
1、3、5	2	2	2	64
2	8	8	8	72
2、5	2	2	2	74
3	10	10	10	84
3、4	2	2	2	86
5	14	14	14	100
总　计	100	100	100	

注：1. 资金不足；2. 规划不合理；3. 技术不足；4. 人员不足；5. 村民观念滞后。

（三）"美丽宜居乡村"建设中最关心的问题和对未来的期望

表13-64显示，被访者中最关心的问题和对未来的期望占比较高的依次是增加收入，提高生活水平（占32%）；看病的医疗保险（占16%）；基础设施更加完善（占12%）；提高村民素质，村风文明（占8%）；孩子上学（占7%）；生态环境更加优美（占5%）。其余各占2%。

表13-64 最关心的问题和对未来的期望

单位：次，%

A37. 在"美丽宜居乡村"建设中，您最关心的问题和对未来的期望是什么？	频次	百分比	有效百分比	累计百分比
1	32	32	32	32
1、2、3	2	2	2	34
1、2、3、5、6、8、9	2	2	2	36

续表

A37. 在"美丽宜居乡村"建设中,您最关心的问题和对未来的期望是什么?	频次	百分比	有效百分比	累计百分比
1、3	2	2	2	38
1、5	2	2	2	40
1、7、9	2	2	2	42
1、9	2	2	2	44
10	16	16	16	60
2	12	12	12	72
2、3、4、5	2	2	2	74
2、5、8、9	2	2	2	76
3	5	5	5	81
5	8	8	8	89
5、9、10	2	2	2	91
8	7	7	7	98
9	2	2	2	100
总　计	100	100	100	

注: 1. 增加收入,提高生活水平; 2. 基础设施更加完善; 3. 生态环境更加优美; 4. 村务民主公开; 5. 提高村民素质,村风文明; 6. 村里文化生活更加丰富; 7. 获得资金支持; 8. 孩子上学; 9. 就业; 10. 看病的医疗保险。

（四）加快本村经济发展的措施

表13－65显示,加快本村经济发展的措施占比较高的依次是鼓励村民创业,并提供创业资金支持（占31%）;促进本村特色产品规模生产,打造特色品牌（占27%）;发展绿色有机食品的生产（占14%）;招商引资,鼓励企业投资本村,带动经济发展（占12%）;发展绿色有机食品的生产、促进本村特色产品规模生产和打造特色品牌（各占4%）。其余各占2%。

表13-65　加快本村经济发展的措施

单位：次，%

A59.您认为加快本村经济发展的措施是什么？	频次	百分比	有效百分比	累计百分比
1	14	14	14	14
1、2、5	2	2	2	16
1、3	4	4	4	20
1、3、4	2	2	2	22
2	2	2	2	24
2、3、4、5	2	2	2	26
2、5	2	2	2	28
3	27	27	27	55
3、5	2	2	2	57
4	31	31	31	88
5	12	12	12	100
总　计	100	100	100	

注：1. 发展绿色有机食品的生产；2. 发展"农家乐"等休闲旅游业；3. 促进本村特色产品规模生产，打造特色品牌；4. 鼓励村民创业，并提供创业资金支持；5. 招商引资，鼓励企业投资本村，带动经济发展。

小　结

中堡村是传统种植养殖型老村庄，主导产业为特色农业种植（果蔬业）、一般农业种植、劳务输出和养殖业。在"美丽宜居乡村"建设中，新任村委会带领村民大力发展蔬菜大棚产业和养殖业，突出产业特色、发挥旅游资源优势，带动村民稳步增收，提升村庄品质。调查数据显示，村民认为"美丽宜居乡村"的"美"主要体现在人居环境美、生态环境美，这与"美丽宜居乡村"建设强调人居环境和生态环境的要求是一致的。村民中对"美丽宜居乡村"建设项目、建设内容、建设规划不知道的占比将近一半，村民对"美丽宜居乡村"建设的认知以知道以及听说过"美丽宜居乡村"建设政策的人数居多，说明村民对"美丽宜居乡村"建设的认识不够深入、不够全面。因此，应该结合本村实际情况，制定相应的宣传方案，通过村民喜闻乐见的方式，使"美丽宜居乡村"建设的意识和观念深入人心。在参与度方面，村民参与"美丽宜居乡村"建设的热情高,参加"美丽宜居乡村"建设项目呈现多样化的特点,其中所涉及最多的是修路、垃圾处理和房屋改造等,但也存在村民在"美丽宜居乡村"建设中参与能力有限、主体性不强的问题,因此要搭建平台,激发群众以主人翁的态度参与"美丽宜居乡村"建设。村庄供电、居住条件、出行条件、通信等基础设施是比较好的,村民的满意度较高,但供水设施建设不足,导致水质不清,村民不满意率达到42%;大多数村民使用的是房屋外土厕所,对厕所使用不满意的占比达到58%;由于没有安装排水系统,村民家里生活污水处理以泼到院子里为主,污水无法集中处理,雨天路面容易积水,且污水随意处理影响空气质量和环境卫生;村里设有垃圾收集箱和公共垃圾处理区,但是垃圾处理回收后期管理有所欠缺,有时会出现垃圾收集箱塞满无人及时处理的情况。这说明要继续投入改进供水、污水处理、垃圾处理、改厕等基础设施的建设。本村的家禽养殖较多,家禽未能从庭院中分离出去进行集体饲养,导致空气污染,这也是农村普遍存在的待解决的问题。村民对村庄的生态环境大体满意,但是尚有很大的提升空间。在公共服务方面,村民对本村的学校教育、医疗卫生条件比较满意的占比最高,对技能培训、医疗保险、养老保险、社会保障满意的占比最高,对技能培训和医疗卫生条件还有少量不满意,不满意率最高的是社会保障。因此,要加大供给技能培训、医疗卫生条件、社会保障政策等公共服务,提高服务质量。社会文化建设总体上比较好,但还需要开展形式多样的公共文化活动,提供充足的文化体育基础设施,构建文明和谐的乡村社区。被访者中对民主政治建设比较满意的占比最高;对村委会干部的工作和服务比较满意的占比最高,说明在"美丽宜居乡村"建设中,村委会干部的工作要更加公开透明,村委会干部还需注重村民的感受,增强服务意识。调查反映出"美丽宜居乡村"建设项目当中的公共服务改善、产业发展、道路建设、垃圾处理和环境卫生整治效果明显,村民满意度较高。同时,随着"美丽宜居乡村"建设取得的成效日益显著,村民的需求方向也发生了转变,从以前对基础设施等硬件条件的需求转化为对乡村文明文化等软件条件的需求,人们希望文化生活更加丰富,村民素质更上一层楼。

中堡村在"美丽宜居乡村"建设中存在的突出问题是供水和生活污水处理。"美丽宜居乡村"建设中最大的困难是资金不足,其次是村民观念滞后。村民对未来最大的期望,首要的还是增加收入,提高生活水平。村民认为加快本村经济发展的措施是鼓励村民创业,并提供创业资金支持的占31%;促进本村特色产品规模生产，打造特色品牌的占27%。在未来的"美丽宜居乡村"建设中，中堡村应考虑村民的建议，整合本村的特色和优势，改进不足，加快建设。"美丽宜居乡村"的建设不是一蹴而就的，"美丽宜居乡村"建设的项目切实关系到村民生活质量的提高，村民在体会到"美丽宜居乡村"建设所带来的便利与实惠后更能够支持并参与到"美丽宜居乡村"建设中。因此要注重广泛听取民众意见，最大限度地发挥村民参与的积极性，发挥民众力量，共同推动"美丽宜居乡村"的建设。

第三篇
问题、建议与展望篇

第十四章　甘宁青"美丽宜居乡村"
建设调查比较

第一节　村庄调查比较

一　李俊镇中心村与原隆村比较

李俊镇中心村属于永宁县李俊镇，原隆村隶属于永宁县闽宁镇，李俊镇和闽宁镇毗邻。

（一）美丽小城镇和美丽中心村

在"美丽宜居乡村"建设中，依据原有条件，李俊镇中心村的建设目标是美丽小城镇，原隆村的建设目标是川区美丽中心村。经过"美丽宜居乡村"建设，李俊镇中心村小城镇初步建成。村民搬进了楼房，水电气暖配套，街道整洁。公园、广场、车站、市场、商店等公共设施一应俱全，公共服务增强，一揽子解决了生活基础设施等问题，人居环境优良。村民生活方式改变，过上了城市居民的生活。村民对所参加的"美丽宜居乡村"建设项目满意度高，最满意的依次是村庄环境的绿化美化亮化、文化生活丰富和基础设施建设。李俊镇中心村的美丽小城镇建设走在了"美丽宜居乡村"建设的前列。

原隆村是生态移民村，移民从南部山区搬迁至原隆村，政府提供了基本的生活生产设施。原隆村在搬迁时统一规划了村庄、宅基地、住房和耕地，配备了水、电、路、绿化，建设了村委会、便民服务站、卫生室、党群活动服务站、文化广场、农贸市场、幼儿园、小学等基础设施。在"美丽宜居乡村"建设中，通过改水、改厕、改厨房等项目，改建扩建了房屋，人居环境改善。在"美丽宜居乡村"建设中，村民参与比较多的项目依次是修路、房屋改造、改水、庭院改造、环境卫生整治，环境绿化美化。村民对本村"美丽宜居乡村"建设普遍满意，最满意的是村庄环境的绿化美化亮化，其次是基础设施建设。原隆村村容村貌整洁有序，民风文明，群众安居乐业，呈现出美丽乡村的风貌。

（二）"美丽宜居乡村"建设中存在的问题不同

李俊镇中心村由于小城镇建设一揽子解决了生活基础设施等问题，调查数据显示，"美丽宜居乡村"建设中不足的方面占比最高的是物业服务。因此，改善物业服务是要解决的主要问题。

调查数据显示，原隆村村民认为在"美丽宜居乡村"建设中不足的方面主要是供水、生活污水处理。原隆村在"美丽宜居乡村"建设中，实施改水、改厕、改厨房，但有些家庭改厕不彻底，造成一些卫生污染问题。村里统一排污，但由于排污管道埋的较浅，造成污水味道外溢等卫生问题。需要继续投入改善供水、污水处理、取暖等生活基础设施。彻底解决排污取暖等问题，提升村庄的人居环境和生态环境。

（三）经济状况的比较

李俊镇中心村地处黄河灌区，农业基础良好，集体经济积累深厚，村民自我发展能力较强。在李俊镇中心村委的引导下，发展以设施温棚、鲜食葡萄、有机水稻、外供蔬菜为主的特色产业，种植和务工是本村的主导产业。去年（2018 年）家庭人均年收入，若以 4000 元及以下为低收入，4001～8000 元为中等收入，8000 元以上为高收入，则低收入者占 60%，中等收入者占 26%，高收入者占 14%。

作为生态移民村，为尽快带领村民"搬得出、稳得住、能致富"，原隆村引进华盛绿能、青禾农牧、壹泰牧业等龙头企业开展村企合作，经过多年培育，形成了以特色种养殖、光伏农业、文化旅游、劳务输出为主的产业发展格局，外出打工所得（泥水工、环卫等职业）是本村的主导产业。原隆村村民以外出打工所得（泥水工、环卫等职业）为主，家庭收入以外出打工所得（泥水工、环卫等职业）为主。在 4000 元及以下的低收入者占 68%，在 4001～8000 元的中等收入者占 24%，在 8000 元以上的高收入者占 8%。调查数据显示，李俊镇中心村和原隆村村民最关心的问题和对未来的期望占比最高的都是增加收入，提高生活水平。原驻地村庄李俊镇中心村和生态移民村原隆村在家庭人均年收入上趋同。生态移民村原隆村实现了跨越式的发展，在经济上已经赶上了当地的发展。

二 丰泽村与老庄村比较

老庄村是宁夏回族自治区固原市原州区黄铎堡镇原驻地村庄，是纯回族村。2011 年，本镇地质灾害险点张家山、羊圈堡等村搬迁至此，成立丰泽村，与老庄村毗邻。

（一）山区"美丽宜居乡村"建设比较

在"美丽宜居乡村"建设中，老庄村依托现有的产业资源，构建种植、养殖、屠宰一条龙产业链，打造循环经济；扶持种植养殖大户，提供创业资金，鼓励村民创业；利用靠近须弥山旅游区的地域优势，合理规划玉米、枸杞种植，打造经果林采摘园、建设农家乐，发展休闲农业，增加收入的同时，美化村庄，提升农民生活品质。在"美丽宜居乡村"建设中，老庄村进一步完善基础设施建设，新建了党员活动室、文化室、卫生室、小学和幼儿园；改造危房危窑 235 栋，对居住在危房中且交通不便、饮水困难的群众进行就近集中安置，极大地解决了群众的住房安全问题；硬化道路，解决了群众出行困难的问题。村民参与"美丽宜居乡村"建设项目和建设规划的意愿强烈，参与"美丽宜居乡村"建设的项目主要集中在修路、房屋改造、改圈、环境卫生整治和环境绿化美化等人居环境整治方面。"美丽宜居乡村"建设中最满意的是基础设施建设和村庄环境的绿化美化亮化。

丰泽村在移民重建和"美丽宜居乡村"建设中发展设施种植养殖业、发展劳务产业，通过产业扶贫，农民人均可支配收入从 2011 年的 3800 元增长到 2018 年的 10146 元。发展休闲旅游业，将丰泽村纳入固原全域旅游规划中，推动特色旅游产业发展，提升丰泽村的经济、生态和人文建设。实现了移民"搬得出、稳得住、能致富"的目标，为村庄进一步的发展打下了基础。在"美丽宜居乡村"建设中，被访者参加较多的项目是改圈、修路、房屋改造。对"美丽宜居乡村"建设最满意的是产业发展和基础设施建设。

（二）"美丽宜居乡村"建设中存在不足的比较

丰泽村"美丽宜居乡村"建设中存在的不足主要是道路建设和污水处理

问题，生活污水泼到院子里的居多，占43%；其次是通过下水道排到屋外，占41%；浇到田地里占11%；其他占5%。可见本村的污水处理方式较多，也比较分散，没有统一的处理方式。村民最关心的和对未来的期望是基础设施更加完善和增加收入，提高生活水平。未来在"美丽宜居乡村"建设中，要重视生态环境建设。生态方面要建立农药包装物、塑料薄膜等回收机制。调整养殖管理方式，实现人畜分离，加强农村污水处理模式及技术的研究，妥善解决污水的处理问题。

老庄村被访者中认为"美丽宜居乡村"建设中的不足占比高的依次是生活污水处理、供水、生活垃圾处理、环境卫生和产业发展。老庄村没有统一的排水系统，污水处理方式自然多样，生活污水泼到院子里的占53%，通过下水道排到屋外的占13%，浇到田地里的占4%，其他的占30%。生活垃圾处理方式也是自然多样。生活垃圾扔到路边、沟道里或家门外空地里的占47%，投进公共垃圾处理区的占22%，投进垃圾收集箱的占19%，扔到田地里的占2%，其他的占10%。被访者中最关心的问题和对未来的期望是孩子上学问题。

（三）经济建设比较

老庄村的主导产业为种植业、养殖业和打工，村民家庭收入主要来自种植业、养殖业和外出打工所得（泥水工、环卫等职业）。老庄村不属于贫困村，但尚有少量生活困难群众。若以家庭人均年收入4000元及以下为低收入，以4001～8000元为中等收入，以8000元以上为高收入，老庄村被访者中家庭人均年收入在4000元及以下的低收入者占45%，在4001～8000元的中等收入者占34%，在8000元以上的高收入者占21%。

丰泽村的主导产业是种植、养殖和劳务产业。家庭收入主要来源于种植业产出、养殖业产出和外出打工所得（泥水工、环卫等职业）。若以家庭人均年收入4000元及以下为低收入，以4001～8000元为中等收入，以8000元以上为高收入，则低收入者占48%，中等收入者占40%，高收入者占12%，还有近五成的低收入者。基础设施更加完善是村民最关注的问题之一。

对比数据可知，老庄村的中高收入者略高于丰泽村。总体上，丰泽村与老庄村在家庭人均年收入上趋于一致。搬迁前，丰泽村的村民居住在环境恶劣的深山区，靠天吃饭，处于贫困中。通过生态移民，丰泽村实现了跨越式的发展，迈进全面小康社会。

三 新坪村与中堡村比较

中堡村是甘肃省靖远县北湾镇原驻村,新坪村在2013年定西岷县6.6级地震后,搬迁至原五大坪农场而新设立,与中堡村毗邻。

(一)"美丽宜居乡村"建设比较

新坪村在灾后移民重建和"美丽宜居乡村"建设中,村庄规划有序,布局整齐,村容村貌干净整洁。村民住房以砖混房和砖瓦房居多,庭院前沿路边统一绿化和美化,垃圾投进设置的垃圾收集箱和公共垃圾处理区,生活污水主要通过下水道排到屋外,人居环境良好。村民参加较多的建设项目是修路、房屋改造、垃圾处理和改水,村民对所参加的"美丽宜居乡村"建设项目最满意的是公共服务改善,其次是基础设施建设。

中堡村在"美丽宜居乡村"建设中,清理乱搭乱建,人居环境干净整洁,生态环境改善。在参与度方面,村民参与"美丽宜居乡村"建设的热情高,参与"美丽宜居乡村"建设项目呈现多样化的特点,其中所涉及最多的是修路、垃圾处理和房屋改造;调查反映出"美丽宜居乡村"建设项目当中的公共服务改善、产业发展、文化生活丰富且效果明显,村民满意度较高。

(二)经济建设比较

中堡村是传统种植养殖型老村庄,主导产业为特色农业种植(果蔬业)、一般农业种植、劳务输出和养殖业。在"美丽宜居乡村"建设中,新任村委会带领村民大力发展蔬菜大棚产业和养殖业,村民目前从事的职业主要是务农、兼业以及在读学生,家庭人均年收入稳定增加。家庭人均年收入若以4000元及以下为低收入、以4001~8000元为中等收入、以8000元以上为高收入,那么属于低收入群体的占比高,达到51%,中等收入群体的占比达35%,高收入群体的占比达14%。

新坪村主导产业为特色农业种植和劳务输出。农业生产以种植大棚蔬菜、玉米、枸杞为主;年劳务输出收入有400多万元。若以家庭人均年收入4000元及以下为低收入,以4001~8000元为中等收入,则低收入者占71%,中等收入者占29%。家庭人均年收入集中在2001~4000元,村民收入差距不大,收入普遍偏低。

在家庭人均年收入方面，中堡村整体高于新坪村，说明生态移民村与原驻村在经济发展上仍有差距。数据显示，中堡村和新坪村村民对未来最大的期望还是增加收入，提高生活水平。因此，提高收入仍是中堡村和新坪村经济建设的主要任务。

（三）"美丽宜居乡村"建设存在不足的比较

新坪村与中堡村毗邻，在"美丽宜居乡村"建设中存在的不足有相似性，都是供水和生活污水处理问题。供水设施建设不足，导致水质不清。水质混浊，需澄清后才能使用，影响村民生活。中堡村由于没有安装排水系统，村民家里生活污水处理以泼到院子里为主要方式，污水无法集中处理，雨天路面容易积水，且污水随意处理影响该村的空气质量和卫生环境。新坪村在移民重建时建有排水道，污水处理设施还不够完善。

四　洪水坪村与马家营村比较

马家营村是青海省乐都区洪水镇原驻村。2007 年，浅山贫困村的 365 户 1356 名村民由山区整体搬迁到距镇政府不远的一片旱台上，成立洪水坪村，与马家营村毗邻。

（一）"美丽宜居乡村"建设比较

洪水坪村位于一处山台上，依山而建。移民新村规划整齐，村容村貌整洁有序。按照统一结构修建了整齐的砖瓦房、砖混房、混凝土平房。在"美丽宜居乡村"建设中通过房屋改造、改厨房使房屋功能更加完备，住起来更加舒适。大多数庭院里都有绿化，院落坐落有序，房屋建设宽敞明亮、人均住房面积变大。房屋改造、改水、改厕、修路、垃圾处理、污水处理、环境卫生整治等项目的实施改善了人居环境和生态环境。新建了村委会办公楼和小广场，小广场上体育设施也相对增多，布局合理，村庄建设与当地自然景观历史文化协调，环境整治良好，适宜村民居住。对"美丽宜居乡村"建设有一定的认知，能够积极参与到"美丽宜居乡村"建设中。对基础设施建设、人居环境改善、村庄环境的绿化美化亮化、文化生活丰富、公共服务改善和政治民主总体上是满意的。被访者中认为村民对"美丽宜居乡村"建设最满意的依次是村容整洁、基础设施建设、村民素质提高、公共服务改善等。

2014 年马家营村实施"美丽宜居乡村"建设以来，通过农村旧危房、奖励性住房建设改造，推广建造卫生厕所，配备垃圾箱，村道硬化、修建了小广场，安装了健身器材，绿化美化工程等项目极大地改善了人居环境。开展"美丽宜居乡村"建设以来，马家营村推广无公害蔬菜种植技术，发展设施循环农业，种植有机、绿色及无公害农产品。妥善处理地膜，防止白色污染，农作物秸秆主要是用于生活燃料、饲料和出售，大大提高了农作物秸秆利用率。在"美丽宜居乡村"建设中，马家营村全力搞好绿化工作，植树造林成效显著，村庄绿化覆盖率达到 35%。马家营村没有工业生产，因此村民们也表示没有工业废弃物的排放。所以，从整体上来看，马家营村的乡村生态环境和环境安全的建设效果较好。

（二）经济建设比较

马家营村的主导产业是种植养殖业和务工。在"美丽宜居乡村"建设中，优化经济结构，构筑以设施循环农牧业、劳务输出为主的产业板块。村民的家庭主要收入来源是种植养殖业产出和外出打工所得（泥水工、环卫等职业）。若以家庭人均年收入 4000 元及以下为低收入，以 4001～8000 元为中等收入，以 8000 元以上为高收入，那么马家营村低收入者占 49%，中等收入者占 41%，高收入者占 10%。

洪水坪村的主导产业是劳务产业。被访者中家庭人均年收入在 4000 元及以下的占 59%，在 4001～8000 元的占 33%，在 8000 元以上的占 8%。

在家庭人均年收入上马家营村整体高于洪水坪村，洪水坪村 4000 元及以下的低收入者高于马家营村，生态移民村与原驻村在经济发展上还有一定差距。所以，村民最大的期望还是增加收入，提高生活水平。

（三）"美丽宜居乡村"建设中存在的不足比较

马家营村最大的不足是污水处理。原驻村没有统一的排水设施。村内无排污管道和污水处理厂，无污水处理站，群众生活污水多以泼洒的方式或倒入渗水井进行处理，对生活环境没有造成大的污染。访谈中发现马家营村的生活污水处理设施和方式还需要改善，村里的污水处理系统不健全，大部分村民家的生活污水只能泼到院子里或者浇到田地里，长久下去对环境会造成很大的影响。洪水坪村的污水处理方式与马家营村大同小异，以自然降解为主。洪水坪村虽然村里道路均已硬化，出行相对方便，但由于没有专门去镇上的车，这对于村民尤其是学生上学来说很不方便，村民收取快递也极其不方便。

第二节　生态移民村与原驻村的比较

在调查走访中发现原驻村和移民新村各具特色。原驻村村庄经济基础好，有一定的文化积淀，村民自我发展能力强。生态移民村规划整齐，布局合理，村容村貌整洁。

一　原驻村经济基础好

永宁县李俊镇中心村、老庄村、中堡村、马家营村等原驻村位于平原地区，从事农业生产的自然条件优越，资源丰富，经济发展稳定，种植养殖业等经济形式成熟，经济基础好。交通便利，生产生活方便。例如李俊镇中心村位于银川平原，西邻玉泉营农场，东靠黄河，属于黄河灌区，充足的黄河水孕育出优质的水稻、小麦和瓜果蔬菜，是鱼米之乡。靖远县中堡村南临黄河，河湾地属黄河一级阶地。种植日光温室反季节蔬菜、养鸡养猪养羊。马家营村位于青海省海东市乐都区向东15千米虎狼沟口，距109国道线500米。虎狼沟河水自南向北，蜿蜒从村子西侧流入湟水河。马家营村种植土豆、玉米、白菜、娃娃菜、甜瓜、圣女果等。老庄村位于黄铎堡镇西北2公里处，耕地面积6800亩，退耕地面积3700亩。种植玉米6500多亩、枸杞300亩。牛存栏2534头，羊存栏3432只。原驻村庄充分利用优越的自然条件，发展一般种植业、养殖业和设施农业，村民稳定增收，村集体经济壮大。生态移民村从贫困山区搬迁而来，毗邻原驻村而居，在原驻村的带动下，借鉴原驻村的产业模式，利用原驻村的农产品市场，加快了脱贫致富的进程，也加快了融入当地的进程。

二　原驻村文化底蕴深

原驻村成立时间长，在经济稳定发展的同时，也积淀了丰富的文化。例如，李俊镇中心村内有一座金塔，位于镇区中心位置。金塔历史悠久，是当地独有的文化标志。李俊镇中心村将其扩建为金塔公园，修建人工湖、文化长廊等自然人文景观，内设小广场，成为较高品质的村民文化休闲场所。马家营村拥有独特的民俗文化。耍火龙是乐都区洪水镇马家营村元宵节独具特色的习俗。耍火龙的习俗从元末明初开始，已有 600 多年历史。马家营村于正月十五前后会组织开展气势壮观、规模宏大的火龙舞。马家营村的火把节已经被评为省级非物质文化遗产。为将这一凝聚人心的习俗传承下去并将其发扬光大，耍火龙的习俗已更名为火龙节，申报国家级非物质文化遗产。中堡村位于黄河沿岸，风景优美，拥有丰富的历史文化和民俗文化，还有红色文化遗址。中堡村以红色文化遗址为中心，集黄河沿岸自然风光、绿色农业田园风光于一体，为村民打造了一个休闲娱乐的好去处，也提升了村庄"美丽宜居乡村"建设的质量。

三　村民自我发展能力强

原驻村村民受教育程度普遍较高，家庭有一定的经济基础，社会关系稳固，应对市场的意识较强，具有较强的自我发展能力。由调查可知，李俊镇中心村、马家营村、中堡村、老庄村等原驻村村民中从事经营、兼职的比例高于移民村，村民自我发展的能力明显高于移民村。原驻村村民受教育程度普遍高于丰泽村、新坪村等移民村，子女受教育程度高，马家营村几乎家家都有大学生。家里只要有一个大学生能参加工作，就能减轻家庭负担，带动家庭生活状况好转。

四　生态移民村村容村貌整洁有序

走进原隆村、丰泽村、新坪村、洪水坪村等移民新村，首先感受到的是村容村貌整洁有序，布局紧凑合理。生态移民村在国家政策支持下统一规划建设，村庄规划整齐，布局合理是其突出特点。村委会是村庄的中心，也是村民活动的中心。村民院落整洁有序地排列在村委会周边。村委会办公楼前建有小广场，小广场上有篮球场，有群众健身器材，小广场上也是跳广场舞的场所。道路边都有绿化带，有花草点缀其间。基础设施比较齐全，人居环境良好。

第十五章 甘宁青"美丽宜居乡村"建设中的共同问题

第一节 生活基础设施建设问题

在生活基础设施建设上，城乡差距显著表现在供气、供暖、污水处理等方面，现代生活基础设施建设在农村几乎没有起步。本次对生活基础设施满意度的调查显示，绝大多数村民对生活基础设施如居住条件、供水、供电、公路的质量及养护、出行条件、通信等满意和比较满意占比较高。在关于本村"美丽宜居乡村"建设不足方面的调查中，共设置了15个选项：道路建设、供水、供电、通信设施、生活污水处理、生活垃圾处理、产业发展、文化建设、物业服务、村容村貌、畜禽养殖污染、工业污染、村里很少征求村民的意见、环境卫生、公共服务。调查数据反映出村民对基础设施建设总体满意，但也还存在不足。其中突出的是村里的生活污水处理和供水以及道路建设。

一 生活污水处理问题

农村污水主要是生活废水，包括厕所污水、生活洗涤污水、厨房污水、其他混合污水。尤其是厕所污水的处理方式，严重影响着村民的生活质量。绝大多数家庭家中使用的厕所为房屋外土厕所，对于家中的厕所有超过一半的村民认为家中使用的厕所不方便、不好用。例如，原隆村村民家中经过改造，建造了单独的卫生间，安装了抽水马桶。但存在的问题是由于没有通暖气，冬天卫生间会出现冻住的现象，给生活带来不便。有的移民村没有铺排污水管道，有的村铺设了排污水管道，但也存在问题。例如，原隆村的排污水管道挖的深度不够，造成气味泄漏等问题；丰泽村、洪水坪村等缺少污水收集和处理设施，污水没有得到有效的处理。

二 供水问题

甘宁青地区干旱缺水,生态移民搬迁大多数是由于缺水造成贫困而不得不搬迁。村民的饮用水是经过净化的黄河水或者地下水。在新农村建设和移民搬迁中,配备了供水设施,但常常保证不了正常供水。有些村的水质还达不到清洁标准。调查中有村民反映水质不清。新坪村、中堡村等村民需要先接好混浊的水,澄清后才能使用。应改善农村供水设施,加大供水系统建设力度,为村民提供安全饮用水。

三 道路建设问题

村庄主路都已经硬化,但会有坑洼不平,有些通往村民家中的小路有损坏、有坑洼,应及时修护。此外,应加强道路的绿化和美化,建造公路景观,提升公路的生态环境。调查中发现,近年来,经过路面硬化等道路建设工程,村庄的道路、交通、出行情况明显改善,但公路需要在现有基础上进一步绿化美化,以便改善出行环境。

第二节 生态环境治理问题

村庄是村民生产生活的区域,村庄生态环境建设始于 2003 年时任浙江省委书记的习近平同志推行的 "千村示范,万村整治" 环境整治工程,从人居环境着手改善乡村生态环境。经过新农村建设、"美丽宜居乡村" 建设、乡村振兴对乡村生态环境建设的持续推进,乡村生态环境在国家和村民们的共同努力下整体向好。村庄一般没有大型的工业污染,所以村庄及周边空气、土壤、水质都是安全的,但在调查中发现甘宁青乡村在生态环境及卫生方面还有需完善的地方。

一 村庄的美化不足

村庄在搬迁和 "美丽宜居乡村" 建设中都有一定的绿化,但相对于 "美" 的目标,还需要进一步美化。村庄大多在村委会周边和主干道路上有绿植，村民居住的房前屋后绿植很少。应统一规划村庄绿化，并融入景观设计，建造园林式村庄甚至花园式村庄，使村民居住其中能有"美"的感受。

二　村民生态意识欠缺

在政府对新农村和"美丽宜居乡村"建设的积极宣传下，村民的生态文明意识逐渐觉醒，但因受教育程度普遍不高，村民对生态文明理念的认识并不透彻，再加上长期以来形成的粗放式生活习惯，影响着生态治理和生态宜居的建设效果。

三　环境卫生设施欠完善

比如生活垃圾的处理，在"美丽宜居乡村"建设政策的实施下，每家每户或者相邻的几户都配有垃圾桶，村民也按照规定投放垃圾，不乱扔垃圾，基本上能做到卫生洁净，但又出现了一个新的问题，即村民集中处理的垃圾量多，垃圾投放地周边受污染较大。根据此情况，村里应该建立垃圾处理机制，设立专门的卫生员，定时处理垃圾箱的垃圾，再将垃圾进行分类处理，做到干净和环保。再比如生活污水治理效果不佳，有的村污水处理管道挖得浅，造成污水气味污染；有的村在房屋后挖有露天排水道，排到田地里，影响村庄环境与美观；有的村农药、化肥处理不够科学，造成污染；还有的村人畜生活环境没有分离，畜禽养殖影响生活环境。这些问题都说明了环境卫生设施的建设还不够完善。

第三节　乡村文化建设问题

目前的教育文化设施保证了少年儿童的学前教育和义务教育；持续开展的技能培训着力提高贫困人口素质和自我发展能力，使绝大多数劳动力转变为拥有一技之长的劳动技能型人才；积极推动农业科技创新，搞好科技培训，抓好农业科技示范推广，加快致富步伐；村民的文化生活日益丰富，但相对于"美丽宜居乡村"建设的目标要求，还需加大乡村文化建设力度。

一 乡村公共文化供给不足

调查显示，村民除去务工、耕作、家务的时间，基本的文化体验就是看电视、玩手机、串门聊天等。文化生活比较物质化、感官化。有些村只在某些节日开展公共文化活动，总体上看，公共文化供给欠丰富，反映出乡村公共文化资源满足不了村民的文化需求。

二 乡村文化基础设施比较薄弱

乡村文化基础设施处于有但不多的状态，已有的乡村文化基础设施也没有完全利用起来。因此，乡村应按照文化建设的要求，配齐文化基础设施，不断满足乡村村民日益增长的文化需求，例如电影院、图书室、文化站等。乡村文化室图书、刊物少之又少，没有建立起完善的乡村文化体系，起不到吸引农民的作用，也满足不了农民阅读的需求。

三 村民文化素养有待提高

由调查数据可见，村民受教育程度比较低，为初中和小学文化程度的人比较多，还有相当数量的文盲，年龄越大受教育程度越低。对"美丽宜居乡村"建设认知度的调查结果反映出村民文化程度与认知度呈正相关关系，文化程度高，认知度就高；文化程度低，认知度就低。因此，应提高村民文化素养。

第四节 村民主体性不足的问题

一 村民参与不足

"美丽宜居乡村"建设参与度的调查显示，有超过一半的村民没有参与村里的"美丽宜居乡村"建设规划；大多数的村民愿意参与"美丽宜居乡村"建设项目，但由于村民文化水平有限，多数人只是有点能力参与"美丽宜居乡村"建设，很有能力参与"美丽宜居乡村"建设项目的人数比较少，大多数的村民只能以出劳力的方式参与到"美丽宜居乡村"建设项目中去，能为"美丽宜居乡村"建设项目出谋划策的人数比较少，很少能够提供资金、技术等要素。这反映出，建设规划等更多的是地方政府的考量与决策。村民需求表达不足，缺乏出谋划策的平台。在"美丽宜居乡村"建设中缺乏基层村民的自主性。因此，村民中存在对一些决策不满意、认为决策不合理甚至不配合的情况。村民会认为是政府要我们做什么我们就得做什么，村民缺乏存在感，缺乏参与的热情，缺乏积极性和主动性。比如拆除乱搭乱建，让村庄整洁，有些村民就会抵制，政府拆了村民再建，建了再拆。

二 村民的创造性没有充分发挥

村民往往是按照政府的要求去做，对于如何发展产业，如何建设"美丽宜居乡村"，没有太多的想法，缺乏自主选择性，或者没有能力选择，过度依赖政府的决策，缺乏创造的能力。

三 村民对自身主体性认识不足

村民理应是"美丽宜居乡村"建设的主体，但村民缺乏主体的自觉，习惯于依赖政府。"美丽宜居乡村"建设以来，村民参与了"美丽宜居乡村"建设的大多数项目，都是在政府的领导下有所改变，村民也感受到政府的政策好，这都是政府领导得好，大多数人认识不到村民自己才是建设的主体。

四 政府的主导作用强

在"美丽宜居乡村"建设认知度的调查中，对"美丽宜居乡村"建设主体的认知显示，原隆村被访者中认为"美丽宜居乡村"建设应该由政府主导、村民参与的占68%，由政府主导的占20%，由村民主导、政府参与的占8%，由村民主导的占4%。洪水坪村被访者中认为由政府主导、村民参与的占60%，由政府主导的占32%，由村民主导的占8%。丰泽村被访者中认为"美丽宜居乡村"建设应由政府主导的占40%，由村民主导的占9%，由政府主导、村民参与的占48%，由村民主导、政府参与的占3%。新坪村被访者中认为应该由政府主导的占2%，应该由村民主导的占4%，应该由政府主导、村民参与的占94%。生态移民政策的落实、"美丽宜居乡村"的建设都是自上而下的运作方式。生态移民的搬迁、安置、后续发展都由政府规划好再组织实施。"美丽宜居乡村"的建设规划、建设项目、建设资金、宣传等都由各级政府制定并落实，显示出政府在生态移民和"美丽宜居乡村"建设中的主导作用。政府强大的主导作用对于发展不充分地区实现跨越式发展，与全国一起同步迈进全面小康社会是极大的助力，但也容易形成移民对政府的过度依赖，抑制移民自身主体性的发挥。

第十六章 甘宁青"美丽宜居乡村" 建设建议

第一节 完善基础设施

农村基础设施是服务于农村生产和村民生活，保证农村地区正常的社会经济活动的公共服务系统，包括农业生产基础设施、农村生活基础设施、生态环境建设基础设施、农村社会发展基础设施四大类，主要有农田水利、交通邮电、供水供电供气、园林绿化、教育文化、医疗卫生、体育、农业技术服务设施以及气象服务、抗震救灾、社区服务、公共服务、商业金融等基础设施，涵盖了农村社会生产生活的所有领域，是农村各项事业发展的基础。农村基础设施建设是"美丽宜居乡村"建设的基础和骨架，直接关系到村民的生活质量。从对六盘山片区村庄的调查来看，在基础设施建设方面具体需要解决好以下突出问题。

一 污水处理

没有经过处理的生活污水会污染其他水源、破坏生态平衡；生活污水也是疾病传染扩散的源头，容易造成部分地区传染病和人畜共患疾病的发生与流行；污水集中，容易发黑发臭，会对环境造成污染，从而影响本地区村民的生活环境、卫生健康和身心健康，不符合"美丽宜居乡村"建设要求。调查发现，村民处理污水的方式是随意而粗放的，多数村民处理污水的方式是泼到院子里。有些移民村建设在前期规划时对污水排放与处理的考量不够充足，导致后续管路铺设困难增大。即使有困难，也要下决心加大投入，配套完善移民新村的排水管网和污水处理体系，构建规范化的生活污水治理体系。污水的治理也得根据乡村的具体情况来开展，以生态技术为主，做到成本低、效果好，可以采用沼气池和化粪池，既可以较好地处理污水，也可以进行农用，这样主要是考虑到农村的生活习惯和现在的技术水平，真正做到成本低、效果好。也可以统一铺设排水管道，建造污水收集与处理体系，实现水的循环再利用。既节约用水，也净化环境，改善村民的人居环境。

二　保障供水

水是生命之源，治水就是抓民生；水是生态之要，气净、土净，必然融入水净，治水就是抓生态，就是抓生产方式和产业结构的转型，就是抓绿色发展。生态移民搬迁的原因之一就是缺水造成的贫困。搬迁到安置区后首先解决的就是供水问题。甘宁青乡村使用的饮用水是经过净化的黄河水或者地下水。应加大供水系统建设，改善农村供水设施，为农民提供洁净安全的饮用水。

三　道路绿化与美化

农村公路是与周围的自然生态环境融为一体的，是生态系统中的一部分。农村公路两边会有大量空间可以建设景观设施来供人们欣赏，呈现人与自然的和谐。建设公路景观，可以改善公路整体的生态环境，提高行车环境质量，满足人们的精神审美需求。公路的景观设计要与实际情况相结合，以保护和改善乡村的生态环境为前提，利用好当地的生态资源，根据当地的景观状况和公路情况来建设公路景观。公路景观的建设首要条件就是不影响驾驶司机和路人的视线，其次是满足人们的视觉要求。公路景观不仅要具有美观性还要具有实用性。在建设公路景观时不应该只考虑公路，还要考虑公路周边的设施和村民的生活环境，科学地布置塑造公路的整体风格，保障"美丽宜居乡村"建设的综合发展。公路起点景观设计要有标志性，公路交会处景观设计要考虑驾驶安全性，公路观赏区要选取合适的绿化植物。绿化植物具有生机和活力，可以净化空气，缓解驾驶人员的眼部疲劳。设计安装适合环保节能的公路照明灯。乡村道路的维护和修缮要有可持续性。加强乡村道路的修建和养护，提高乡村道路的质量，不仅是乡村生态宜居的标准，也是推进乡村生态产业与旅游业发展的重要条件。

第二节 优化生态环境

农村环境问题包括农业生产造成的污染和生活污染。事实上,由于在产业结构上农村以种植养殖业为主,农村产业污染来源主要包括种植业化肥农药等污染和养殖业畜禽粪便等,生活污染主要是生活垃圾和污水排放,污染物因子相对简单。因此,农村生态环境治理主要治理和修复农业生产污染、农村生活污染、农村工矿污染、农村大气污染、水体污染和土壤污染,保护水源地。由于农村种植各类作物和经济树种等,植被覆盖率较高,这种半自然生态系统具有较强的修复能力,可自然降解净化一些垃圾和污水,促进环境修复,所以,农村生态环境的修复具有天然的优势。甘宁青乡村没有大型工业,没有工矿污染,也没有水体污染,生态环境的整治问题以人居环境治理和绿色发展为主,实际上是要转变农村的生产生活方式。在治理人居环境的同时,将生态环境治理与绿色发展结合,把生态优势转化为发展生态经济的优势,改善生态环境质量的同时提供更多更好的绿色生态产品与服务,在生态和经济间形成良性循环。

一 培育生态文明意识

1. 增强生态文明宣传效果

乡村生态文明建设的主体是村民,主导者是乡村基层干部。村民文化程度普遍不高,对生态文明的重要性认识不够,或认识到生态文明的重要性却对生态文明的认识还较浅薄,这会阻碍乡村生态建设的有效进行,这就需要完善相关的教育宣传政策。村干部作为乡村生态建设的主导力量,应该设法增强乡村生态文明理念与政策的宣传效果,积极与村民进行交流与沟通。首先,在乡村的日常政策宣传上,有效利用多媒体和宣传栏,通过广播、微信等方式进行政策的宣传报道,再结合乡村张贴栏宣传,进行常态化宣传。其次,村委会要开展生态文明建设的教育培训,帮助村民树立起生态文明理念,提高村民的生态文明意识,逐步形成绿色文明的生活方式。

2. 生态文明建设与治理的监督

生态环境的保护仅靠村民自觉是不够的,需要相应的监督机制才能够长久有效地进行下去。村委会通过宣传引导村民，使村民自觉树立生态建设与监督主体的意识，也可以设立监督与罚款机制，对破坏环境、污染环境的行为进行处罚。生态宜居建设和治理关系到全体村民的利益，因此，应引导村民以主人翁的态度积极参与到生态宜居建设与监督中，保障生态文明建设与治理的成效。

二　建设生态宜居环境

生态宜居主要是利用地形、气候、水文和土地四类要素，再以住房及周边环境的协调为核心关注点，开展布局、设计、性能、节能，从适居性、环境性、节约性、安全性四个方面构建生态宜居环境。

绿化美化亮化是生态宜居建设的重要一环。加快村庄绿化建设，包括村庄的绿化美化亮化、村民庭院里的绿化美化亮化、路旁的绿化美化亮化、河流的绿化美化亮化等，构建村庄美、房屋美、田野美、道路通道美的美丽生态宜居乡村。利用乡村的优点，例如乡村绿色优美的环境、清新的田野，把乡村的美充分地呈现出来，提升乡村生态宜居建设效果。保持村庄空气洁净也是生态宜居建设的一项重要内容。乡村空气污染的原因是多方面的，有污水造成的污染，有垃圾造成的污染，有人畜未分离造成的污染，有未使用清洁燃料造成的污染，有取暖造成的污染等，应加强环境卫生的整治，做到科学、合理的治理，还乡村空气的洁净，真正做到生态宜居。

三　培育生态农业

创建循环农业模式。循环农业充分利用现代科学技术，构建微生物循环产业链，有效利用自然资源，提高资源利用率，降低污染。

发展乡村休闲旅游产业。在发展特色农产品的基础上，将乡村绿色产业发展和环境建设相融合，将乡村绿色产业和人文环境相结合，挖掘乡村休闲旅游资源，打造乡村休闲旅游环境，形成交通便利、住宿、餐饮、娱乐设施完备、有个性、有特色的乡村休闲旅游品牌。一方面，发展了乡村经济，改善了乡村环境、惠及乡村群众。另一方面，为外来游客提供了休闲放松的好去处，从而形成城乡经济、自然、人文的良性互动。

第三节　文化建设提升"美丽宜居乡村"

2018 年 3 月，全国"两会"期间，习近平总书记强调："要推动乡村文化振兴，加强农村思想道德建设和公共文化建设，以社会主义核心价值观为引领，深入挖掘优秀传统农耕文化蕴含的思想观念、人文精神、道德规范。"①

一　挖掘乡土文化

乡村社会中丰富的民俗、民歌、民谣等乡土文化资源，是乡村社会赖以存在的精神力量。乡村文化建设，必然要以乡土文化为基础，才能建立起乡村的文化自信，如果丧失了对乡土文化的传承与发展，乡村文化没有"灵魂"，就谈不上乡村文化的自信。

（一）运用乡土物质文化元素

乡土山水风貌、乡土聚落、乡土建筑、乡土气候、乡土植被、乡土材料、乡土色彩、乡土符号、民间民俗工艺品等乡土物质文化元素，是在乡土地域范围内自然产生，且能被设计者利用到新农村人居环境设计中，带有乡土文化的真实性和朴实性，是"美丽宜居乡村"建设的优势资源。比如"美丽宜居乡村"建设中可以运用乡土色彩。乡土地貌、土壤、植物生态、人文内涵、天空、大地、山林、水体等自然物质实体固有乡土色彩，挖掘出当地的乡土色彩，运用到人居环境设计中去，使得人居环境设计既富有乡土气息，又创造出独具匠心的色彩映像，赋予艺术美感。又比如对乡土材料、植被的运用，呈现出的是自然美。乡村人居环境设计还应有效利用乡土生态文化元素，将生态元素融入其中，呈现出生态美。乡土建筑体现了民俗风情与乡土文化，是乡村人居环境设计中不可多得的宝贵遗产。应重视保护乡土建筑，注重从乡土建筑的布局、墙体、屋顶、门窗和其他细部中吸取地域元素，让乡村人居环境与乡土建筑和谐共生。②

---

① 参见《习近平李克强王沪宁赵乐际韩正分别参加全国人大会议一些代表团审议》，《人民日报》2018 年 3 月 9 日。

② 参见何博《论乡土文化在新农村人居环境设计中的运用》，《山西建筑》2014 年第 28 期。

（二）运用乡土精神文化元素

隐藏在乡村人居环境设计形式背后的，透过乡村人居环境设计的物质文化所反映出来的传统价值观念、思维方式、文化、心态、审美情趣、设计理念、设计思想、创作手法、设计方法等是人居环境设计的乡土精神文化。这些共同思想、价值观念、基本信念、乡土精神、农耕传统、地域风情和民间技艺是乡土精神文化的精髓，可以作为乡村人居环境设计的主题和设计理念，通过乡村人居环境设计，去营造空间环境，不仅能体现村民的意识观念、审美情趣、心理需求和行为方式，同时还能反映蕴含在其中的深层次的乡土精神文化内涵，在潜移默化中将地方的风俗遗存、民风民俗、生活模式、传统空间格局传达出来，作为一种乡土精神文化特色的见证。

二 加强主流价值观的引领

乡村传统的生活观念与现代文化间充斥着一定的张力，应重视主流价值观的宣传，强化主流价值观的引领作用。继承乡村文化传统，把乡村优秀文化价值理念与精神追求融入现代多元文化，提倡文明生活、科学进步、健康文化与勤俭节约，培育优良家风、文明乡风，将现代、健康、文明的生活方式输入乡村社会，重塑村民的生活观念。利用现代文化传播平台，增强乡村文化建设效果。一方面，充分利用今日头条、微信群、快手、抖音等不同的平台，利用新媒体的快速传播性加强主流价值观的宣传，改善宣传效果；另一方面，借助媒体宣传平台，立足当地民俗传统，开展与村民生产生活密切相关的形式多样的主题活动，使乡村文化活跃起来。

三 加强乡村公共文化建设

公共文化建设是以政府为主导，通过提供公共文化设施、公共文化产品、公共文化服务来满足民众公共文化需求。村庄都配备了文化书屋、文化站、农家书屋等现代文化建筑，配备了篮球场等体育设施，修建了小广场。但满足群众文化需求的有效性还不充足，应充分了解村民需求，有的放矢地提供文化服务，继续增强乡村公共文化建设的有效度。将乡土文化和优秀传统文化融入社会主义核心价值观，以群众喜闻乐见的形式开展具有时代性、先进性的公共文化活动，丰富村民文化生活，实现乡村文化的价值提升与活态传承，这是现代化乡村发展的必然要求。

第四节　增强村民主体性

"美丽宜居乡村"建设既要依靠外力，比如各级政府的扶持和投入，社会各界的支持和参与，更要依靠村民自身。因此，"美丽宜居乡村"建设应构建起以村民为主体，以政府为主导，社会各界参与的合力机制，尤其要形成政府主导与村民主体之间的合力建设机制。政府是"美丽宜居乡村"建设的主导者，供给政策和各类资源。村民是"美丽宜居乡村"建设的建设者。村民作为"美丽宜居乡村"建设的主体，既是"美丽宜居乡村"建设的剧作者，又是"美丽宜居乡村"建设的剧中人物；既是"美丽宜居乡村"建设的目的，又是"美丽宜居乡村"建设的动力；既是"美丽宜居乡村"建设任务的承担者，又是"美丽宜居乡村"建设成果的受益者。"美丽宜居乡村"建设要想成功，只能通过村民自己的双手去创造、去争取，别人替代不了。因此，"美丽宜居乡村"建设要调动好、发挥好村民的积极性、主动性和创造性，必须加强村民作为主体的自身建设。要以村民的诉求作为"美丽宜居乡村"建设的出发点，激发村民建设美丽乡村的热情，让村民参与到"美丽宜居乡村"建设中来。

一　明确村民的利益和需要

在"美丽宜居乡村"建设中，村民要明确自己的利益是什么，自己的需求是什么，通过"美丽宜居乡村"建设达到什么样的发展目标。只有村民有了明确的需求与目标时，才能激发内生的动力，积极行动起来，村民的主体意识才会激发出来，也才能迸发建设的热情和创造的活力。调查显示，村庄建设中存在农业生产规模小、产业化水平低、用水紧张、贫困反弹、配套基础设施不健全等问题。要解决这些问题，必须做到以村民自身需求为中心，以村民利益为导向，与村民协商共同制定规划方案并实施。因此，"美丽宜居乡村"建设要探索建立政府引导、专家论证、村民民主议事、上下结合的"美丽宜居乡村"建设决策机制，而村民是为家园建设"出谋划策"、做出决定的主要角色。只有这样，才能更好地发挥村民作为主体的作用，让村民在实现自身的价值中建设好"美丽宜居乡村"。

二 为村民参与搭建平台

在"美丽宜居乡村"建设中，政府要健全程序，主动为村民参与建设提供平台。例如通过成立村民理事会，完善征询、听证、公示等程序环节，集中民智民力。村委会也可以通过集会、讲座、媒体宣传等形式，将"美丽宜居乡村"建设发展信息传递给村民，并广泛征求村民意见，通过加强交流、沟通，引入平等协商机制，充分调动村民参与村庄建设的积极性，使得村庄建设措施的制定更有针对性。通过调查问卷、走访、召开村民座谈会等形式，全方位把握村民在"美丽宜居乡村"建设中的意愿、诉求，以此为基础开展相关工作。村里需要实施什么项目，需要建立什么样的乡村关系，怎样建设，村民最清楚，最具有发言权，这一切要由村民来商议决定。通过村民自己动脑分析，发挥主动性、能动性、创造性，借此村民才会提高自己的主体意识，增强主体能力，村民在"美丽宜居乡村"建设中的主体性才能充分发挥出来。

三 不断提高村民自身素养

"美丽宜居乡村"建设需要有文化、懂技术、会经营的新型村民。应通过教育使村民尽快接受新观念、新文化、新知识，不仅要提高村民的职业技能，也要提高村民的文化素养。村民也要积极参与文化学习和技能培训，提高科技兴农水平和务工农民的职业技能，还要强化自己竞争和经营的意识，塑造"经营"型农民，以适应"美丽宜居乡村"建设要求。甘宁青乡村民风淳朴，可借鉴台湾"培根计划"，通过高效授课与培训的方式提高移民的文化水平与素养。对于热爱本土文化的青年一代，要积极为他们谋取农业就业岗位，将先进的技术理念与淳朴的乡土文明进行有效结合，使其积极参与"美丽宜居乡村"建设。对于不具备劳动能力的留守人员，可以发展副业，以支持多层次、多方位的农业发展。[1]

---

[1] 何鸿銮：《借鉴台湾乡村发展经验推进宁德市乡村振兴战略实施》，《台湾农业探索》2019年第1期。

第十七章　甘宁青"美丽宜居乡村"建设展望

21世纪以来，为解决"三农"问题，推进农村现代化，在社会主义新农村建设的基础上，开展"美丽宜居乡村"建设。"生产美、生活美、生态美"的"美丽宜居乡村"建设，为乡村振兴打下了坚实的基础。随着乡村振兴战略的实施，"三农"问题将逐步解决，农业将成为有奔头的产业，农民将成为有吸引力的职业，农村将成为安居乐业的美丽家园，我国农村将基本实现现代化。

一　绿色发展生产美

富起来才能美丽起来。产业支撑是"美丽宜居乡村"建设的基础，为"美丽宜居乡村"建设提供内生动力。秉持绿色发展理念，融合发展"生态＋"产业、现代农业、创意农业和观光农业，创新产业发展方式，产业更加兴旺，是乡村振兴的必然要求。

（一）精心规划"生态＋"产业的发展

借助"美丽宜居乡村"建设的良好机遇，从生态文明的高度统合生态移民村自然、环境、资源，规划、调整、培育绿色、低碳、可循环、可持续的产业，构建资源节约型、环境友好型绿色产业发展模式，转变农业发展方式，按照生态经济化、经济生态化的要求，充分利用当地的地理优势、自然优势和生态资源，发展以地方资源为基础的生态农业种植，发展特色农业、种植养殖循环产业，减少化肥和农药的使用，精心规划"生态＋"产业的发展。将传统农业转型为生态农业，建立村民增收的长效机制。

（二）发展现代农业

甘宁青乡村人多耕地少，用水紧张，产业化程度不高，适合发展现代设施农业，形成"一村一品""一村一业"的产业格局，适当扩大产业规模，延伸产业链，发展特色产品加工，依靠优质、高产、高效的现代农业，实现效益最大化。

（三）发展创意农业

借鉴创意农业模式，在充分关注乡村生态保护和景观环境的同时赋予农业丰富的文化内涵和创意，提升特色产业的文化内涵，借助"互联网＋"，提升产业附加值，增加收益。

（四）发展观光农业

以本村的特色产业为基础，将产业、生态、自然环境、民俗、历史文化等适合旅游的元素整合发展，精心规划"旅游＋"产业，构建适合休闲观光的"美丽宜居乡村"。以乡村休闲旅游的视角定位建设乡村，必然提升乡村的品位，提升乡村的建设质量。

二 生态优先环境美

绿色是乡村的底色，生态是乡村的优势。"美丽宜居乡村"建设要坚持生态优先，遵循自然发展规律，树立绿色发展理念，把打造绿水青山作为重中之重，彰显生态之美，给自然留下更多的修复空间，给农业留下更多的良田，给后代留下天蓝、地绿、水净、空气清新的美丽家园。

一要保护好自然环境。保护好山、水、田、园、森林、池塘等自然资源，尽可能不推山、不填塘、不砍树，多依山造势，顺水造景。二要顺应自然，修复自然。通过小流域治理，疏浚河塘沟渠，恢复自然湿地，恢复地表已造成的破坏，大力绿化造林，修复农村生态环境，使之呈现自然之美。三要治理环境卫生。开展乡村卫生环境治理，解决好农村生产生活中废水废气垃圾的处理，创建干净整洁的生活环境。[①] 宁夏以"四改五化六通"（改水、改厕、改厨、改圈，硬化、绿化、美化、亮化、净化，通水、通气、通路、通电、通信、通客车）整治乡村人居环境和基础设施。甘肃省实施"三清三

---

① 孙海峰：《留住乡愁之后 对甘肃省美丽乡村建设的思考》，搜狐网，2016 年 8 月 4 日，https://www.sohu.com/a/108978330_119798。

有",即清洁家园、清洁田园、清洁水源和村有垃圾场、组有垃圾池、户有垃圾箱,以及道路硬化、房屋亮化、村庄绿化、环境美化和改厕、改圈、改厨房、改庭院的"四化四改"行动,改善村庄人居环境,集中治理农村垃圾污水乱排、柴草乱堆、尾菜乱弃和乱搭乱建现象,农村变得水更清澈,地更干净,村庄更整洁,环境面貌发生了巨大变化,实现村庄整洁。青海省开展"村庄清洁行动",重点推进"三清一改八治乱",即清理农村生活垃圾、清理村内沟塘、清理畜禽养殖粪污,改变影响农村人居环境的不良习惯,规范和减少垃圾乱丢乱扔、柴草乱堆乱积、农机具乱停乱放、污水乱泼乱倒、墙壁乱涂乱画、小广告乱贴乱写、畜禽乱撒乱跑及粪污随地排放等影响人居环境的现象和不文明行为。开展"厕所革命",生活垃圾和污水治理,农田残膜回收,废弃物资源化利用,拆除残垣断壁、乱搭乱建,人居环境显著改善。环境整治要增加绿化率,做好环境的绿化美化亮化,提升人居环境品质,打造宜居生态环境,改变"只建设,不美丽"的现象。"美丽宜居乡村"建设让自然、质朴、生态的乡村环境呈现出乡景、乡风、乡情的美丽意境,为人们提供一片心灵净化的园地。

三 文化涵养生活美

"美丽宜居乡村"建设视域中的乡村文化建设,是在社会主义核心价值观引领下的"现代文化气息"与"乡土文化特色"的交融。甘宁青乡村应以"美丽宜居乡村"建设为契机,重塑和涵养文明的生活形态。

甘宁青乡村在建设完备的基础设施、完善的公共服务、生活逐步走向富裕的过程中,移风易俗,传承乡土文化,弘扬新风尚,倡导乡村现代文化,提供类型多样的公共文化服务,以文化涵养乡村,培育优良家风、文明乡风,促进家庭和睦、邻里和谐、社区平安、乡风文明。把乡土文化元素融入"美丽宜居乡村"建设中,传承发展农耕文化、特色民俗和休闲文化。提炼移民文化,通过创造性的设计,将乡土文化转换成具有时代新意的文化形态,实现乡土文化的与时俱进。在社会主义核心价值观的引领下,促进乡村文化现代化。借助新媒体平台,将社会主义核心价值观融合乡村优秀的文化价值理念、精神追求,以群众喜闻乐见的形式宣传、弘扬新价值,传承新风尚,提振新精神。创新文化形式,为村民提供具有现代气息的文化活动。例如增设社区图书馆,为村民提供读书场所;修建篮球场等体育设施,为村民提供运动场地；修建优美宜人的广场，为村民提供跳广场舞、唱戏等活动场所，并定期组织乡村文化体育活动，让村民在丰富的文化活动中增强文化体验，在具有现代气息的文化活动中转变生活观念，引导村民的现代生活观念，塑造现代、健康、文明的生活方式。昔日的传统乡村将变身为人文气息浓郁、生活文明的"美丽宜居乡村"。

附　录

甘宁青"美丽宜居乡村"建设情况调查问卷

您好!

本调查拟了解乡村居民对"美丽宜居乡村"建设的认知度、参与度和满意度,包括对"美丽宜居乡村"建设的满意事项、不满意事项,对"美丽宜居乡村"建设的意见和建议,以期更好地为"美丽宜居乡村"建设服务。希望您能根据您所了解的情况如实回答以下的问题。谢谢您的合作!

_____省　　　_____县　　　_____乡(镇)　　　_____村

调查员姓名:_____　　　手机号码:_____

一　基本情况

A1. 您的性别是?

1. 男　2. 女

A2. 您的民族是?

1. 汉族　2. 回族　3. 其他

A3. 您的年龄是?

1. 18~30岁　2. 30~40岁　3. 40~60岁　4. 60岁及以上

A4. 您的文化程度是?

1. 文盲　2. 小学　3. 初中　4. 高中或中专　5. 大专　6. 本科及以上

A5. 您目前从事的职业是?

1. 无业　2. 务农　3. 兼业　4. 当地打工　5. 外地打工

6. 自营活动　7. 乡村干部　8. 教师　9. 医生　10. 当兵

11. 在读学生　12. 销售人员　13. 服务员　14. 宗教人士

15. 兼职　16. 退休人员　17. 其他

A6. 您家庭去年(2018年)人均年收入能达到多少?

1. 2000元及以下　2. 2001~4000元　3. 4001~6000元

4. 6001~8000元　5. 8000元以上

A7. 您家庭主要收入来源是？

1. 种植业产出　2. 养殖业产出

3. 外出打工所得（泥水工、环卫等职业）

4. 兼业（种植和打工）　5. 手工　6. 政府补贴

7. 个体商户（做买卖）　8. 搞运输　9. 喂养牲畜

10. 其他

A8. 您家是从哪里搬迁来的？＿＿＿＿＿＿＿＿＿＿

A9. 您家搬迁到这儿感觉满意吗？

1. 满意　2. 比较满意　3. 不太满意，不想回去　4. 不满意，想回去

二　对"美丽宜居乡村"的总体认识

A10. 您知道"美丽宜居乡村"建设的政策吗？

1. 知道　2. 听说过　3. 不知道　4. 不关心

A11. 您是怎么知道"美丽宜居乡村"建设政策的？

1. 通过政府以及所在的乡镇村里的宣传　2. 通过电视、报刊

3. 通过跟邻居、朋友聊天　4. 通过搜索引擎（例如上网、微信等方式）

A12. 您知道"美丽宜居乡村"建设的内容吗？

1. 知道　2. 听说过　3. 不知道　4. 不关心

A13. 您知道"美丽宜居乡村"建设的项目吗？

1. 知道　2. 听说过　3. 不知道　4. 不关心

A14. 据您所知，村民愿意参与"美丽宜居乡村"建设项目吗？

1. 所有人都愿意　2. 大部分愿意　3. 小部分愿意　4. 不愿意

A15. 您认为"美丽宜居乡村"建设与您、您家有没有关系？

1. 有　（转 A17）　2. 没有（转 A16）

A16. 为什么您认为"美丽宜居乡村"建设与您、您家没有关系？

1. 没有参与"美丽宜居乡村"的建设项目

2. 已经参与的"美丽宜居乡村"建设项目的效果不好

3. 不知道"美丽宜居乡村"建设

4. 把"美丽宜居乡村"理解成了城市人的农家度假村，农村人无福消受

A17. 您家参与"美丽宜居乡村"建设项目了吗？

1. 参与了　2. 没有参与

A18. 您家参与了"美丽宜居乡村"建设的哪些项目？

1. 修路　2. 房屋改造　3. 改水　4. 改厕　5. 改厨房　6. 改圈

7. 庭院改造　8. 垃圾处理　9. 环境卫生整治　10. 环境绿化美化

A19. 您对所参加的"美丽宜居乡村"建设项目满意吗？

1. 满意　2. 比较满意　3. 一般　4. 不满意

A20. 为什么您家没有参加"美丽宜居乡村"建设的其他项目？

1. 项目政策没有覆盖到　2. 没有条件参加　3. 不了解政策

4. 政策宣传不够

A21. "美丽宜居乡村"建设给您家带来的实惠是什么？

1. 路面整修，出行方便　2. 居家环境改善　3. 有垃圾箱用

4. 就业机会增多

A22. 您村里有"美丽宜居乡村"建设规划吗？

1. 有　2. 没有　3. 不知道

A23. 您了解村里的"美丽宜居乡村"建设规划吗？

1. 了解　2. 不了解

A24. 您参与村里的"美丽宜居乡村"建设规划了吗？

1. 参与了　2. 没有参与　3. 不清楚

A25. 您村里的"美丽宜居乡村"建设规划有征求过村民的意见吗？

1. 有　2. 没有　3. 不知道

A26. 您觉得村里的"美丽宜居乡村"建设规划科学合理吗？

1. 合理　2. 比较合理　3. 一般　4. 不太合理　5. 很不合理　6. 不知道

A27. 您觉得村里的建设项目能够按照"美丽宜居乡村"建设规划执行吗？

1. 能够　2. 大部分能够　3. 小部分能够　4. 不能　5. 不知道

A28. 您愿意参与到"美丽宜居乡村"建设项目中吗？

1. 愿意　2. 比较愿意　3. 不愿意　4. 不关心　5. 一般

A29. 您有能力参与到"美丽宜居乡村"建设项目中吗？

1. 很有能力　2. 比较有能力　3. 有点能力　4. 没有能力

A30. 您能以什么方式参与到"美丽宜居乡村"建设项目中？

1. 出劳力　2. 出资金　3. 既出劳力又出资金　4. 出谋划策

5. 什么也出不了

A31. 您认为"美丽宜居乡村"的"美"最应该体现在哪里？

1. 人居环境美　2. 生态环境美　3. 思想观念美　4. 公共服务好

5. 产业经济发展好

A32. 您对本村"美丽宜居乡村"建设的哪些方面最满意?

1. 产业发展　2. 基础设施建设　3. 文化生活丰富　4. 宣传

5. 村庄环境的绿化美化亮化　6. 村民素质提高　7. 公共服务改善

8. 公共设施增加　9. 人居环境改善　10. 政治民主　11. 村容整洁

A33. 您认为"美丽宜居乡村"建设中有不足的方面吗?

1. 有　2. 没有

A34. 您认为"美丽宜居乡村"建设中不足的是哪些方面?

1. 道路建设　2. 供水　3. 供电　4. 通信设施　5. 生活污水处理

6. 生活垃圾处理　7. 产业发展　8. 文化建设　9. 物业服务

10. 村容村貌　11. 畜禽养殖污染　12. 工业污染

13. 村里很少征求村民的意见　14. 环境卫生　15. 公共服务

A35. 您认为"美丽宜居乡村"建设最大的困难在哪里?

1. 资金不足　2. 规划不合理　3. 技术不足　4. 人员不足

5. 村民观念滞后　6. 其他

A36. 您认为"美丽宜居乡村"建设应该由谁来主导?

1. 政府　2. 村民　3. 政府主导、村民参与　4. 村民主导、政府参与

A37. 在"美丽宜居乡村"建设中,您最关心的问题和对未来的期望是什么?

1. 增加收入,提高生活水平　2. 基础设施更加完善

3. 生态环境更加优美　4. 村务民主公开　5. 提高村民素质,村风文明

6. 村里文化生活更加丰富　7. 获得资金支持　8. 孩子上学

9. 就业　10. 看病的医疗保险

三　生态环境与安全

A38. 您对村里的空气质量满意吗?

1. 满意　2. 比较满意　3. 一般　4. 不满意

A39. 您家里生活污水的处理方式是?

1. 泼到院子里　2. 浇到田地里　3. 通过下水道排到屋外　4. 其他

A40. 您家的生活垃圾怎样处理?

1. 投进垃圾收集箱　2. 投进公共垃圾处理区

3. 扔到路边、沟道里或家门外空地里　4. 扔到田地里　5. 其他

A41a. 您对村里生活垃圾的处理满意吗?

1. 满意　2. 比较满意　3. 一般　4. 不满意

A41b. 您对生活污水处理满意吗?

1. 满意　2. 比较满意　3. 一般　4. 不满意

A42. 您家农业生产用薄膜怎样处理?

1. 混同生活垃圾扔进垃圾箱　2. 直接丢弃在田地里

3. 从田地取出后随意弃置　4. 交给薄膜收集站统一处理

5. 卖给收废品的　6. 家里不用薄膜

A43. 村里有工业污染吗?

1. 有　2. 没有

A44. 村里的工业废弃物怎样处理?

1. 工业废弃物经过了严格处理　2. 工业废弃物没有经过任何处理

3. 工业废弃物虽然经过了简单处理但仍有污染　4. 不清楚

A45. 您对本村的绿化美化亮化效果满意吗?

1. 满意　2. 比较满意　3. 一般　4. 不满意

A46. 您对本村及周边的生态环境满意吗?

1. 满意　2. 比较满意　3. 一般　4. 不满意

四　乡村基础设施建设

A47. 您对出行条件满意吗?

1. 满意　2. 比较满意　3. 一般　4. 不满意

A48. 您对公路的质量以及养护满意吗?

1. 满意　2. 比较满意　3. 一般　4. 不满意

A49. 您对公共交通满意吗?

1. 满意　2. 比较满意　3. 一般　4. 不满意

A50. 您对供电满意吗?

1. 满意　2. 比较满意　3. 一般　4. 不满意

A51. 您的住房是?

1. 砖瓦房　2. 砖混房　3. 混凝土平房　4. 楼房　5. 土坯房

A52. 您家的庭院有绿化美化吗?

1. 有　2. 没有

A53. 您对现在的居住条件满意吗?

1. 满意　2. 比较满意　3. 一般　4. 不满意

A54. 您对通信满意吗?(打电话、使用微信、收寄邮件、快递等)

1. 满意　2. 比较满意　3. 一般　4. 不满意

A55. 您家里使用的生活燃料是？

1. 煤 2. 气 3. 电 4. 柴火

A56. 您家使用的厕所是？

1. 蹲便器冲水厕所 2. 房屋内冲水马桶 3. 房屋外冲水厕所

4. 房屋外土厕所

A57. 您对厕所使用满意吗？

1. 满意 2. 比较满意 3. 一般 4. 不满意

五 乡村居民经济条件

A58. 村庄的主导产业是什么？

1. 一般农业种植 2. 特色农业种植（果蔬业）

3. 养殖业（畜牧业） 4. 工业 5. 服务业（旅游业）

6. 林业 7. 劳务输出（打工） 8. 其他

A59. 您认为加快本村经济发展的措施是什么？

1. 发展绿色有机食品的生产

2. 发展"农家乐"等休闲旅游业

3. 促进本村特色产品规模生产，打造特色品牌

4. 鼓励村民创业，并提供创业资金支持

5. 招商引资，鼓励企业投资本村，带动经济发展

A60. 您村里有哪些社会力量参与本村的"美丽宜居乡村"建设？

1. 没有直接使用预算内财政资源的党政机关

2. 事业单位（学校与科研院所）

3. 国有企业

4. 民营企业

5. 社会团体、中介组织

6. 个人

A61. 社会力量投入的主要是什么？

1. 自愿投入资金 2. 实物 3. 技术和信息 4. 产业

A62. 社会力量参与"美丽宜居乡村"建设的效果怎么样？

1. 很好 2. 比较好 3. 一般 4. 不理想

六 乡村政治

A63. 您愿意为村里的发展出谋划策吗？

1. 愿意 2. 不愿意 3. 不关心 4. 无计可施

A64. 您所在社区（村）里的重大事项是否经过村民代表讨论后决定？

1. 是　2. 有的事项是　3. 不是　4. 不知道

A65. 您对村里的民主政治建设满意吗？

1. 满意　2. 比较满意　3. 一般　4. 不满意

A66. 您对村委会干部的工作和服务满意吗？

1. 满意　2. 比较满意　3. 一般　4. 不满意

七　乡村社会文化环境

A67. 您最经常做的日常文化娱乐活动是什么？

1. 看电视　2. 看书或看报　3. 玩手机

4. 跳舞等健身活动（包括广场舞）　5. 看戏或看电影

6. 打牌或下棋　7. 打球等体育运动　8. KTV 唱歌

9. 参加祷告、礼拜等宗教仪式活动　10. 串门聊天　11. 玩电脑

A68. 本村经常开展各种公共文化活动吗？

1. 本村很少开展公共文化活动

2. 本村只在某些节日开展公共文化活动

3. 本村从未开展公共文化活动

4. 本村经常开展公共文化活动而且内容丰富多样

A69. 您对村庄的业余文化生活（包括个人的和公共的）满意吗？

1. 满意　2. 比较满意　3. 一般　4. 不满意

A70. 您对现有的文化体育基础设施满意吗？

1. 满意　2. 比较满意　3. 一般　4. 不满意

A71. 在日常生活和工作中，您遇到过哪些矛盾纠纷？（可多选）

1. 家庭婚姻矛盾　2. 邻里矛盾　3. 医疗纠纷　4. 债务纠纷

5. 农村土地权属纠纷　6. 征地差钱补偿安置纠纷

7. 和村干部闹矛盾　8. 合作纠纷　9. 家族内矛盾

10. 与城里亲戚的矛盾　11. 工作纠纷　12. 没有遇到过

13. 其他，请注明＿＿＿＿＿＿

A72. 您对邻里的信任程度如何？

1. 信任　2. 比较信任　3. 一般　4. 不信任

A73. 您对村里的社会治安满意吗？

1. 满意　2. 比较满意　3. 一般　4. 不满意

八　乡村公共服务

A74. 您对村里的学校教育满意吗?

1. 满意　2. 比较满意　3. 一般　4. 不满意

A75. 您对村里的医疗卫生条件满意吗?

1. 满意　2. 比较满意　3. 一般　4. 不满意

A76. 您对新型农村合作医疗保险政策满意吗?

1. 满意　2. 比较满意　3. 一般　4. 不满意

A77. 您对养老保险政策满意吗?

1. 满意　2. 比较满意　3. 一般　4. 不满意

A78. 您对村里提供的各种技能培训活动满意吗?

1. 满意　2. 比较满意　3. 一般　4. 不满意

A79. 您对目前社会保障政策满意吗?

1. 满意　2. 比较满意　3. 一般　4. 不满意

A80. 您对供水满意吗?

1. 满意　2. 比较满意　3. 一般　4. 不满意

参考文献

白宗科:《领导有力 落实得力 青海美丽乡村建设成效显著》,搜狐网,2016 年 4 月 20 日,https://www.sohu.com/a/70418460_115239。

陈帆、程为、曹晓锐:《"绿水青山就是金山银山"的实践与思考》,《环境保护》2018 年第 2 期。

陈文盛:《休闲农业与美丽乡村建设协同发展研究》,博士学位论文,福建农林大学,2016。

陈曦、张敏:《美丽乡村背景下宁夏村庄规划编制的实践探索》,《小城镇建设》2014 年第 12 期。

陈昭郎:《农村规划之概念、意义与目标》,《台湾经济》1991 年第 164 卷。

崔花蕾:《"美丽乡村"建设的路径选择——来自湖北省 P 村和 G 村调研的报告》,硕士学位论文,华中师范大学,2015。

邓生菊、陈炜:《乡村振兴与甘肃美丽乡村建设》,《开发研究》2018 年第 5 期。

狄国忠:《宁夏生态移民及移民区的社会管理问题与解决对策》,《中共银川市委党校学报》2013 年第 4 期。

东梅、魏涛、师东晖、赵凤、韩雪雨:《生态移民满意度驱动机制及其安置方式选择策略研究》,经济科学出版社,2015。

董玲:《西海固扶贫攻坚战——"三西"建设 30 周年纪念》,阳光出版社,2012。

范建荣:《生态移民战略与区域协调发展宁夏的理论与实践》,社会科学文献出版社,2019。

费孝通:《费孝通论小城镇建设》,群言出版社,2000。

伏小刚、田芳:《"美丽乡村"视角下甘肃民俗文化产业开发探析》,《甘肃科技》2017 年第 8 期。

〔美〕D.盖尔·约翰逊著,林毅夫、赵耀辉编译《经济发展中的农业、农村、农民问题》，商务印书馆，2004。

郭绯绯：《美丽乡村规划理念研究》，《乡村科技》2018 年第 19 期。

国家发展改革委：《全国"十三五"易地扶贫搬迁规划》，2016 年 9 月 20 日，https：//www.ndrc.gov.cn/xxgk/zcfb/ghwb/201610/t20161031_962201_ext.html。

韩喜平、孙贺：《美丽乡村建设的定位、误区及推进思路》，《经济纵横》2016 年第 1 期。

韩雪婷：《人居环境科学理论指导下的村庄整治规划初探》，硕士学位论文，北京交通大学，2016。

韩艳：《村镇宜居社区评价及应用研究》，硕士学位论文，北京交通大学，2015。

何博：《论乡土文化在新农村人居环境设计中的运用》，《山西建筑》2014 年第 28 期。

何鸿銮：《借鉴台湾乡村发展经验推进宁德市乡村振兴战略实施》，《台湾农业探索》2019 年第 1 期。

和沁：《西部地区美丽乡村建设的实践模式与创新研究》，《经济问题探索》2013 年第 9 期。

黄晓姝：《留住传统村落的"根"》，《青海日报》2016 年 7 月 20 日。

黄秀娟、赖启福、赵宏伟、朱佳佳：《中国台湾地区休闲农业管理政策的演进、作用与借鉴》，《世界农业》2018 年第 1 期。

黄研：《陕南移民安置点人居环境使用后评价及宜居性研究——以汉中市为例》，科学出版社，2017。

纪潞：《甘肃乡村环境综合治理的思考与建议》，《环境与发展》2017 年第 9 期。

纪潞、汪玉峰、赵艳琴：《甘肃乡村民风道德建设的几点思考》，《现代经济信息》2017 年第 31 期。

暨松涛：《美丽乡村建设背景下的农村生态社区发展模式研究》，硕士学位论文，福建农林大学，2014。

金莲、王永平、马赞甫、周丕东、黄海燕、刘希磊：《国内外关于生态移民的生计资本、生计模式与生计风险的研究综述》，《世界农业》2015 年第 9 期。

鞠昌华、张慧：《乡村振兴背景下的农村生态环境治理模式》，《环境保护》2019 年第 2 期。

柯福艳、张社梅、徐红玳:《生态立县背景下山区跨越式新农村建设路径研究——以安吉"中国美丽乡村"建设为例》,《生态经济》2011年第5期。

李朝贤:《欧洲的农村改革》,《台湾经济》1992年第169卷。

李技文:《西部民族地区美丽乡村建设的实践与对策研究》,《贵州师范大学学报》(社会科学版)2014年第2期。

李丽娟:《新型城镇化、美丽乡村与全域旅游的人文地理学思考》,《中国名城》2017年第8期。

李宁、龚世俊:《论宁夏地区生态移民》,《哈尔滨工业大学学报》(社会科学版)2003年第1期。

李新文、白永前:《美丽乡村是建设幸福美好新甘肃的基础工程》,《兰州交通大学学报》2014年第5期。

梁永红:《美丽乡村"西洋"风景——学习借鉴欧盟共同农业政策先进经验》,《江苏农村经济》2015年第12期。

廖双双:《生态移民研究综述》,《农村经济与科技》2012年第4期。

刘嘉瑶、叶磊:《国内外乡村地区宜居评价指标体系研究综述》,2015中国城市规划年会,贵阳,2015。

刘健哲:《农渔村规划建设与城乡均衡发展》,《农业经济》1998年第64卷。

刘云:《美丽乡村建设视域下传统村落景观的保存与活化》,《中国市场》2020年第15期。

鲁顺元:《生态移民理论与青海的移民实践》,《青海社会科学》2008年第6期。

马涛、薛俊菲、施宁菊、曹仁勇:《乡村建设主体与动力机制研究——以南京桦墅美丽乡村为例》,《中国农机化学报》2019年第7期。

马小娟:《宁夏生态移民区农业水资源高效利用现状及发展趋势》,《现代农业科技》2018年第15期。

孟琳琳、包智明:《生态移民研究综述》,《中央民族大学学报》(哲学社会科学版)2004年第6期。

汪俞佳:《民建中央提出:加快六盘山集中连片特困地区脱贫致富》,《人民政协报》2013年4月1日。

倪国良:《让美丽乡村建设成为绚丽甘肃的常态》,《甘肃日报》2015年

11 月 5 日。

欧阳坚：《以新发展理念指引美丽乡村建设》，《经济日报》2016 年 10 月 11 日。

彭新万：《乡村振兴战略背景下农民的主要问题——经济社会学视角》，经济管理出版社，2020。

秦红增：《乡土变迁与重塑——文化农民与民族地区和谐乡村建设研究》，商务印书馆，2012。

权丽华、王茜：《新时代用绿色发展理念来指导美丽乡村建设》，《山西农经》2018 年第 7 期。

桑敏兰：《宁夏生态移民与城镇化发展研究》，《西北人口》2005 年第 1 期。

施国庆等：《中国移民政策与实践》，宁夏人民出版社，2001。

史洪杰：《城乡统筹发展背景下美丽乡村规划研究》，《中华建设》2019 年第 4 期。

史诗悦、刘飞：《宁夏生态移民村庄现状反思——以固原三营镇农村为例》，《农技服务》2016 年第 10 期。

孙海峰：《留住乡愁之后　对甘肃省美丽乡村建设的思考》，搜狐网，2016 年 8 月 4 日，https：//www.sohu.com/a/108978330_119798。

童禅福：《走进新时代的乡村振兴道路——中国"三农"调查》，人民出版社，2018。

王朝良：《吊庄式移民开发——回族地区生态移民基地创建与发展研究》，中国社会科学出版社，2005。

王卫星：《美丽乡村建设：现状与对策》，《华中师范大学学报》（人文社会科学版）2014 年第 1 期。

王晓毅：《生态移民与精准扶贫》，社会科学文献出版社，2017。

王震：《美丽乡村文化建设：问题与对策》，《中国集体经济》2017 年第 20 期。

王智平、安萍：《村落生态系统的概念及其特征》，《生态学杂志》1995 年第 1 期。

魏伟：《美丽乡村建设中存在的问题及对策探讨》，《现代园艺》2020 年第 9 期。

魏向前：《集中连片特困地区生态移民可持续发展问题研究》，《黄河科技大学学报》2015 年第 2 期。

魏玉栋：《新时代美丽乡村开启新征程》，《中国农村科技》2018 年第 2 期。

翁盼：《美丽乡村建设中的农村公路景观提升探讨》，《居舍》2020 年第 14 期。

吴理财、吴孔凡：《美丽乡村建设四种模式及比较——基于安吉、永嘉、高淳、江宁四地的调查》，《华中农业大学学报》（社会科学版）2014 年第 1 期。

吴良镛：《人居环境科学导论》，中国建筑工业出版社，2001。

吴咏梅、朱志玲、郭丽雯：《宁夏移民乡村人居环境满意度评价：以银川市兴庆区月牙湖乡为例》，《宁夏工程技术》2011 年第 2 期。

武卫政、顾春、王浩：《不断增强农民的获得感幸福感——浙江 15 年持续推进"千村示范、万村整治"工程纪实》，《人民日报》2018 年 12 月 29 日。

向云驹：《"美丽中国"的美学内涵与意义——学习十八大精神的一点体会》，《光明日报》2013 年 2 月 25 日。

肖立新、牛伟、张晓星：《冀西北地区生态型美丽乡村发展模式的探讨》，《浙江农业科学》2018 年第 4 期。

谢冰等：《贫困与保障——贫困视角下的中西部民族地区农村社会保障研究》，商务印书馆，2013。

辛元戎：《高原大地，美丽乡村入画来》，《青海日报》2016 年 4 月 22 日。

许标文、刘荣章、曾玉荣：《台湾"自下而上"乡村发展政策的演进及其启示》，《农业经济问题》2014 年第 4 期。

杨庚霞：《基于旅游为导向的甘肃省美丽乡村建设研究》，《佳木斯职业学院学报》2019 年第 4 期。

杨庚霞：《以旅游为导向的甘肃省美丽乡村建设研究——美丽乡村建设与乡村旅游耦合分析》，《长春师范大学学报》2020 年第 5 期。

杨维菊、吴昌亮、陈文华、刘奎：《青海地区"美丽乡村"低能耗农村住宅设计》，《中国住宅设施》2016 年第 C1 期。

于靖园：《青海省建设高原上的美丽乡村》，《小康》2018 年第 7 期。

余标强：《生态文明视角下西北美丽乡村建设的地域模式与规划应对探析》，《建材与装饰》2018 年第 5 期。

余斌：《城市化进程中的乡村住区系统演变与人居环境优化研究》，博士学位论文，华中师范大学，2007。

袁飞：《苏州市美丽乡村建设模式研究》，硕士学位论文，苏州科技学院，2014。

云振宇、应珊婷主编《美丽乡村标准化实践》，中国标准出版社，2015。

张国昕：《生态文明理念下西北宁陕地区移民宜居环境建设研究》，博士学位论文，西安建筑科技大学，2017。

张孟秋、尚莉：《台湾美丽农村建设经验对大陆实施乡村振兴战略的启示》，《中国乡村发现》2018年第6期。

张培国：《美丽青海，从乡村起步》，《青海日报》2017年4月17日。

张薇：《〈园冶〉理论的普世价值及其对建设美丽中国的指导作用》，《中国园林》2012年第12期。

张雨涵：《绿漾六盘山 通衢奔小康——交通先行支撑六盘山集中连片特困地区脱贫攻坚综述》，《中国交通报》2020年6月17日。

赵红亮：《新时代县域发展和乡村振兴诸问题与实施对策》，中共中央党校出版社，2021。

赵克强、鞠昌华、孙勤芳等：《基于协调理念的农村环境保护问题探究》，《环境保护》2016年第7期。

赵民、李仁熙：《韩国、日本乡村发展考察——城乡关系、困境和政策应对及其对中国的启示》，《小城镇建设》2018年第4期。

《中共中央国务院关于实施乡村振兴战略的意见》，《人民日报》2018年2月5日。

周长城、邓海骏：《国外宜居城市理论综述》，《合肥工业大学学报》（社会科学版）2011年第4期。

周凌志、秦瑞、李靖、马俊兰、马生虎：《宁夏生态移民搬迁区生活污水处理现状调查分析与研究》，《科技与创新》2019年第24期。

周向阳、王海南：《台湾培养现代农民的政策及启示》，《台湾农业探索》2014年第6期。

杜兴军、陈曦：《台湾地区休闲农业发展的经验及对大陆的启示》，《农业现代化研究》2013年第2期。

朱慧英、王生林、陈耀：《甘肃新农村建设中生态环境优化问题初探》，《吉林农业科学》2011年第1期。

后 记

21世纪以来，"三农"问题成为社会聚焦的热点问题。作为高校教师，我们时刻关注着农村的建设和发展。我国发展不平衡不充分的特点在农村呈现得比较突出，尤其是西部农村。研究甘宁青"美丽宜居乡村"建设，对西部农村的现代化具有现实意义。"美丽宜居乡村"建设的提出为农村的发展带来了契机，必将改善农村的生态，提高农民的生活品质，促进乡村的现代化。

本书在对"美丽宜居乡村"建设文献和政策研究的基础上，选择甘宁青八个有代表性的村庄展开调研，调研活动得到了村镇领导的支持和帮助。村镇领导介绍乡村基本情况，介绍"美丽宜居乡村"建设情况，推荐符合调研要求的调查点，使得调研活动得以顺利展开。调研活动也得到了村民的热情支持。犹记得暑期调查小组成员辗转于甘宁青三省区，走访村庄，坐在村民的庭院中与村民交谈，在设施大棚里访谈，填写问卷，查看设施农业、养殖业、休闲旅游业的发展，把调查做到了田间地头。村民们畅所欲言，在对"美丽宜居乡村"建设肯定的同时，也说出了对未来乡村建设的期望。

我们也在调研中欣喜地看到乡村的变化。被访问的八个村庄呈现出甘宁青"美丽宜居乡村"建设的四种模式。其中，原驻地村庄有两种模式，即小城镇中心村和传统种植养殖型村庄。发展较快的是小城镇中心村模式，比如李俊镇中心村，村民搬进楼房，农地整合后发展设施农业，打造特色农产品，带动村民增收致富，实现了城乡一体化。传统种植养殖型村庄比如老庄村、中堡村、马家营村，集体经济积累深厚，在传统种养殖业的基础上发展特色种植，增加收入。移民村有两种模式，特色种植养殖型移民村和劳务型生态移民村。特色种植养殖型移民村在政府帮扶下，发展设施农业和养殖业，稳步脱贫。劳务型生态移民村以务工为主，脱贫致富的步伐要快一些。无论是原驻地村庄还是移民村庄，村民都希望大力发展产业，能有更多的务工机会，以增加收入。

我们也看到，无论是原驻地村庄还是移民村庄，村庄人居环境显著改善。城镇化中心村村民搬进了楼房，实现了村民社区规范化管理。移民村庄围绕村委会，布局合理，整齐有序。老村庄分布有序，呈现出自然的原生态风貌。村委会都建有文化体育基础设施，便于开展公共文化活动。村里制定了村规民约，转变民风民俗。村民对住房、医疗、养老等公共服务满意度高。

习近平总书记强调："建设好生态宜居的美丽乡村，让广大农民在乡村振兴中有更多获得感、幸福感。"① 产业兴旺、生态宜居、乡风文明、治理有效、生活富裕是村民的期盼，也是加快推进农业和农村现代化的必然要求。

本书也是国家社科基金西部项目"甘宁青生态移民新村'美丽宜居乡村'建设研究"（16XMZ050）的研究成果。随着国家社科基金西部项目的顺利结项，关于"美丽宜居乡村"建设的研究也告一段落。我们将继续关注乡村振兴中宜居宜业美丽乡村的建设。

在本书的研究过程中，我们得到了同事范建荣的鼎力支持和帮助，学生黄子懿、苏萌、王芙蓉等参与了调研，在此表示衷心的感谢！同时，还要感谢尚未提及的学人、同事、同行、学生、村镇干部给予的支持和帮助！编辑陈颖老师、王红平老师为本书的出版做了大量的工作，在此表示诚挚的感谢！

黄彦华　黄桂华

2022 年于银川

---

① 《习近平近日作出重要指示强调 建设好生态宜居的美丽乡村 让广大农民有更多获得感幸福》，"央广网"百家号，2018 年 4 月 23 日，https：//baijiahao.baidu.com/s？id＝15985209 89018276950&wfr＝spider&for＝pc。

图书在版编目（CIP）数据

甘宁青"美丽宜居乡村"建设调查研究／黄彦华，
黄桂华著 . -- 北京：社会科学文献出版社，2022.10
ISBN 978 - 7 - 5228 - 0466 - 8

Ⅰ.①甘… Ⅱ.①黄… ②黄… Ⅲ.①农村生态环境
–生态环境建设 – 调查研究 – 西北地区 Ⅳ.①X321.24

中国版本图书馆 CIP 数据核字（2022）第 129327 号

甘宁青"美丽宜居乡村"建设调查研究

著　　者／黄彦华　黄桂华

出 版 人／王利民
责任编辑／陈　颖
文稿编辑／王红平
责任印制／王京美

出　　版／社会科学文献出版社
　　　　　地址：北京市北三环中路甲 29 号院华龙大厦　邮编：100029
　　　　　网址：www. ssap. com. cn
发　　行／社会科学文献出版社（010）59367028
印　　装／三河市龙林印务有限公司

规　　格／开　本：787mm × 1092mm　1/16
　　　　　印　张：24.25　字　数：417 千字
版　　次／2022 年 10 月第 1 版　2022 年 10 月第 1 次印刷
书　　号／ISBN 978 - 7 - 5228 - 0466 - 8
定　　价／118.00 元

读者服务电话：4008918866